“十四五”职业教育国家规划教材

职业教育“岗课赛证”一体化教材

茶 艺

（第二版）

CHAYI

主　审　王岳飞

主　编　文　琼　张春丽　黄晓菲

副主编　李　倩　任　敏　刘　玮　唐淑慧

新形态
教材

本书另配教学课件、教案、
操作视频等资源

中国教育出版传媒集团

高等教育出版社·北京

内容提要

本书是"十四五"职业教育国家规划教材。

本书以工作任务为导向，以职业技能为核心，贯彻"理实一体化"原则，融通茶艺师国家职业技能鉴定标准编写而成。全书以"认知—实务—管理"为架构，在"认知茶艺及茶文化"和"认知饮茶与健康"的基础上，以"品鉴茶叶—初识茶具—认知茶艺基础—茶叶冲泡—茶艺传承与创新—茶艺创作与设计"的思路讲述茶艺工作基本内容。为全方位培养人才，本书增设"茶产品营销""茶艺馆经营与管理"项目，旨在培养"有文化，懂茶艺，会管理"的复合型茶艺人才。为利教便学，部分学习资源（如插图、视频）以二维码形式提供在相关内容旁，读者可扫码获取。此外，本书另配有教学课件、教案等资源，供教师教学使用。

本书通俗易懂，融知识性、趣味性于一体，既可作为高等职业本科院校、高等职业专科院校旅游大类相关课程教材，也可作为茶艺相关从业人员及爱好者培训教材或参考用书。

图书在版编目(CIP)数据

茶艺 / 文琼，张春丽，黄晓菲主编. -- 2 版.
北京：高等教育出版社，2025.1(2025.7 重印). -- ISBN 978-7-04
-062467-0

Ⅰ. TS971.21

中国国家版本馆 CIP 数据核字第 2024FU7491 号

策划编辑 毕颖娟 刘智豪　责任编辑 刘智豪 毕颖娟　封面设计 张文豪　责任印制 高忠富

出版发行	高等教育出版社	网　　址	http://www.hep.edu.cn
社　　址	北京市西城区德外大街 4 号		http://www.hep.com.cn
邮政编码	100120	网上订购	http://www.hepmall.com.cn
印　　刷	上海新艺印刷有限公司		http://www.hepmall.com
开　　本	787mm×1092mm　1/16		http://www.hepmall.cn
印　　张	18.75	版　　次	2016 年 3 月第 1 版
字　　数	457 千字		2025 年 1 月第 2 版
购书热线	010-58581118	印　　次	2025 年 7 月第 3 次印刷
咨询电话	400-810-0598	定　　价	43.00 元

第二版前言

本书是"十四五"职业教育国家规划教材,是职业教育"岗课赛证"一体化教材。

中国是世界上最早发现并利用茶叶的国家,茶文化在此发源。茶为国饮,饮茶不仅是一种日常风俗,更是一种文化艺术。泡茶论技术、喝茶讲科学的思想正逐渐走入人们的心中。在国家职业资格标准体系中,作为茶文化传播者的茶艺师,正逐渐成为人们关注的热门职业,"茶艺"也成为高等职业院校旅游大类的重要课程之一。

本书编写团队在积累多年茶艺教学经验和实务工作经验的基础上,结合国家职业资格标准和全国职业院校技能大赛的相关内容,编写了本书。总体而言,本书的编写理念可以概括为:以中国优秀传统文化及茶文化为根,以岗位工作能力为干,以大赛风向和职业资格标准为叶,以茶艺技能及综合能力培养为果。在编写过程中,坚持"项目导向、任务引领"的思路,在培养实务工作能力的基础上,注重职业生涯的发展,聚焦综合素质的培养。

本书具有如下特点:

1. 以茶文化为主轴

本书不是一本单纯介绍茶艺工作方法的书,而是旨在在讲授茶艺工作的同时,结合茶这一古老话题所蕴含的丰富内涵,在职业技术教育的基础上强化"育人"功能。党的二十大以来,习总书记在不同场合强调"文化自信",茶文化也是一枚博大精深的中华文化的钥匙。

2. 以能力培养为核心

本书坚持"用什么、编什么"的编写思路,增加了流行的茶席设计、茶水单设计等内容。在茶叶的冲泡技能的讲解上,强化茶艺创新能力,同时,对海外茶艺和地方特色茶艺也进行了阐释。每个任务后都设有"赛证直通"(基础知识部分和操作技能部分)能力训练任务,不仅可以夯实学生所学知识,更注重"变知识为能力",以能力训练代替答题评分,更有利于让学生"学中做"。

3. 紧扣职业技能标准

本书以就业为导向，以能力为本位，以茶艺师国家职业标准中对于初、中、高级茶艺师的能力要求为纲领，并增加了部分茶艺技师的能力要求。让学生有针对性地掌握知识，强化工作能力，为今后的职业生涯做好准备。

4. 捕捉大赛风向

当下，伴随着人们对茶艺工作的日益重视，各级技能比赛正如火如荼地开展，茶艺作为职业技能与民族文化的有机结合，正日益受到青睐。各级比赛是行业发展的风向标，是捕捉行业动态的重要抓手，编者团队有着较为丰富的大赛领队经验，在编写工作中将大赛元素与教材内容积极整合，供学生吸纳、领悟，百尺竿头，更进一步。

5. 配套资源丰富

本书应用了教材的新形态，为利教便学，部分学习资源（如操作视频）以二维码形式提供在相关内容旁，读者可扫码获取。此外，本书另配有教学课件、教案等资源，供教师教学使用。

本书由成都职业技术学院文琼、浙江旅游职业学院张春丽、成都职业技术学院黄晓菲任主编，眉山职业技术学院李倩、雅安职业技术学院任敏、成都职业技术学院刘玮和唐淑慧任副主编，浙江大学王岳飞任主审。具体编写分工如下：项目一、项目二、项目三、项目六任务一和任务七、项目七任务二由文琼编写，项目四由刘玮编写，项目五由黄晓菲编写，项目六任务二和项目七任务一由张春丽编写，项目六任务三由南京旅游职业学院谢芳编写，项目六任务四和任务六由任敏编写，项目六任务五由唐淑慧编写，项目七任务三由成都职业技术学院石昭编写，项目八由李倩编写，项目九、项目十由成都职业技术学院李炼编写，全书由文琼统稿。本书的大部分视频、图片由成都市文琼茶艺技能大师工作室学徒演示、拍摄、配音、剪辑。在本书编写过程中，我们还得到了企业专家的大力支持，为教材的编写提供思路、素材、视频和案例。他们是教材编写指导专家四川省茶业集团股份有限公司颜泽文、四川品茶之妙茶业有限公司蒋世宽和苏晓静等，此外，还有潮州市天羽工夫茶文化交流中心专家，在此一并表示诚挚的感谢。

虽然力求尽心尽力，但编者团队水平有限，书中难免存在疏漏之处，恳请广大读者不吝赐教，以便我们做得更好。

编　者

2025 年 1 月

目 录

资源导航

项目一
认知茶艺及茶文化

学习目标

知识目标：1. 了解茶艺的概念。

2. 掌握中国茶文化的发展史。

能力目标：1. 能为客人介绍茶艺的文化内涵。

2. 能为客人讲解中国茶文化。

素养目标：1. 培养爱国情操和对茶文化的兴趣。

2. 体会茶的魅力，培养对职业的自豪感。

3. 养成以茶待客的习惯，培养传承和弘扬中华优秀传统文化的使命感。

项目导读

茶艺是一门生活的学问。随着人们生活水平的提高，喝茶不再只是追求满足补充水分的生理需要，而是在泡茶的过程中感受茶艺带给人们的精神享受。茶艺师最大的使命是让客人感受到茶的美好和喝茶的艺术。首先，茶艺师要懂茶，以最适合的方式去冲泡茶叶。其次，要懂得和客人交流，引导客人去感受茶的美好。茶艺师是人和茶之间的纽带，也正是因为这种纽带，让更多的人爱上茶。

茶文化是人们在饮茶过程中所产生的文化现象和社会现象。中国有着悠久的种茶、用茶、品茶的历史，茶文化是中华民族传统文化中的瑰宝，其内容十分丰富，包含茶史、茶诗、茶画、茶道、茶德、茶艺、茶俗、茶歌、茶戏、茶馆、茶树栽培学、茶叶制作学等。

在 2023 年成都大运会期间，蜀绣、漆器、竹编、扬琴等具有巴蜀地方特色的传统技艺轮番登场，中外来宾得以近距离感受中华文化的魅力。

外事茶叙接待活动上的茶艺展示环节，成都市技术能手、茶艺高级技师向春凭借扎实的专业技能，亮相活动，为嘉宾们沏上四川绿茶、四川花茶、四川红茶三款茶。行云流水的表演，仿佛一面镜子，映照出的是这片土地上的安逸生活美学。

众所周知，宋人偏爱饮茶，点茶、斗茶等活动中浓缩着宋人的闲逸之气。川人饮茶的历史则远早于宋朝，雅安蒙顶山的植茶历史可以追溯到距今两千多年的西汉时期，是世界茶文化的发源地，也是有文字记载以来中国最早开始人工种植茶叶的地方。

如今的四川，绿茶、红茶、白茶、黑茶等各种茶品类俱全，与茶香一道蔓延的是一种古老生活美学的现代传承。有好茶，也要有好的茶艺大师。2024 年四川省五一劳动奖章获得者、成都市茶艺技能大师、"90 后"向春的身上，浓缩着劳动者苦练内功的艰辛日常。

向春与长嘴壶茶艺的接触，源于对那一串很飒的动作的向往。实际上手后发现，变飒似乎并不容易。被壶砸痛、砸伤，被水烫伤都是常有的事，想要把长嘴壶茶艺练得行云流水，让观者赏心悦目，每一个动作背后都要有成千上万次的反复练习，动作的幅度、壶的高度，甚至出水的角度都必须是经过仔细计算的，需要分毫不差。

向春开创的女子长嘴壶茶艺表演《出水芙蓉十八式》，就将女性的柔婉与长嘴壶的形式巧妙结合，当观众还沉浸在出神入化的茶艺动作时，一杯好茶已到盏中。伴着悠悠茶香入喉的，还有悠悠的美学体验。

（资料来源：天府新视界，经编者整理编写。）

任务一　认知茶艺

一、茶艺概述

茶艺起源于中国,茶艺与中国文化的各个层面有着密不可分的关系。插花、挂画、焚香、点茶并称为宋代文人"四艺"。插花、文人画、工夫茶,尤为文人雅士所喜爱。现代生活忙碌而紧张,更需要茶艺来缓和情绪,使人精神放松,心灵澄明。茶艺还是一种休闲活动,能拉近人与人之间的距离,化解误会与冲突,建立和谐的人际关系,净化社会风气。

茶艺的定义有广义和狭义之分,广义的茶艺是研究茶叶制作的原理,如生产、制造、经营、饮用的方法,以达到物质和精神享受的学问。狭义的茶艺是指泡好一壶茶的技艺和享受一杯茶的艺术。从内涵上讲,茶艺包括技艺、礼法和茶道三个方面。技艺是指对茶叶的生产制作、冲泡、品饮所需具备的技术;礼法是指与茶有关的礼仪和规范;茶道是指一种修行,一种由茶引发的对生活道路、方向的体会与总结,亦是人生哲学。技艺和礼法属于形式部分,茶道属于精神部分。

二、茶艺的分类

中国茶艺可以按照不同标准,划分为不同的类别。具体的标准有茶叶的属性和茶艺出现的时间、表现形式、地域、社会阶层等。

(一)按茶叶的属性进行划分

按茶叶属性的不同,可分为绿茶茶艺、红茶茶艺、乌龙茶茶艺、白茶茶艺、黄茶茶艺、黑茶茶艺和花茶茶艺等。

(二)按茶艺出现的时间来划分

按茶艺出现的时间先后,可分为古代茶艺和现代茶艺,如唐代煎茶茶艺、宋代点茶茶艺和现代文人茶艺等。

(三)按茶艺的表现形式或服务对象来划分

按茶艺的表现形式或服务对象的不同,可分为表演茶艺、生活茶艺、营销茶艺和养生茶艺,如福建安溪铁观音茶艺、浪漫音乐红茶茶艺等。

(四)按茶艺的地域来划分

按茶艺的地域来划分,可分为民俗茶艺和民族茶艺,如藏族酥油茶茶艺、客家擂茶茶艺、白族三道茶茶艺等。

(五)按茶艺的社会阶层来划分

按茶艺的社会阶层不同,可分为宫廷茶艺、寺庙茶艺等,如清代宫廷茶艺和道家太极茶艺等。

中国茶艺形式多样,与传统文化和审美、艺术高度结合,是中华茶文化中的一朵奇葩。

1

三、中国茶艺之美

茶艺,作为中国传统文化的重要组成部分,不仅是一种生活方式,更是一种蕴含深厚美学价值的艺术形式。它以茶为媒,通过人之美、茶之美、水之美、器之美、境之美、艺之美等多个维度,展现了中国人的生活智慧和审美情趣。通过这六大要素去体现茶艺独特的美学价值,以及它对个人修养、环境营造、器物选择、情感表达、艺术表现和社交文化的深远影响。

(一)人之美——茶艺中的人文情怀

茶艺之美,首美在人。茶艺师作为茶艺的直接呈现者,其言谈举止,都是茶艺美的重要组成部分。一位优秀的茶艺师,不仅需掌握丰富的茶叶知识和娴熟的泡茶技艺,更需具备高雅的气质和深厚的文化底蕴。在泡茶过程中,茶艺师以平和的心态、专注的神情、流畅的动作,将茶的韵味与人的情感融为一体,营造出一种和谐共融的人文氛围。这种人文情怀,是茶艺美的灵魂,也是茶艺能够触动人心、提升生活品质的关键。

(二)茶之美——自然之味的艺术呈现

茶,是茶艺的核心。中国茶叶种类繁多,每种茶都有其独特的色、香、味、形。在习茶过程中,选茶、识茶、品茶,都是对茶之美的深入探索和体验。茶艺师通过精心挑选茶叶,巧妙运用泡茶技巧,将茶叶的自然之美充分展现出来。茶香四溢,茶汤清澈,茶味醇厚,茶形多姿,这些都是茶之美的具体表现。在茶艺师的引领下,茶客们可品味茶的天然韵味,感受到大自然的恩赐和生命的活力。

(三)水之美——清泉润茶,水茶一体

水是茶之母,水质的好坏直接影响茶汤的口感及品质。在行茶中,择水、煮水、注水,都是对水之美的极致追求。茶艺师注重选择清澈、甘甜、活性强的水源,通过恰当的注水方式和温度控制,使水与茶达到最佳的融合状态。水之美,不仅在于其本身的纯净与活力,更在于其与茶的相互映衬和共同提升。在茶艺的演绎中,水之美与茶之美相互交融,共同构成了茶艺美的独特韵味。

(四)器之美——茶具的艺术魅力

茶具,是茶艺的物质载体,也是茶艺美的重要组成部分。中国茶具种类繁多,材质各异,造型多样,每一款茶具都蕴含着独特的艺术魅力和文化内涵。在行茶过程中,对茶具的选择和使用,不仅关乎泡茶的效果和品茶的体验,更是一种艺术享受。茶具的材质、色彩、形状、纹理等,都与茶的特性、泡茶的方式以及品茶的环境相协调,共同营造出一种和谐共生的美学氛围。茶具之美,是茶艺美不可或缺的一部分,也是中国传统文化的重要体现。

(五)境之美——茶艺与环境的和谐共生

境,即茶艺所处的环境。茶艺之美,不仅在于茶、水、器、人的和谐统一,更在于其与周围环境的相互映衬和共同提升。一个优雅、宁静、富有文化气息的环境,能够为茶艺的演绎增添无限的魅力和深度。在茶艺的实践过程中,人们注重选择或营造与茶艺相契合的环境,如古色古香的茶室、清幽雅致的庭院、宁静致远的山水之间等。这些环境不仅为茶艺的演绎提供了理想的舞台,也使人们在品茶的过程中,能够更好地感受到茶艺所蕴含的自然之美、人文之美和生命之美。

(六)艺之美——茶艺的艺术表现力

茶艺之美,最终体现在其独特的艺术表现力上。茶艺不仅是一种生活方式,更是一种艺

术形式。它通过人的动作、茶的变化、水的流动、器的展示以及境的营造,将茶文化的精髓和美学价值淋漓尽致地展现出来。茶艺的艺术表现力,既体现在其精湛的技巧和独特的风格上,也体现在其深厚的文化内涵和人文精神上。在茶艺师的引领下,人们不仅能够品味到茶的美好,更能够感受到一种超越物质层面的精神愉悦和心灵升华。

茶艺美是一个多维度、多层次的美学体系,它涵盖了人之美、茶之美、水之美、器之美、境之美和艺之美等多个方面。茶艺通过这六大要素的和谐统一,将茶文化的精髓和美学价值充分展现出来,为人们提供了一种独特的生活美学体验。茶艺美,不仅是中国传统文化的瑰宝,更是现代人追求生活品质和精神享受的重要途径。让我们在茶艺的熏陶下,不断提升自己的审美情趣和生活品质,共同创造更加美好的人生。

四、茶艺师

(一)茶艺师概述

茶艺师是指在茶室、茶楼等场所,展示茶水冲泡流程和技巧,以及传播品茶知识的人员。茶艺师所具备的职业素养,包括能待人接物、熟知茶叶知识和茶文化以及了解茶叶市场的运作。茶艺师既要具备茶叶冲泡技能,也要在理论上对茶有一定的认识。

首先,茶艺师要对茶叶有深入了解,包括中国的茶史、茶文化、茶叶的概况、制作工艺和茶叶评审等;其次,茶艺师要掌握茶艺,也就是泡茶的实际操作,通过规范的操作方法,能够把每一泡茶叶的汤色、香气和韵味充分展现出来;最重要的是,茶艺师还要具备较强的语言表达能力、人际交往能力、茶叶销售能力、茶会组织与策划能力、培训能力、茶席设计与创新能力、茶艺馆运营与管理能力等。

茶艺师与评茶员是有区别的。茶艺师的职责是艺术地泡好一杯茶、传播茶知识和茶文化。评茶员是以感觉器官评定茶叶品质(色、香、味、形)高低优劣的人员。茶艺师首先要了解茶,对茶有一定的知识储备,其次是会正确地泡茶,并将茶升华为一种生活艺术,以获得物质和精神的双重享受。评茶员大多就业于茶叶生产、加工、流通、贸易等领域,是茶行业发展不可或缺的技能型人才,更是推动茶叶产业高质量发展的重要的人力资源。

(二)茶艺师的职业等级

茶艺师有五个等级,分为初级茶艺师(国家职业资格五级)、中级茶艺师(国家职业资格四级)、高级茶艺师(国家职业资格三级)、茶艺技师(国家职业资格二级)、高级茶艺技师(国家职业资格一级)。

(三)茶艺师职业资格证书

茶艺师职业资格证书,是表明该人员具有从事茶艺师职业所必备的知识和技能的证书。它是茶艺师求职、任职等的资格凭证,是用人单位招聘、录用的主要依据。如何取得茶艺师职业资格证书,可参照茶艺师国家职业技能标准(2018年版)查看报名条件及各个级别的考核内容。茶艺师考证,自2021年开始,不再由人力资源保障部门鉴定,而是由第三方鉴定机构鉴定。每个级别考证,均要求理论与实操都达到60分以上,才能取得职业资格证书。

茶艺师国家
职业技能
标准

(四)茶艺行业现状

目前,茶艺行业的茶馆、茶楼、茶叶经营店很多,各企业对从业人员的要求也不尽相同。

1

茶艺师队伍比较庞大,但从业人员对茶的知识和技能的掌握程度不太理想,茶艺培训机构培训水平也各有高低。茶艺师队伍不容乐观。茶艺师可以从以下几个方面加以提升:

1. 专业知识与技能

茶艺师需熟练掌握各类茶叶冲泡技艺、茶席布置艺术、茶文化理论知识,并能根据不同场合演绎不同风格的茶艺表演。了解茶叶种植、加工、储藏等方面的基础理论,具备较高的感官审评技能,能准确鉴别茶叶品质优劣及特性差异。

2. 人文素养与审美能力

茶艺师除了技术上的修炼,还需具备良好的人文素养,通过茶事活动传播中华优秀传统文化,引导大众发现并欣赏茶之美。此外,还需学习评茶员严谨细致的工作态度,拥有敏锐的洞察力和良好的审美判断力,能在细微之处把握茶叶的独特魅力。

3. 沟通交流与服务意识

无论茶艺师还是评茶员,都需要有良好的沟通表达能力和人际交往技巧,能够有效传递茶的知识和茶艺活动中的情感,提供优质的服务。

赛 证 直 通

基础知识部分

一、单项选择题

1.（　　）插花、挂画、焚香、点茶并称文人"四艺"。

A. 宋代　　　　　　B. 唐代　　　　　　C. 明代　　　　　　D. 清代

2.（　　）是指泡好一壶茶的技艺和享受一杯茶的艺术。

A. 茶艺　　　　　　B. 茶道　　　　　　C. 茶学　　　　　　D. 茶文化

二、多项选择题

1. 下列选项中,（　　　　　）属于民族茶艺。

A. 藏族酥油茶　　　B. 白族三道茶　　　C. 傣族竹筒茶　　　D. 回族八宝茶

2. 下列选项中,（　　　　　）属于茶艺师的职业能力要求。

A. 人际交往能力　　　　　　　　　　B. 茶会组织与策划能力

C. 茶席设计与创新能力　　　　　　　D. 茶叶销售能力

三、判断题

1. 茶艺按时间来划分,可分为古代茶艺和现代茶艺。　　　　　　　　　　　（　　　）

2. 茶艺按表现形式来划分,可分为生活茶艺和表演茶艺。　　　　　　　　　（　　　）

操作技能部分

一、操作技能考核内容

考 核 项 目	考 核 标 准
茶艺的分类和茶艺之美	准确掌握茶艺的分类和茶艺之美相关知识。

1

二、任务分析

详细向客人讲解茶艺的类别及茶艺之美。

三、考核方式

1. 在实训室进行茶艺的分类和茶艺之美相关内容的讲解。

2. 评分标准：

考 核 内 容	操作分值	实际得分	备 注
1. 茶艺的分类	20		讲解内容完整
2. 茶艺之美	20		讲解内容完整
3. 仪态自然	20		讲解自然流畅
4. 普通话标准	20		无发音错误
5. 讲解生动有趣	20		讲解生动,无背诵痕迹
总　　分	100		

任务二　认知茶文化

一、茶文化概述

茶文化是中华民族传统文化的瑰宝,其内容十分丰富,包含茶史、茶诗、茶画、茶道、茶德、茶艺、茶俗、茶歌、茶戏、茶馆、茶树栽培学、茶叶制作学等,其核心部分当属茶道和茶艺。

在长达几千年的植茶、制茶、饮茶历史中,人们积累了丰富的具有文化内涵、艺术品位的制茶、泡茶、饮茶方法,有的还形成了一定的程式,并代代相传。人们将这些融入了中华礼仪和传统文化的饮茶方式、流程、待客之道归纳为茶艺,如云南白族的"三道茶"、广东潮州"工夫茶"等。而在茶文化和茶艺之中,人们把具有精神价值和审美功能的心态层次总结为茶文化的最高层次和核心内容,即茶道。中国茶道的精髓,是指"和、静、怡、真"。

(一)茶文化的定义

茶文化是指围绕茶叶的生产、制作、品饮以及与之相关的一系列活动所形成的物质和精神财富的总和。广义的茶文化是指人类社会在历史实践过程中所创造的与茶有关的物质财富和精神财富的总和。狭义的茶文化是指人类创造的有关茶的精神财富部分。

(二)茶文化的范围

农业、经济、文化、艺术、服务、管理、美学、历史、生活等都是茶文化涉及的范围。当今茶学界将茶文化分为四个层次:物质文化、行为文化、制度文化和心态文化。

物质文化方面,包括茶树栽培,茶叶生产、加工、保存,茶叶化学成分及其生化作用对人

1

体的养生保健功效等,也包括冲泡茶叶所需的茶具、水等物品及茶室等。

行为文化方面,指人们在茶叶生产和消费的过程中约定俗成的行为模式,通常以茶礼、茶艺、茶俗等方式表现出来。

制度文化方面,指人们在生产和消费茶的过程中形成的社会行为规范和制度,如古代政府实行的茶税制度、贡茶制度、榷(què)茶制度、茶马互市制度等,以及今天的茶叶生产安全许可、茶叶生产标准、食品质量安全认证、有机茶认证等制度和行业规范等。

心态文化方面,指人们在茶叶的生产和消费过程中孕育出来的价值观、审美情趣及由此引发的联想,将茶与哲学、宗教等结合,形成的茶德、茶道精神。这是茶文化的最高层次,也是茶文化的核心内容。

二、茶文化发展史

中国是世界上最早发现和种茶的国度,中国人对茶有特别的感情。岁月无痕,茶的浓郁和芬芳、清醇和淡雅早已沉淀为一种文化,穿透时空,经久不息。

茶、咖啡和可可并称为世界三大无酒精类饮料。茶是我国先民在野生采集活动中最早发现的,距今已有四五千年的历史。饮茶思源,中国茶文化的发展可分为产生期、形成期、拓展期、转型期和复兴期。

(一)茶文化的产生期

中国人从何时开始饮茶,目前没有定论。西汉时已有正式文献记载饮茶之事。茶以文化面貌出现,是在汉代及魏晋南北朝时期。

1. 茶文化的起源

六朝以前的茶史资料表明,中国的茶业最初兴起于巴蜀。茶文化的起源,与巴蜀地区早期的政治、风俗及茶叶饮用有着密切的关系。

东晋史学家常璩(qú)在我国第一部地方志史书《华阳国志》中记载,西周武王伐纣后,巴蜀等西南小国曾将其所产的茶叶作为"贡品"献给周武王,并写明这些贡茶不是野生的,而是园圃中栽培的。这或许可以说明远在 3 000 多年前,我国西南地区就有人工栽培的茶树了。

史料记载,巴蜀地区向来为疾疫多发的"烟瘴"之地。"番民以茶为生,缺之必病。"(清·周蔼联《竺国游记》)故巴蜀人首先"煎茶"服用以除瘴气,解热毒。久服成习,于是茶成了一种具有药用价值的饮品。

2. 两汉三国时期,文人、官宦开始以饮茶为习

西汉宣帝神爵三年(公元前 59 年),王褒在《僮约》中提到"烹茶尽具""武阳买茶"。茶即指茶,这里提到家奴要在家里为主人煮茶,又要到远处的武阳(今四川省彭山区境内,古有著名茶肆)去买茶。可见汉时已有专卖茶叶的茶市,茶叶作为饮料已成为人们日常生活的必需品,并且也出现与之配套的茶具。这是我国目前发现的关于买茶、煮茶和饮茶的最早文字记载,也是世界上开始饮茶的最早文字记载。

西汉著名文学家司马相如的《凡将篇》、扬雄的《方言》中分别从药物和文字语言的角度谈到茶。明人陈霆《两山墨谈》一书记有汉成帝(前 32—前 7 年)赐赵飞燕茶的事:西汉成帝死后,皇后赵飞燕

图 1-2-1   王褒(西汉)

做梦梦见了成帝,梦中成帝赐给她茶,但遭到臣僚们的反对,说她过失太大,没有资格饮此茶。这说明一方面在西汉宫中,茶是极珍贵的,连皇后也不是经常能饮到的;另一方面茶作为贡物已成为皇室的赏赐品。当时贵族饮茶已成为时尚,东汉则更为普遍。

三国时,据陈寿《三国志》记载,吴主孙皓嗜酒,每次召集大臣聚宴,规定每人必饮七升酒。大臣韦曜酒量不过二升,便"密赐茶荈以当酒"。以茶代酒的典故即由此来。由此可见当时宫廷饮茶之风兴盛。

3. 魏晋以后,饮茶的风气呈现平民化、大众化趋势

晋朝已出现平民的饮茶风尚。据唐代陆羽《茶经》中收录的《广陵耆老传》记载:"晋元帝时,有老姥每旦独提一器茗,往市鬻之。市人竞买,自旦至夕,其器不减。"老姥每天早晨到街市卖茶,市民争相购买,这或许是较早的茶水小贩形象。

南朝时茶已进入寻常百姓家中。《南齐书·武帝本纪》中记载,齐武帝萧颐永明十一年的遗诏中称:"我灵上慎勿以牲为祭,唯设饼、茶饮、干饭、酒脯而已。天下贵贱,咸同此制。"南朝齐武帝诏告天下,灵前祭品设茶等四样,不论贵贱,一概如此。此时,南朝城镇中有茶寮,专供人喝茶、住宿,茶成为普通饮品,"客来敬茶"成为江南一带普通的礼仪。

4. 文人饮茶的兴起

魏晋南北朝时期,天下大乱,各种文化思想交融碰撞,玄学相当流行。玄学是魏晋时期道家与儒家融合而出现的一种新的哲学文化思潮。玄学家大都为名士,重门第、容貌、仪止,爱好虚无玄远的清谈。东晋、南朝时期,富庶的江南出现了许多清谈家。最初的清谈家多为酒徒,后来发展到一般文人。玄学家喜演讲,普通清谈者也尚高谈阔论。为了保持思维清晰,举止端庄,许多玄学家、清谈家从传统的好酒转向好茶。

随着文人饮茶的兴起,有关茶的诗词歌赋日渐问世,晋代左思《娇女诗》有:"心为茶荈剧,吹嘘对鼎䥶(lì,同鬲)。"茶已经脱离作为一般形态的饮食走入文化圈,起着一定的社会作用。

5. 茶与宗教的不解之缘

随着佛教的传入与道教的兴起,饮茶又与宗教发生了深刻而密切的联系。佛教提倡坐禅戒酒,讲经诵法。在佛家看来,具有提神醒脑功效的茶乃禅定入静的必备之物,于是饮茶之风在佛教寺庙中流行开来。各寺庙都开始种茶树和讲究饮茶的方式,有"茶禅一味"的说法。

道家清静淡泊、自然无为的思想,与茶的清、和、淡、静的自然属性极其吻合。道教徒很早就接触到茶,并在实践中视茶为成道的"仙药"。南朝著名道教理论家陶弘景在药书《杂录》中记:"苦茶轻身换骨,昔丹丘子、黄山君服之。"丹丘子、黄山君是传说中的汉代神仙人物,饮茶使人"轻身换骨",可满足道教对长生不老、羽化登仙的追求。正是通过两晋南北朝时期道士、方士对饮茶的宣扬,促进了饮茶的广泛传播和饮茶习俗的形成。尽管此时尚未形成完整的宗教饮茶仪式和系统的茶学思想,但茶事已经具有显著的社会、文化功能,中国茶文化初见端倪。

(二)茶文化的形成期

唐代是中国茶文化的形成期,是中国茶文化史上划时代的时期。"自从陆羽生人间,人间相学事春茶。"(宋·梅尧臣《次韵和永叔尝新茶杂言》)约公元780年,中唐"茶圣"陆羽所著《茶经》的问世使茶文化发展到一个空前的高度,标志着中国茶文化的形成。

1. 陆羽与《茶经》

陆羽(733—约804年),字鸿渐,又名疾,居吴兴(今浙江湖州),号竟陵子;于南越(今岭

图1-2-2　安溪陆羽塑像

南),称桑苎翁;居上饶(今属江西),号东冈子,唐复州竟陵(今湖北天门)人。3岁时被遗弃野外,湖北天门龙盖寺(后名西塔寺)智积禅师收养了他。智积禅师嗜好饮茶,陆羽专为他煮茶,年幼时已是茶艺高手。陆羽12岁时离开寺院,浪迹江湖,开始研习诗书。22岁时告别家乡,云游天下,结交四方挚友,立志研究茶学。他遍游各地名山古刹,采、制茶、品茶,结识善烹茶叶的高僧,在前人的基础上不断总结经验。约公元761年之前,陆羽完成了《茶经》一书的初稿,780年左右正式刊行。

《茶经》是世界上第一部茶学专著,是我国第一部系统地记录茶的制作和茶的特性的典籍。《茶经》首次把饮茶当做一种艺术过程来看待,创造了烤茶、选水、煮茗、列具、品饮等一套中国茶艺。《茶经》首次把儒、道、佛三教融入饮茶中,创造了中国茶道精神,奠定了中国茶文化的基础。继《茶经》以后,唐代又出现了大量的茶书、茶诗,如《茶述》《煎茶水记》《采茶录》《十六汤品》等。

2.唐代茶文化的特点

(1)对茶叶功效的认识有所提高。据传,唐代刘贞亮认为茶有十德:以茶散郁气;以茶散睡气;以茶养生气;以茶去病气;以茶利礼仁;以茶表敬意;以茶尝滋味;以茶养身体;以茶可行道;以茶可雅志。

唐代诗人"茶仙"卢仝以脍炙人口的"七碗茶歌"对茶做了非常形象的描述:"一碗(原文作椀,下同)喉吻润,二碗破孤闷。三碗搜枯肠,惟有文字五千卷。四碗发轻汗,平生不平事,尽向毛孔散。五碗肌骨清。六碗通仙灵。七碗吃不得也,唯觉两腋习习清风生。蓬莱山,在何处?玉川子,乘此清风欲归去。"(《走笔谢孟谏议寄新茶》)它道出了喝茶的方式,也说明了每喝下一碗茶水的功效。卢仝的"七碗茶歌"对后世的影响很大,人们在煎茶品茗时,往往以此伴饮,恰如宋代文豪苏东坡所言:"何须魏帝一丸药,且尽卢仝七碗茶。"(《游诸佛舍一日饮酽茶七盏戏书勤师壁》)卢仝的"七碗茶歌"在日本亦广为传颂,并被日本人演变为茶道:"喉吻润、破孤闷、搜枯肠、发轻汗、肌骨清、通仙灵、清风生"。日本人对卢仝推崇备至,常常将之与"茶圣"陆羽相提并论。

唐代,人们对茶近乎疯狂的喜爱,与人们对茶的认识是分不开的,那时人们已充分认识到茶具有使人兴奋、解酒、清心定神的作用。这些认识有的科学,有的有夸大之嫌,有的有偏颇之意,在唐人诗歌中都有所反映。如元稹《一字至七字诗·茶》有:"洗尽古今人不倦,将知醉后岂堪夸";李德裕《忆茗芽》:"欲及清明火,能销醉客醒";颜真卿等五人《五言月夜啜茶联句》:"流华净肌骨,疏瀹(yuè)涤心原"等。

(2)名茶辈出。随着唐代饮茶之风的兴起,全国许多地方出现产茶之地,根据陆羽《茶经》记载,当时的主要产茶区共42个州,涉及现在的17个省份。当时最著名的产茶区,一是山川秀丽的巴山蜀水间,二是太湖周围的著名风景区。蜀中盛产茶叶,不少茶叶以其优异的品质成为贡茶,其中蒙顶茶还被列为唐代贡茶之首。太湖周围的湖州、常州等地亦多产名茶,其中最著名的是紫笋茶和阳羡茶,深受唐朝皇帝和权贵官戚的喜爱。从唐诗中可以知晓以下的名茶：蒙顶茶、仙人掌茶、顾渚紫笋茶、九华英茶、邕湖茶、小江园鸦山茶、鸟嘴茶、天柱茶、武夷蜡面茶、华顶茶、剡溪茶、涧春茶等。而陈宗懋主编的《中国茶经》则总结了唐代有50多种名茶。

（3）茶宴成为时尚。美酒千碗难成知己，清茶一杯也能醉人。这醉人的清香也飘逸在以茶代酒款待宾客的茶宴上。茶宴又称茶会、茶社、汤社等，是以茶代酒作宴，宴请款待宾客之举。

"茶宴"一词最早出现于南北朝山谦之的《吴兴记》一书，其中写道"每岁吴兴、毗陵二郡太守采茶宴会于此"。到了唐代，"茶宴"已正式化，唐代"大历十才子"之一的钱起写过很多关于茶宴的诗文，其中一首《与赵莒（jǔ）茶宴》："竹下忘言对紫茶，全胜羽客醉流霞。尘心洗尽兴难尽，一树蝉声片影斜。"便描述了好友间以茶助兴的雅集式茶宴。在唐代，由于人们对饮茶的喜爱，茶宴已经成为一种时尚。

唐朝茶宴中以湖州和常州交界处的顾渚山茶宴规模最大，最为有名。当时，湖州的紫笋茶和常州的阳羡茶均已被列为贡茶，每年早春采茶时节，两州太守都要在顾渚山举行隆重的茶宴，邀请名流专家共同品尝和审评贡茶，并可领略优美的环境和精美的茶具，由此形成了每年一度的茶宴。有一年，在苏州做官的白居易因病不能参加茶宴，写了一首《夜闻贾常州崔湖州茶山境会亭欢宴》的诗生动描述了茶山茶宴盛况，并对不能亲自参加茶宴感到遗憾，惋惜之情溢于言表。这种茶宴历代不绝，到了宋代，随着茶叶产区的扩大和制茶方法的革新，茶宴之风更为盛行。

图 1-2-3　唐代宫廷茶宴——《宫乐图》（局部）

3. 唐代茶文化形成的原因

茶文化之所以在唐代形成，与以下几个因素密切相关。

（1）与唐代的社会历史条件有关。唐代是我国历史上封建王朝的黄金时代，其疆域辽阔、经济繁荣、文化昌盛、交通发达、国富民强，有利于茶叶的生产贸易、茶叶的流通和茶文化的传播。宋代蔡绦（tāo）在《铁围山丛谈》中提出："茶之尚，盖自唐人始，至本朝为盛。"可见"茶兴于唐而盛于宋"。尤其是唐代中叶，我国茶的生产进一步扩大，出现了大规模的手工制茶作坊，那时全国已有八大产茶区，饮茶之风遍及大江南北，塞内塞外。正如唐代封演的《封氏闻见记·饮茶》中所说："茶，早采者为茶，晚采者为茗。……南人好饮之，北人初不多饮。开元中……人自怀挟，到处煮饮。从此转相仿效，遂成风俗。"

唐代，不仅内地饮茶，边远地区的少数民族也接受了饮茶的习俗。据传：唐初，文成公主将茶带到吐蕃，开启了藏族人饮茶的历史。中唐时，吐蕃的饮茶习俗得到推广和发展。当时朝廷使节到吐蕃时，看到当地首领家中已有不少诸如寿州、舒州、顾渚等地的名茶。

突厥、回纥、契丹等少数民族对茶的需求则更为迫切，在他们看来茶比粮食、油、盐更为重要。这是因为其游猎的生活方式需要助消化、解油腻的商品——茶。唐代少数民族地区每年需要大量茶叶，于是朝廷开始设置专门机构负责对境内吐蕃、突厥、回纥、契丹等少数民族的茶叶贸易，并规定以20公斤茶换马一匹，这就是历史上著名的"茶马交易""茶马互市"，它对安定边境、促进民族之间的交流和经济的发展，都起到了一定的作用。

1

（2）与佛教的发展有关。隋唐之际，佛教在中国迅速发展。唐代寺院往往建在青山绿水之间，气候宜产茶，因此许多大寺院都有种茶、制茶的习俗。唐代僧侣道士们把茶与精神相结合，进行精神修养，他们制定茶礼、设茶堂、选茶头、写茶诗、著茶书，专呈茶事活动，大大丰富了唐代茶文化的内容，推动了茶道的发展。

（3）与唐代科举制度有关。唐代采取严格的科举制度选拔人才。"十年寒窗"的读书人与茶相伴苦读，以谋求功名。每当会试，不仅举子被锁在考场长时间答题易生困倦，就连值班的翰林官也十分劳乏，于是，朝廷特命将茶送到考场，以示关怀，因而茶被称为"麒麟草"。这种举措使饮茶之风在士人中流行。

（4）与唐代诗风兴盛有关。唐代是中国诗歌的极盛时期，诗人激发文思需要提神之物，于是许多诗人都嗜茶。因此卢仝的"七碗茶歌"中说："三碗搜枯肠，惟有文字五千卷"。而唐代以前的诗中，谈茶的非常少，晋代以后咏茶的诗实际上只有左思的《娇女诗》以及张孟阳（张载）的《登成都楼诗》。到了唐代，才诞生了面目一新的茶诗。开元初的蔡希寂《登福先寺上方然公禅室》有"晚来恣偃俛，茶果仍留欢"的诗句，记述了作者拜访福先寺，在僧然公的禅室受款待之际，以茶果作为夜食招待的情形。这是唐代咏茶诗较早的一例。八世纪初活跃的诗人王维留下过几首咏茶诗。稍后岑参、李嘉祐、韦应物、杜甫等的茶诗就多了。白居易一生中留下了 2 800 多首诗歌，其中与茶有关的就有 60 多首。唐代饮茶经过诗人的形容、夸张，使茶事活动艺术化，使饮茶逐步与美学对话。

此外，唐代茶文化的形成还与唐代贡茶的兴起和中唐以后皇朝禁酒政策有关。唐中叶以后，岁贡 18 000 斤。大历年间，朝廷专门在顾渚山（浙江长兴）建立贡茶院，每年清明前后向朝廷进贡新茶。贡茶促进了名茶、茶具的发展，禁酒令则使更多人转向饮茶，中国茶文化正是在这种特定环境下形成的。

（三）茶文化的拓展期

从五代至宋辽金，茶文化进入了拓展期。这一时期，我国封建制度由鼎盛开始走下坡路，北方民族再次崛起，中国南北方民族交融，思想动荡融合，使茶文化的发展大大超过了唐代，中国历来有"茶兴于唐而盛于宋"之说。

1. 社会层面——宫廷茶文化、市民茶文化和斗茶之风的兴起

从茶文化的社会层面上看，唐代饮茶是以僧人、道士、文人为主，宋代则进一步向上下两层拓展。

（1）宫廷茶文化正式出现。宋代开国皇帝赵匡胤有饮茶癖好，此后历代皇帝皆如此。皇帝经常在得到贡茶后举行茶宴招待群臣。大观元年（公元 1107 年），宋徽宗赵佶还专门撰写了 2 800 余字的《大观茶论》，以帝王之尊倡导茶学，从而形成了宫廷茶文化。宋代在宫廷中已设立茶事机关，宫廷用茶已分等级。茶仪已成礼制，赐茶已成皇帝笼络大臣、眷怀亲族的重要手段，甚至还赐给外国使节。

（2）市民茶文化和民间斗茶之风的兴起。宋代，茶渗透到人们日常生活的每一个角落，有人迁徙，邻里要"献茶"；有客来，要敬"元宝茶"；定婚时要"下茶"；结婚时要"定茶"。正如宋代著名文学家王安石在《议茶法》中所言"夫茶之为民用，等于米盐，不可一日以无。"茶馆，作为当时世俗生活的典型场景，作为一种经济与文化高度繁荣的产物，在北宋画家张择端的《清明上河图》中有了具体反映。宋人饮茶风气之盛，以此可见，宋人在《梦粱录》中对此有详

尽的描写。

宋代民间流行斗茶,斗茶即茶艺比赛,又称"茗战",通过烹制品茗来鉴别茶叶的质量和烹制技艺。通常为二三人或三五知己聚在一起,煎水斗茶,决定胜负有三条标准:一是汤色"茶色贵白",即比较茶汤色泽是否为白色,以茶汤纯白为上。二是比较茶碗周围是否有水痕。即比较茶汤紧贴茶碗壁的"咬盏"时间的长短,长者为上,短者为下。三是比较茶汤面上是否浮有细的茶末。汤面上的茶末后沉的为上,先沉的为下。宋代斗茶的风行,促进了茶学和茶艺的发展,茶艺也在随后传到了日本,逐渐形成了日本的国粹——抹茶道。

2. 地域层面——茶文化是南北经济、文化的纽带

从茶文化的地域层面看,唐代饮茶技艺虽已开始向边疆甚至国外传播,但文化意义上的茗饮活动,仍主要流行于盛产茶叶的南方和中原地区。到宋代,中原茶文化通过宋辽、宋金的交往,正式作为一种文化内容传播到北方游牧、狩猎民族中,成为南北经济、文化的纽带。

3. 内涵层面——茶与相关艺术融为一体

从茶文化内涵层面看,宋代出现精美之极、价格昂贵的"龙凤团茶"。其中龙团茶只供皇帝享用,饮用龙凤团茶成为当时权力与富贵的象征。此外宋代还出现了大量的散茶,为后代泡茶和饮茶简约化开辟了先河。但宋人对茶文化的最大发展与贡献,在于将茶与相关艺术融为一体。文士品茗是宋代十分普遍的现象,苏东坡诗云"从来佳茗似佳人",那时人们品茶追求精神享受,注重自然环境的选择和审美情趣的营造,注重茶叶的色、香、味、形,注重茶宴、茶礼、茶会等多种形式的饮茶方式。从饮到品的发展,是中国茶文化发展成熟的标志,但宋代茶艺走向繁复、琐碎、奢侈,失去了唐代茶文化的思想精神。

(四)茶文化的转型期

元代至明代是中国茶文化的转型期。

1. 元代茶艺开始向简约、返璞归真的方向发展

元代建立后,给汉族饮茶习惯和中国茶文化带来了极大的冲击,一方面北方民族对茶的喜好是源于生活、生理上的需要,对宋人繁琐的茶艺不耐烦;另一方面,汉族文人面对故国破碎和异族压迫,再也无心以茶事表现自己的风流倜傥,而希望在茶中表现自己的气节,磨砺自己的意志。这两种思潮在茶文化中暗暗契合,于是茶艺向简约、返璞归真的方向发展,自唐宋以来涵养了数百年的文人茶文化因此受到极大的打击。元代茶艺简约化的同时,"果饮"(茶中杂和各种干果)之风盛行,"品茶"成了原始意义的"吃茶",这种状况一直持续到明代中叶。

2. 元代饮茶的形式开始从精细转入随意

元代饮茶的形式从精细转入随意。两宋时的斗茶之风消失,散茶广为流行,茶叶的加工制作开始出现炒青工艺,人们更加追求茶叶的色、香、味、形,茶叶开始分为绿茶、青茶、黑茶和白茶等类别,形成了蒙古特色的泡茶方式,即用沸水直接冲泡茶叶。与此同时,宜兴紫砂壶应运而生,为茶文化赋予了新的内涵。到了明代,茶具一改唐宋崇金贵银的风尚,转为推崇质朴的陶具,兼具实用性与艺术性的陶瓷茶壶成为最基本的茶具。与前代相比,明代有创新的茶具当推小茶壶,有改进的是茶盏,它们都由陶或瓷烧制而成。在这一时期,江西景德镇的白瓷茶具和青花瓷茶具、江苏宜兴的紫砂茶具获得了极大的发展。无论是色泽和造型、品种和式样,都进入了穷极精巧的新时期,至今仍为人们所喜爱与玩味。

元代,许多文人以茶诗、散曲、小令等借茶抒怀。如著名散曲家张可久弃官隐居西湖,以茶酒自娱,写《寨儿令·春思次韵》言其志:"饮一杯金谷酒,分七碗玉川茶。嚓!不强如坐三日县官衙。"茶入元曲,茶文化也因此多了一种文学艺术表现形式。

（五）茶文化的复兴期

明清时期至今,是茶文化的复兴期。

1. 精细茶文化的再次出现

明中叶以后,精细的茶文化再次出现,制茶、烹饮虽未回到宋代的繁琐,但茶风趋向纤弱。这种茶风的出现与当时文化界掀起"文必秦汉,诗必盛唐"的新复古主义风潮密切相关,然而文人已无力再现秦汉的质朴雄浑和盛唐的大气洒脱。待清朝建立后,许多文人既不肯"失节"助清,又无力挽回时局,整日感叹"无可奈何花落去",有些文人甚至皓首穷茶,一生沉迷在茶壶里,出现了玩物丧志的倾向。

2. 茶馆文化、茶俗文化取代文人主导茶文化的地位

清末民初,有志文人忧国忧民,已无雅兴悠闲品茶。自唐宋以来,文人领导茶文化潮流的地位终于结束。中国传统意义上的茶文化似乎逐渐衰落,但实际上中国茶文化的主流,即传统的民族文化精神开始转向民间。茶馆文化、茶俗文化取代了前代以文士主导茶文化发展的地位,茶文化深入市井,走向世俗,进入千家万户的日常生活,与传统的伦常礼仪结合起来,成为一种高尚的民族情操。

清代的统治者,尤其是康熙、乾隆皆好饮茶。乾隆首倡新华宫茶宴,每年于元旦后三日举行。仅清一代在新华宫举行的茶宴便有六十次之多。这种情况使得清代整个上层社会品茶风气尤盛,进而也影响到民间。清代,茶叶进入了商业时代,成为中国历史上茶馆行业最为鼎盛的时期,各类茶馆遍布城乡,数不胜数,蔚为壮观,构成了近代绚丽多彩的茶馆文化现象。

明清以来,饮茶之风经久不衰。这一时期,茶学著作数量发展到了最高峰,远远超过唐宋,占古代茶书总数的一半以上。茶文化的载体丰富多彩,除大量的茶诗、茶画外,还产生了大量的茶歌、茶舞和采茶戏,其中江西、湖南、广西和云南的茶灯戏最为出名,这是明清茶文化史上的一个突出成就。

3. 茶叶品类的丰富和茶叶产量的飞速发展

清代饮茶盛况空前,茶叶的品类更为丰富,新的制茶工艺出现,同时由于时兴以茶上贡,客观上促进了"龙井""碧螺春""铁观音""六安瓜片"等一大批清代高级名茶的诞生。特别是中国茶学体系的建立,标志着茶文化的复兴。

清朝前期,中国的茶叶生产有了惊人的发展,种植的面积和产量较前期都有了大幅度的提高。茶叶更以大宗贸易的形式迅速走向世界,曾一度垄断了整个世界市场。清代后期茶叶生产开始走向衰落,到1949年,茶叶年生产量仅有4.1万吨,年出口茶叶仅有0.9万吨。中华人民共和国成立后,特别是改革开放以来,政府高度重视茶叶的经济效益,茶叶生产有了飞速的发展,茶叶产量从1950年的7.19万吨,增加到2023年的355万吨,居全球第一位。

随着中国茶叶产量不断创出历史新高和中华优秀传统文化的日益复兴,当今人们对茗茶爱不释手,对与茶相关的各种茶事、茶文化活动逐渐产生浓厚兴趣。社会茶文化组织、茶文化活动如雨后春笋般蓬勃发展,茶文化研究更是与历史、社会和经济发展密切结合,开辟了茶文化发展的新思路。

 **复习巩固**

中国茶文化的发展经历了哪些阶段?

要点:

1. 茶文化的产生期。

2. 茶文化的形成期。

3. 茶文化的拓展期。

4. 茶文化的转型期。

5. 茶文化的复兴期。

三、茶的传播

中国是茶树的原产地,然而,世界上的茶树原产地并非仅有中国,在世界其他地方,人们也发现了原生的自然茶树。但是,世界公认,中国在茶业上对人类有着卓越的贡献,即最早发现并利用茶这种植物,并把它发展成为中国乃至整个世界的一种独特的茶文化。

中国茶业,最初兴于巴蜀,其后向东部和南部逐次传播开来,以致遍及全国。到了唐代,又传至日本和朝鲜,16世纪后被西方引进。所以,茶的传播史,分为国内及国外两条线路。

(一)茶在国内的传播

(1)秦汉以前,巴蜀是中国茶业的摇篮;

(2)秦汉至西晋,长江中游或华中地区成为茶业中心;

(3)东晋至唐,长江下游和东南沿海茶业逐渐发展兴盛;

(4)中唐以后,长江中下游地区逐渐成为中国茶叶生产和技术中心;

(5)宋代,茶业重心由东向南移。到了宋代,茶已传播到全国各地。宋代的茶区,基本上已与现代茶区范围相符。明清以后,只是茶叶制法和各茶类兴衰的演变问题了。

(二)茶在国外的传播

当今世界广泛流传的种茶、制茶和饮茶习俗,都是由我国向外传播出去的。据推测,中国茶叶传播到国外,已有两千多年的历史。

我国茶叶对外传播的途径:一是通过来华的僧侣和使臣,将茶叶带往周边的国家和地区,因而使得中国的茶叶生产技术和饮用方法得以流传;二是通过派出的使节,以馈赠形式将茶叶作为礼品与各国上层进行交换;三是通过贸易往来,将茶叶作为商品向各国输出。

我国古代对外贸易史上,有一条举世闻名的"丝绸之路",同样也存在一条"茶叶之路",有海路和陆路。我国茶叶就是这样海陆并进地传播至世界各地。因此,世界各地对茶的称呼也有两种,由海路传播的发音为Te,来自闽南语系;由陆路传播的发音为Cha,来自华北语系。

茶在国外的传播,主要有在东亚的传播,传入了朝鲜和日本;在南亚的传播,主要传入了印度、斯里兰卡、巴基斯坦、阿富汗;在西亚、东南亚的传播,主要传入西亚诸国、东南亚诸国;在欧洲的传播,主要传入葡萄牙、荷兰、英国、法国、俄罗斯;在美洲的传播,主要传入美国、巴西、阿根廷、玻利维亚;在非洲的传播,主要传入摩洛哥、肯尼亚、几内亚、马里;在大洋洲的传播,主要传入澳大利亚、新西兰、巴布亚新几内亚、斐济等。

1

赛 证 直 通

基础知识部分

一、单项选择题

1.（　　）民间流行斗茶，斗茶即茶艺比赛，又称"茗战"，是通过烹制品茗来鉴别茶叶的质量和烹制技艺。

A. 唐代　　　　　　B. 宋代　　　　　　C. 明代　　　　　　D. 清代

2.（　　）出现精美之极、价格昂贵的"龙凤团茶"。

B. 唐代　　　　　　B. 宋代　　　　　　C. 明代　　　　　　D. 清代

3.（　　）是世界第一部茶学专著，是我国第一部系统地记录茶的制作和茶的特性的典籍。

A.《茶经》　　　　　B.《煎茶水记》　　　C.《采茶记》　　　　D.《茶述》

4."七碗茶歌"的作者是（　　）。

A. 陆羽　　　　　　B. 卢仝　　　　　　C. 神农氏　　　　　D. 苏轼

5. 散茶大量出现在（　　）代。

A. 唐　　　　　　　B. 宋　　　　　　　C. 元　　　　　　　D. 明

6. 有关茶的精神财富被称为（　　）。

A. 狭义茶文化　　　B. 广义茶文化　　　C. 民俗茶文化　　　D. 民族茶文化

二、多项选择题

中国茶道的精髓，是指（　　　　　）。

A. 和　　　　　　　B. 静　　　　　　　C. 怡　　　　　　　D. 真

三、判断题

1. 明代，宜兴紫砂壶应运而生，为茶文化赋予了新的内涵。　　　　　　　（　　）

2. 宋徽宗赵佶还专门撰写了约 2 800 字的《大观茶论》，以帝王之尊，倡导茶学，从而形成了宫廷茶文化。　　　　　　　　　　　　　　　　　　　　　　　　　（　　）

操作技能部分

一、操作技能考核内容

考 核 项 目	考 核 标 准
陆羽与《茶经》	准确掌握唐代陆羽与《茶经》相关内容

二、任务分析

详细向客人讲解唐代陆羽与《茶经》相关内容。

三、考核方式

1. 在实训室进行陆羽与《茶经》相关内容的讲解。

1

2. 评分标准:

考　核　内　容	操作分值	实际得分	备　　注
1. 陆羽生平介绍	25		内容完整
2.《茶经》相关内容讲解	25		内容完整
3. 普通话标准	25		无发音错误
4. 讲解生动有趣	25		讲解生动,无背诵痕迹
总　　分	100		

任务三　了解中国历代饮茶法

我国有数千年的饮茶史。在漫长的历史长河中,人们的饮茶方法随着制茶技术的发展而不断变化,大体经历了原始社会的生吃药用法、春秋至三国的烹煮法、唐代的煎茶法、宋代的点茶法、明代的冲泡法、清代的冲泡法、现代的冲泡法几个阶段。

一、原始社会的生吃药用法

茶的利用最初孕育于原始社会人们的野生采集活动。原始社会时期,由于生产力低下,人们常常食不果腹。这时采食茶叶纯粹是为了填饱肚子,而不是去享受茶的色、香、味,所以还不能算饮茶。

在长期的实践中,原始人们发现了茶的药用价值。古史传说认为"神农乃玲珑玉体,能见其肺肝五脏",又有说"神农尝百草,日遇七十二毒,得荼(或作茶)而解之"(见西汉《神农本草经》)。神农氏是上古时传说中农业、医药的发明人。传说神农一生下来就是个"水晶肚",肚子几乎是全透明的,五脏六腑全都能看得见,还能看得见吃进去的东西。那时候,人们经常因乱吃东西而生病,甚至丧命。神农为此决心尝遍百草,把看到的植物都尝一遍。一天,他尝到一种开白花的绿树嫩叶时,发现绿叶在肚子里从上到下,从下到上到处洗涤,好似在肚子里检查什么,于是,他把这种绿叶称为"查"。以后人们又把"查"叫成"茶"。神农长年累月跋山涉水,尝试百草,每天都得中毒几次,全靠茶来解救。但是最后一次,神农来不及吃茶叶而被毒草毒死。后人为了纪念神农在农业和医学上的发明,世代传诵着神农尝百草的故事。

神农尝百草的传说表明:约在 4 700 年前,远古的人们最初发现茶树的鲜叶具有解毒作用,于是生吃野生茶树的鲜叶,以解除疾病。传说虽均不能尽信,但其中的信息却值得注意:"茶"在长久的食用过程中,人们越来越注重它的某些疗病的"药"用性质。

最原始的茶叶加工方法,现在称为"生片"。即在晴天把鲜叶放在阳光下晒干,以便随时取用。而遇到下雨时鲜叶无法晒干,就把摊晾过的叶子紧压在瓦罐里,过了一段时间,便成为可直接食用的"腌茶",至今云南南部少数民族仍有加工"腌茶"和食用"腌茶"的习惯。

1

二、春秋至三国的烹煮法

春秋时期，随着人类生活的进化，生嚼茶叶的习惯转变为烹煮而饮。即鲜叶洗净后，置于陶罐中加水煮熟，连汤带叶服用。烹煮而成的茶，虽苦涩，但滋味浓郁，风味与功效均胜几筹，日久，自然养成煮煎品饮的习惯，这是茶作为饮料的开端。

从先秦至两汉，茶从药物转变为饮料。当时的饮用方法为：煮茶时，加入粟米及调味等佐料，煮成粥状。正如东晋郭璞《尔雅注》记载："树小如栀子，冬生叶，可煮作羹饮。"至唐代，还多沿用这种饮用方法。我国边远地区的少数民族多在唐代接受饮茶的习惯，故他们至今仍习惯在茶汁中加其他食品。羹饮法可谓饮茶的第二个阶段。

然而，茶由药用发展为日常饮料，经过了食用阶段作为中间过渡。即以茶当菜，煮作羹饮。茶叶煮熟后，与饭菜调和一起食用。此时，用茶的目的，一是增加营养，二是为食物解毒。《桐君录》等古籍中，有茶与桂姜及一些香料同煮食用的记载。此时，对茶叶的利用方法前进了一步，运用了当时的烹煮技术，并已注意到茶汤的调味。

秦汉时期，茶叶的简单加工已经开始出现。用木棒将鲜叶捣成饼状茶团，再晒干或烘干以存放，饮用时，先将茶团捣碎放入壶中，再注入开水，在壶中泡成，并加姜、葱等调味。此时茶叶不仅是日常生活之解毒药品，且成为待客之食品。

三国时期，开始注意到茶的烹煮方法。人们将茶的嫩叶碾碎制成饼，烘干，喝时捣成碎末冲饮。但汉魏南北朝至初唐，主要是直接采茶树生叶烹煮成羹汤而饮，饮茶类似喝蔬茶汤，此羹汤吴人又称之为"茗粥"。晚唐杨华《膳夫经手录》记载："茶，古不闻食之。近晋、宋以降，吴人采其叶煮，是为茗粥。"那时饮茶已比较普遍，茶叶已从原来珍贵的奢侈品逐渐成为普通饮料。

三、唐代的煎茶法

（一）煎茶法产生的背景

隋唐时，茶叶多加工成饼茶。饮用时，加调味品烹煮为汤饮。为改善茶叶苦涩味，开始加入薄荷、盐、红枣调味。此时，已使用专门烹茶器具，越来越讲究茶和水、烹煮方式以及饮茶环境的选择，逐渐形成了茶道。唐朝饮茶，采用过许多制饮方式：或沸水淹泡；或煮茶树鲜叶；或泡煮炒过的散茶。这些手段都比较简单。由于中唐以后，人们多饮用饼茶，"饼茶"是当时主要的制茶形式，又称为"团茶"或"片茶"。所谓"饼茶"，是将采来的茶叶经蒸、捣碎、拍打成饼状，之后再烤干保存。因而开始流行煎茶法。

（二）煎茶法的操作程序

煎茶法是指陆羽在《茶经》里所创造、记载的一种烹煎方法，其茶主要用饼茶，饼茶不宜直接煎饮，必须经过炙、碾、罗三道工序加工，将其变成微粒状的茶末，然后再经过备器、选水、取火、候汤、煎茶（投茶、搅拌）等程序煮水煎茶，最后酌茶品饮。煎茶法的具体操作要领如下：

1. 炙茶

炙茶就是烤茶，饼茶存放时，会吸收一定的水分，烤干才容易逼出茶香。炙茶很有技术，首先是取材，不宜选择有油烟的柴和沾染了油腥气味的炭为燃料作炙烤，以保持茶的品质。其次炙烤要火焰均匀、炙烤得当。待烤出像虾蟆背（蛤蟆背）一样的小泡时，离火五寸，即用文火慢烤，等到饼面松开，再按原来方法重烤，直到水汽蒸发完毕为止，使其饼茶内外兼熟为宜。最后炙烤好的饼茶,要趁热用纸袋贮藏好,不让茶的香气散失。

2. 碾茶

碾是磨茶的器具,唐代一般用木制品(宋代也曾用银、熟铁、黄金、石料作碾)。因为茶饼坚硬。必须用专门器具将其碾成粉末,才能煎煮。陆羽认为末之上者,其屑如细末;末之下者,其屑如菱角。如果将饼茶碾成青绿色的粉末和青白色的茶灰,是碾得不好的茶末,如果碾成松黄一般的粉末,那就达到了最佳的煮前状态。

3. 罗茶

罗就是筛子,底盘以竹节做成,口径仅 12 厘米左右,上面覆以纱或绢。纱、绢的孔眼有多大,已难知晓。碾碎的茶末还要罗,进行筛选才能使茶末不至于过粗。陆羽《茶经》曾云:"末之上者,其屑如细米",据此推测,高级的末茶既非片状,又非粉末,应该是细末状的颗粒。碾成罗毕的茶末,色泽金黄、均匀细整,是诗人歌咏的对象,唐人李群玉诗云:"碾成黄金粉,轻嫩如松花。"

4. 煎茶

煎茶即煮茶。煎茶包括两道程序,即烧水与煮茶。

(1)烧水讲究器皿与燃料的选择。煮水用一种大口的锅,称为鍑(一种大口锅,两侧有方形的耳,是陆羽设计的一种茶具)。沾有膻腥气味的风炉与鍑不宜使用。煮茶用的水,以山泉水为最好,江水次之,井水再次之。急流和死水都不能作为煮茶用水。煮茶的燃料最好用好的木炭,其次用硬柴,因为茶需缓火炙,活火煎,活火是指炭火有焰者。

烧水为三个阶段,即水分三沸。当开始出现鱼眼般的气泡,微微有声时,为第一沸;边缘像泉涌连珠时,为第二沸;到了似波浪般翻滚奔腾时,为第三沸,此时水汽全消,谓之老汤,已不宜煎煮茶用了。

(2)煮茶是将已碾罗好的茶末放到水里煎煮,注重水的煮沸程度和品饮方式,具体要根据煮水的"三沸"而定。

水至一沸时,要根据水的多少加入适量的盐调味。

水至二沸时,先舀出一瓢来,然后用竹夹在"鍑"中搅动,形成水涡,使水的沸度均匀。最后用一种叫"则"的量茶用的量器(用竹、铜等材质制成匙或箕状,类似今天的汤勺),一面以"竹夹"在茶鍑中心循环搅动,一面用"则"量好茶末(陆羽反对煎茶随便添水,茶和水的比例为:一"则"末茶煎一升水)倒入水涡中心,再加搅动,搅时动作要轻缓。

水至三沸时,将先前舀出的一瓢水倒回去,使开水停沸,这时,会出现许多"沫饽",即茶汤面上的浮沫。薄的叫沫,厚的叫饽,细轻的叫汤花。古人以为,茶以"沫饽"多为胜。等到汤花漂浮,茶香也就恰到好处了。这时,需及时将茶沫上形成的一层黑水膜去掉,因为它会影响茶汤的味道。这样茶汤就算煎好了。

5. 酌茶

酌茶就是用长柄勺舀出茶汤,向茶盏分茶。酌茶的基本要领是茶汤倒入碗里时,须使沫饽均匀。沫饽是茶汤的精华,不匀,茶汤滋味就不一样了。茶汤与汤花均匀地分到各盏,每盏之中,嫩绿带黄的汤色上浮动着如同积雪的汤花,相映成趣,令人赏心悦目;每盏之中,细细品味,鲜醇爽口,回味无穷。难怪文人墨客,"不可一日无茶也"。

酌茶的数量,陆羽也有规定。茶汤煎毕,如果要求茶味浓烈,可酌三碗,次一等酌五碗,原汁饮用,趁热喝完,因为"重浊凝其下,精华浮其上",此时,茶香正浓。不然待到茶汤冷了,

1

精华随气而竭,茶的芳香,都随热气散发掉了,饮之索然寡味。如果人数增为四或六人,缺了一碗,则用"隽永"(即预先留下的第一碗茶汤)来补充。

唐代的煎茶法,将饮茶由解渴升华为艺术享受,对此,唐代诗中多有描述:白居易《谢李六郎寄新蜀茶》诗有"汤添勺水煎鱼眼,末下刀圭搅曲尘"。僧皎然《对陆迅饮天目茶园寄元居士》诗有"文火香偏胜,寒泉味转嘉。投铛涌作沫,著碗聚生花"。煎茶之法自陆羽创制后,风行整个唐代。但从五代到北宋、南宋,煎茶法渐趋衰亡,南宋末已无人问津。

四、宋代的点茶法

宋代是中国茶文化的鼎盛时期,宋代饮茶方法在唐代基础上又迈进了一步,发展成为高雅的点茶法。点茶法比唐代煎茶法更讲究,更具有艺术性。

(一)点茶的操作程序

"点茶"——即将饼茶碾成细末,置于茶盏中,不加任何香料或食品,以沸水冲泡清饮的方法。从蔡襄《茶录》、宋徽宗《大观茶论》等书看来,点茶包括备茶(含炙茶、碾罗)、候汤、点茶等一整套程序。

1. 备茶

宋代点茶用饼茶。饼茶也需炙烤加工后使用,炙茶的过程与唐代煎茶相同,也是用炭火烤干水汽。然后将茶饼碾碎成粉末,筛得越细越好。

2. 候汤

候汤即掌握点茶用水的沸滚程度。宋代点茶,候汤最难,其缘于煮水改用肚圆颈细高的汤瓶,所以很难用眼辨认煮水的程度,因此只能依靠水沸的声音来判断煮水。未熟则沫浮,过熟则茶沉,只有掌握好水沸的程度,才能冲点出茶的色、香、味。故候汤是点茶成败的关键。南宋罗大经在《茶瓶汤侯》中详细记载了煮水的要领:当以声辨一沸二沸三沸。水初沸时,如砌虫声卿卿万蝉鸣;忽有千车稛载而至,则是二沸;听得松风并涧水,即为三沸。

3. 点茶

点茶就是把茶瓶里烧好的水注入装有茶末的茶盏中。具体操作是:先用瓶煎水,而后将研细的茶末放入茶盏,放入少许沸水,调成膏。再注入瓶中沸水,将茶末调成浓膏状,以黏稠为度。接着就是一手点茶,通常用执壶往茶盏中点水。点水时,要有节制,落水点要准,不能破坏茶面。与此同时,还要将另一只手用茶筅(打茶的工具,有金、银、铁制,大部分用竹制,文人美其名曰"搅茶公子")旋转打击和拂动茶盏中的茶汤,使之泛起汤花(泡沫),称之为"运筅"或"击拂"。在实际操作过程中,注水和击拂是同时进行的。所以,严格说来,要创造出点茶的最佳效果:一要注意调膏,二要有节奏地注水,三是茶筅击拂得视情况而有轻重缓急地运用。只有这样,才能点出最佳效果的茶汤来。

宋代点茶法和唐代的煎茶法最大不同之处,就是不再将磨碎的茶粉放到锅里去煮,而是放在茶盏里,用瓷瓶烧开水注入,边冲泡边击拂,直至茶汤表面形成厚厚的泡沫为止,不添加食盐,保持茶叶的真味,然后连茶带汤一起喝。点茶法从宋代开始传入日本,流传至今,演变成现今日本的"抹茶道"。

(二)点茶的原则

要点一盏好茶,必须遵循以下原则:

1. 要严格选茶

茶取青白色，不取黄白色；取自然芳香者，不取添加香料者。这一道程序相当于审评茶样。

2. 对成品茶进行炙烤碾罗的再加工

为了防止团茶在存放中因吸潮而减少香气，除了精心藏茶之外，在饮用前还要进行炙烤以激发香气。这一步骤近似于现代西南茶俗中的烤茶。碾与罗是冲泡末茶的特殊要求，操作也有诀窍：碾茶，先用净纸密裹捶碎，然后熟碾；罗茶，筛眼宜细不宜粗。

3. 要注意点汤程序

点汤要控制茶汤与茶末的比例，投茶与注水的顺序，烧水的温度，茶盏的质地颜色，以及击拂的手法。

（三）宋代饮茶的点茶技巧

宋代饮茶也颇为讲究，注重七汤程序，其点茶技巧，又因击拂之法不同，盏面泛起之乳花不同，自第一汤至第七汤而各有不同。

一汤。先将茶末调成膏状，可用汤匙。水要环绕着茶注入，不可直接冲在茶末之上。持筅的一手以腕绕茶盏中心转动击打，点击不宜过重，否则茶汤易溅出盏外。此时击起粗大气泡，稍纵即逝。由于内含物溶出不多，"茶力未发"。因此用水不宜过多，击打不必过于用力，时间不宜过长。

二汤。二回注开水时，要求来回成一条直线，快注快停，不得滴沥淋漓，以免破坏已产生的汤花。此时竹筅击拂用劲，持续不懈，汤花渐换色泽（因汤花不多，可见到竹筅击起的茶汤色泽）。

三汤。注水方法同上，运用茶筅要轻盈均匀，此时茶面沫饽大半已成定局。

四汤。注入的开水量要少，茶筅的击拂要舒缓，随着击打，汤花涌向盏缘。击打停止，汤花回落涌向中心升起。

五汤。此时注入开水要看茶汤沫饽的状态决定击拂轻重。注汤可适当多些，击拂无所不至；若因注汤而使汤花未能泛起，则需加重点击，至汤花细密，如凝冰雪。

六汤。如果这个时候沫饽勃然而生，只要缓慢搅拌就行。点汤花过于凝聚的地方，运筅缓慢，可轻拂汤面，经过六次点击，注水已达六分至八分，在不断击打中汤花盈盏欲溢。

七汤。最后一次注开水要看沫饽厚薄、凝固程度，如果达到要求，则可不点注，汤量以不超过盏缘折线为度。

（四）点茶的兴衰

点茶法是宋代独特的饮茶方式，是中国茶文化的经典之作，深受当时人们的推崇。点茶在宋代文人的作品中得以充分的体现。北宋范仲淹《和章岷从事斗茶歌》诗有"黄金碾畔绿尘飞，碧玉瓯中翠涛起。"北宋苏轼《试院煎茶》诗有"蟹眼已过鱼眼生，飕飕欲作松风鸣。蒙茸出磨细珠落，眩转绕瓯飞雪轻。"

点茶法形成于五代宋初，流行于两宋时期，鼎盛于宋徽宗时期。宋徽宗以帝王的身份，著成茶书《大观茶论》，有力地推动了点茶法的广泛流行。点茶法在宋代远传朝鲜和日本，是高丽茶礼和日本抹茶道的源头。

宋代点茶也称"分茶""茶百戏"。唐代的煎茶重于技艺，宋代的点茶更重于意境。分茶的方法是将茶粉放入茶盏中注入沸水，然后用茶筅击打茶汤，使茶汤表面形成白色茶沫。与此同时，白色茶沫会幻化出各种图案或文字，但这些奇特的现象又会转瞬间消失殆尽。《舜

1

茗录》"茶百戏"条记有:"近世有下汤运匕,别施妙诀,使汤纹水脉成物象者,禽兽虫鱼花草之属,纤巧如画。"当时有一位善于分茶的和尚叫福全,"能注汤幻茶,成一句诗,并点四瓯,共一绝句,泛于汤表"(宋《荈茗录》)。围观者门庭若市,终日不绝。这种分茶方法目前已经失传,我们只能从古书中窥见一斑。

五、明代的冲泡法

(一)明代冲泡法产生的背景

明代开国皇帝朱元璋有感于制作龙团凤饼劳民伤财,于是颁发废团茶,改贡芽茶(散茶)的诏令。这一举措刺激了中国散茶技术的发展,从此,明代散茶兴起,引起了人们饮茶方式的重大变化。"唐煎宋点"成了历史,人们沏茶,再用不上"炙""碾""罗"了,而是直接以茶置于茶壶或茶盏中,以沸水直接冲泡叶茶而饮,明时称"撮泡",这就是人们至今常说的泡茶。

(二)明代冲泡法的操作程序

明清更普遍的还是壶泡,即置茶于茶壶中,以沸水冲泡,再分酌到茶盏(瓯、杯)中饮用。据张源《茶录》、许次纾《茶疏》等书记载,壶泡的主要程序有备器、择水、取火、候汤、投茶、冲泡、酌茶等。现今流行于闽、粤、台地区的"工夫茶"则是典型的壶泡法。其主要程序如下:

1. 备器

明代泡茶的壶杯以瓷器或紫砂为宜。茶壶以小为宜,"小则香气氤氲,大则易于散漫。大约及半升,是为适可。独自斟酌,愈小愈佳"。泡茶所用的壶杯要干净清洁。每日晨起,必以沸汤荡涤,放置茶具的桌案也必须干净无异味,"案上漆气食气,皆能败茶"。将煮沸的水注入茶壶里,荡涤以提高茶壶的温度,然后把水倒掉。

2. 择水

古人泡茶,讲究用水,唐代陆羽在《茶经》中提出:"其水,用山水上,江水中,井水下。"明人张大复《梅花草堂笔谈》中认为:"茶性必发于水,八分之茶,遇水十分,茶亦十分矣。八分之水,试茶十分,茶只八分耳。"只有好水才能泡出好茶。

古代泡茶多用自然水,人们认为活泉水与雪水泡茶最好,远离人烟的江河水也是好水。明人李梦阳《谢友送惠山泉》诗中写道:"故人何方来,来自锡山谷。暑行四千里,致我泉一斛。"可见,明代茶人为求一斛好水,可以不辞辛苦,冒暑千里。

此外,泡茶所用的水质要清。辨别水清浊的办法,是将水放入白瓷器中,在日光的照射下无尘埃,水质则好。

3. 取火

泡茶之水要以猛火急煮。煮水应选坚硬木炭,切忌用木性未尽尚有余烟的木炭,"烟气入汤,汤必无用"。煮水时,先烧红木炭,"既红之后,乃授水器,仍急扇之,愈速愈妙,毋令停手。停过之汤,宁弃再煮"。

4. 候汤

煎汤须小火烘、活火煮,活火指有焰的木炭火,煎汤时不要将水烧得过沸,才能保存茶的精华;水微微滚动即可。

5. 投茶

投茶,即将称好的一定数量的干茶置入茶杯或茶壶,以备冲泡。明代人泡茶时,把茶叶倒在素纸上分粗细,把最粗的置于罐底和滴嘴处,细末置中层,再将粗叶放在上面。投放茶叶随不同季节会有不同顺序。明代张源所著《茶录》一书在谈到投茶时是这样说的:"投茶有序,毋失其宜。先茶后汤曰下投。汤半下茶,复以汤满,曰中投。先汤后茶曰上投。春秋中投。夏上投。冬下投。"意思是在冲泡茶的时候,投茶是有顺序的,即所谓的下投(先放茶叶后注水)、中投(水注入约 1/3 后放入茶叶,泡一段时间后再注水)、上投(先注水后再放入茶叶)。

6. 冲泡

水烧至微微滚动后,将沸水注入茶壶内,先注少量水,以温润茶叶,然后再注满。第二次注水要"重投"即高冲,将壶悬空提起,以加大水的冲击力。使壶内每片叶子都能在热水中翻动,充分受热,并将夹在茶叶里的杂质浮上水面溢出壶外。用壶盖从壶口轻轻将茶沫刮去。最后还要淋壶,盖上壶盖,再用沸水淋在壶上,把壶外残留的茶沫冲掉。

7. 酌茶

用热水淋在茶盏上烫杯,酌茶时壶嘴贴着盏面以减少香气散失(称"低斟"),按盏的数量轮转着斟(称"关公巡城"),让茶汤能均匀斟到每一杯中。当茶汤将尽,继续斟于各杯中,直到滴完为止(称"韩信点兵")。细嫩绿茶一般冲泡三次。"一壶之茶,只堪再巡。初巡鲜美,再则甘醇,三巡意欲尽矣。"第三巡茶如不喝,可以留着,饭后供漱口之用。

明代冲泡法顺应了茶叶的自然之性,更能让人领略茶天然的色、香、味。明人文震亨《长物志》云:"吾朝所尚又不同,其烹试之法,亦与前人异。然简便异常,天趣悉备,可谓尽茶之真味矣。"泡茶法是中国人的发明,是中国茶文化发展的拐点,带动了茶具、茶道、茶艺、茶文化的发展。它"开千古茗饮之宗",改变了我国千古相沿成习的饮茶法。冲泡法自明代中叶开始,流行于清代,并一直相传至今。

明清以后,冲泡法逐渐成为主流的品饮方式,但是在各地又形成了各具特色的饮茶习惯,比如潮汕地区喝工夫茶,江浙地区用大盖碗泡饮。

六、清代的冲泡法——盖碗泡茶法

康熙年间开始,流行另一种泡茶方式,就是使用"盖杯"或"盖碗"来泡茶。盖碗分为"杯盖""杯体"和"茶托"三部分,因此又可以称为"三才碗",盖为天,托为地,碗为人。清代的宫廷皇室、贵族,或是高级茶馆,皆流行此种泡茶方式。清代盖碗茶的主要程序如下:

第一,温杯。将沸水注入盖碗之中,再将盖碗中的水倒入小茶杯中,让盖碗和茶杯在使用时保持洁净和温度。

第二,置茶。将适量的茶叶放入杯中,投茶量可以依照冲泡茶的种类和个人口味做调整。

第三,注水。以绕圈方式将初沸开水注入盖碗内,可以让每片茶叶都得到滋润。

第四,浸泡。注水到稍微满出时盖上杯盖浸泡,此时可以用杯盖来翻动茶叶,使茶叶充分伸展开来。

第五,闻香。待冲泡 5 分钟左右,茶汁浸润茶汤时,则用右手提起茶托,左手掀盖,随即闻香舒肺。

第六,品茶。用食指、中指和大拇指拿起盖碗,食指在中轻压杯盖,中指和大拇指抓住杯体边缘将盖碗提起,让盖碗稍微向前倾斜,倒茶于小茶杯内。亦有不用小茶杯直接用盖碗饮茶的方式。喝盖碗茶时,用茶托托起茶碗,用盖子"刮"几下,使之浓酽。然后把盖子盖得有点倾斜度,用嘴吸着喝。不能拿掉上面的盖子去吹飘在上面的茶叶,不能接连吞饮。要一口

1

一口地慢饮。当喝完一盅还想喝时,碗底要留一点水,不能喝干。

品盖碗茶,韵味无穷。茶盖放在碗内,若要茶汤浓些,可用茶盖在水面轻轻刮一刮,使整碗茶水上下翻转,轻刮则淡,重刮则浓,十分美妙。

盖碗茶盛行于清代京师(北京),因宜于保温,故后来各地都流行。

七、现代的冲泡法

现代的冲泡法根据不同的茶类、加工方法、茶的特性,冲泡时要注意泡茶水温、茶水比例、冲泡时间三大要素。

(一)泡茶水温适宜

凡有经验的茶人都知道,水温是影响茶叶水溶性物质溶出比例和香气成分挥发的重要因素。用未沸的水沏茶,由于水温过低,茶叶中的许多成分难以浸泡出来,从而使得茶汤滋味淡薄,香气低下;还会使茶叶浮于汤面,影响品饮。用沸水沏茶,由于水温过高,尤其加盖长时间焖泡嫩芽茶时,易造成汤色和嫩芽黄变,茶香也变得低浊。而且,煮水时水沸过久,由于水蒸气大量蒸发,使得留下来的水中含有较多的盐类及其他物质,特别是亚硝酸盐含量相对增加,以致茶汤原有的新鲜风味减少,反之苦涩味加重,汤色变得灰暗。所以,泡茶水温适当,对茶的利用,以及冲泡茶水的质量,都有着极其重要的作用。

泡茶的开水,一般采取现沸现泡,以刚刚达到100℃的开水泡茶最为适宜。茶叶种类与原料决定了水温:较粗老原料加工而成的茶叶,宜用沸水直接冲泡;用细嫩原料加工而成的茶叶,宜用降温以后的沸水冲泡。如细嫩的高级绿茶碧螺春、竹叶青等,以85℃~90℃较为适宜。如温度太高,会破坏茶叶中高含量的维生素C,会使茶叶泡熟变色,香味俱减;如温度过低,有效成分浸出速度慢,等候时间太长。调制冰茶,为尽量减少茶叶蛋白质和多糖等高分子成分溶入茶汤,防止加冰时出现沉淀物,最好用温水(40℃~50℃)冲泡。

(二)茶水比例适当

茶叶冲泡时,首先要掌握茶叶用量,即茶与水的比例。茶水比不同,茶汤香气的高低和滋味浓淡各异。茶多水少,则茶汤浓度高,茶味浓,茶叶过多则味苦涩;茶少水多,则茶汤浓度低,茶味淡、香气薄;茶叶和沸水用量的配比,也应酌情而定。一般认为普通绿茶、红茶、花茶的茶水比以1:50为宜。投茶量的多少也会因人而变化,如老茶客会投茶多一点。

(三)冲泡时间适中

茶水比和水温一定时,茶叶冲泡时间决定了人们对茶叶内含有效成分的利用效率。据研究,茶叶经沸水冲泡3分钟后,茶汤中已含有较多的维生素、氨基酸、茶多酚和咖啡因等,此时,茶汤喝起来有鲜爽、醇和之感。一般当茶叶浸泡到5分钟时,茶汤中已含有相当多的多酚类物质。这时的茶汤,喝起来鲜爽味减弱,苦涩味等相对增加。因此,要泡上一杯既有鲜爽之感,又有醇厚之味的茶,冲泡时间十分重要。

茶叶的老嫩和加工方式决定茶叶中各种物质在沸水中浸出的快慢。一般而言,细嫩的茶叶比粗老的茶叶茶汁更容易浸出,冲泡时间宜短些,如对大宗红、绿茶来说,经冲泡3~4分钟后饮用,就能获得最佳的味感。松散型的茶叶比紧压型的茶叶,茶汁更容易浸出,冲泡时间宜短些;碎末型的茶叶与完整型的茶叶相比,茶汁更容易浸出,冲泡时间宜短些;

对于注重香气的茶叶,如乌龙茶、各种花茶,泡茶时,为了不使花香散失,不仅需要加盖子,而且冲泡时间不宜长,通常 2～3 分钟就可以。紧压茶,如各种砖茶,不重香气,只求滋味,一般采用煎煮方法烹茶,甚至煮沸 10～15 分钟,以获得较高浓度的茶汤。

至于红茶中的红碎茶,多用来调制奶茶;绿茶中的颗粒绿茶,多用来制成袋泡茶。它们在加工过程中经充分揉捻切细,一经沸水冲泡,茶汁已尽,因此,冲泡时间宜短,而且一般只能冲泡一次。

总之,现代社会,人们要沏出一杯好茶,除了要选择优质的茶叶、甘美的好水、精致的茶具外,还必须要有好的冲泡艺术,茶叶固有的色、香、味才能充分地体现出来。

赛 证 直 通

基础知识部分

一、单项选择题

1. 原始社会茶的饮用方法是(　　)。

　　A. 生吃药用　　　　　B. 点茶　　　　　　C. 煎茶　　　　　　D. 冲泡

2. 宋代茶叶的饮用方法是(　　)。

　　A. 生吃药用　　　　　B. 点茶　　　　　　C. 煎茶　　　　　　D. 冲泡

3. 唐代茶叶的饮用方法是(　　)。

　　A. 生吃药用　　　　　B. 点茶　　　　　　C. 煎茶　　　　　　D. 冲泡

4. 明代茶叶的饮用方法是(　　)。

　　A. 生吃药用　　　　　B. 点茶　　　　　　C. 煎茶　　　　　　D. 冲泡

5. 宋代饮茶颇为讲究,注重(　　)程序。

　　A. 三汤　　　　　　　B. 五汤　　　　　　C. 七汤　　　　　　D. 九汤

二、多项选择题

1. 唐代煎茶主要的流程有(　　)。

　　A. 炙茶　　　　　　　B. 碾茶　　　　　　C. 罗茶　　　　　　D. 煎茶

2. 宋代点茶也称(　　)。

　　A. 分茶　　　　　　　B. 茶百戏　　　　　C. 斗茶　　　　　　D. 煎茶

三、判断题

1. 明清以后,冲泡法逐渐成为主流的品饮方式。　　　　　　　　　　　　　　　(　　)

2. 现代的冲泡法根据不同的茶类、加工方法、茶的特性,冲泡时要注意泡茶水温、茶水比例、冲泡时间三大要素。　　　　　　　　　　　　　　　　　　　　　　　　　　　(　　)

操作技能部分

一、操作技能考核内容

考 核 项 目	考 核 标 准
宋代点茶	准确掌握宋代点茶的七汤程序

二、任务分析

以宋代点茶进行实训。

三、考核方式

1. 在实训室进行宋代点茶实训。

2. 评分标准：

考 核 内 容	操作分值	实际得分	备 注
1. 备具	10		备齐宋代点茶茶具
2. 布器	10		按要求布器
3. 点茶	70		流程及手法正确
4. 酌茶	10		酌茶动作正确
总 分	100		

项目小结

　　本项目主要学习茶艺及茶文化，了解茶艺、茶艺师及茶文化的定义，了解茶艺行业现状；通过学习中国茶的发展历史，追溯中国茶文化走向世界的历程。通过学习中国历代饮茶法，知道中国历来对选茗、取水、备具、佐料、烹茶、奉茶以及品尝方法都颇为讲究，因而逐渐形成丰富多彩、雅俗共赏的饮茶习俗和品茶技艺。

项目二
认知饮茶与健康

学习目标

知识目标：1.了解茶的保健功能。

2.掌握茶的茶性特点。

3.了解不同人群适合品饮的茶类。

能力目标：1.能为客人介绍绿茶、黄茶、白茶、青茶、红茶、黑茶和花茶的茶性。

2.能根据客人的身体状况推荐合适的茶品，引导茶客消费。

素养目标：1.养成以茶待客的习惯，培养传播优秀传统文化的使命感。

2.体会茶的魅力，培养对职业的自豪感。

3.培养辩证思维能力。

项目导读

茶叶的保健功能是茶艺师必须掌握的知识，茶艺师要掌握茶与健康的关系，茶的营养价值，茶叶的主要药用成分以及茶叶对人体的保健功效等知识，同时通过科学饮茶的学习，认识到一日之中的不同时间、不同季节、不同人群的饮茶方式，以及饮茶禁忌、不宜饮茶的人群、茶在生活中的妙用，从而具备根据客人的身体状况，恰当地推荐茶叶的能力。

两位院士谈健康喝茶

翻开中华历史的篇章，每一页都浸染着茶香。一片小小的茶叶，不仅承载着中国文化，还蕴含着健康之道。在我国，有两位院士一直致力于研究茶叶，一位是中国工程院院士、中国农业科学院茶叶研究所研究员陈宗懋，另一位是中国工程院院士、湖南农业大学教授刘仲华。

近年来，茶与健康成为科研热点。陈宗懋院士介绍，虽然人们很早就知道喝茶有益健康，但真正开始研究茶叶中的功能成分是从 20 世纪 80 年代开始的。当时，我国提出"回归大自然"的口号，传统中医药发展迎来契机，茶叶的保健价值受到越来越多的重视。"我每年至少可以看到 800～1 000 篇关于茶叶与健康的研究报告。总结来看，喝绿茶至少有三大健康益处：预防心血管疾病及肥胖；预防癌症；预防阿尔茨海默病。"

刘仲华院士一直致力于茶的植物功能成分的利用研究，他认为近年来，国内外研究者愈发深入地证实了儿茶素、茶黄素、茶氨酸、茶多糖等茶叶主要功能成分对人体健康的益处，比如延缓衰老、调节代谢（糖、脂质、蛋白质代谢）、减肥、调节肠道菌群、抗病毒抑菌、强壮骨骼等。概括来说，喝茶最有价值的三个核心健康属性为延缓衰老、调节代谢、增强免疫，长期饮茶有助于身体素质的全面提升。

刘仲华院士指出，未来会有越来越多的新型茶叶功能成分被分离鉴定出来，现有茶叶活性成分也将有更多的新功能被发掘，同时研究人员必将更清晰地揭示茶叶功能成分之间的多通路、多靶点协同作用机制。但他也提醒："尽管茶有很好的健康属性，但我们不能把它当作药品来看，更不能期待它包治百病。喝茶是一种健康生活方式，最主要的是感受茶的色香味带来的愉悦心情，同时有效改善人体的健康状况。"

民间一直流传"隔夜茶不能喝"，刘仲华院士说："如果上午 8 点泡了一杯茶，下午 4 点能喝吗？如果晚上 10 点泡了一杯茶，第二天早上 6 点还能喝吗？都是间距 8 小时，前者多数人觉得能喝，后者为什么不能喝？一杯茶泡久了，只是没有刚开始泡时的香气和鲜爽感了，但依然可以喝，不会威胁健康。"陈宗懋院士也指出，可能存在的致癌物"亚硝胺"经检测完全不存在，但从卫生角度考虑，隔夜茶不提倡喝。

（资料来源：《生命时报》第 1556 期头版，经编者整理编写。）

任务一　　认知茶叶的保健功能

一、茶与健康的渊源

茶叶是世界三大无酒精饮料之一,被称为二十一世纪的健康饮料。据传,茶的发现和利用始于神农时期(约公元前 2700 年),"神农尝百草,日遇七十二毒,得茶而解之"。神农发现茶的解毒功效进而被人们所利用,后来逐步成为人们生活中的一部分。古今中外很多医药专著都提到茶与健康的关系。如明代李时珍的《本草纲目》记载:"茶苦而寒,……最能降火。火为百病,火降则上清矣。"

二、茶的营养价值

茶叶的化合物中有些是人体所必需的成分,我们叫作营养成分,如维生素、蛋白质、氨基酸、矿物质、碳水化合物等,它们对人体有较高的营养价值。

(一)维生素

茶叶中含有丰富的维生素,其含量占茶树鲜叶干物质总量的 0.6%～1.0%。维生素是存在于食物中的天然物质,不能通过人体合成,必须从食物中摄取。目前,茶叶中已发现的水溶性和脂溶性维生素有十多种,主要包括维生素 C、B、E、K、P。其中,水溶性维生素 C 含量丰富。维生素 C 对人体有多种功效,能防治坏血病,增强抵抗力,还有辅助抗癌和防治动脉硬化的功效。

茶叶中含有丰富的 B 族维生素,如维生素 B_1(硫胺素)、维生素 B_2(核黄素)、维生素 B_3(泛酸)、维生素 B_5(烟酸)、维生素 B_{11}(叶酸)等。其中以维生素 B_2 最重要,缺乏它会引起代谢的紊乱及口舌疾病。这些维生素都可以溶解于水中,茶叶冲泡 10 分钟后,80% 可以浸出在茶汤中为人体吸收利用。

茶叶中还有较多的维生素 E、维生素 K 等,维生素 E 能够促进人体生殖机能的正常发育,有防衰老的功效;维生素 K 有止血的作用。这些维生素都难溶于水,只有把茶叶吃下去,它们才能被人体吸收。茶叶中还含有较多的维生素 P 类物质,即茶叶中大量存在的茶多酚,其含量为 10%～20%,它能维持微血管的正常透性,增强韧性,对于防治人体血管硬化和高血压有着积极的作用。

茶叶中的
化学成分

(二)蛋白质和氨基酸

茶叶中能通过饮茶被直接吸收的水溶性蛋白质含量不高,大部分蛋白质不溶于水,存在于茶渣内。氨基酸占茶树鲜叶干物质总量的 1%～4%,特别是茶氨酸为茶树体内所特有氨基酸。目前已鉴定的氨基酸有 26 种,其中甲硫氨酸、苯丙氨酸、色氨酸为必需氨基酸,它们对防止早衰、促进生长和直立发育、增强造血功能有着重要作用。虽然这些氨基酸在茶叶中的含量不高,但可作为人体日需量不足时的一种有效补充。

(三)矿物质

茶叶中含有 4%～7% 的无机物,多半能溶于热水而被人体吸收利用,其中主要有磷、钙、钾、镁、铁、锰、硫、锌、硒、氟、铜等。这些无机盐对维持人体内的平衡有重要意义,例如铁能增强造血功能,防止贫血;氟有保护牙齿、防止龋齿的作用;锰可以防止生殖机能紊乱和惊厥抽搐;钾是人体细胞内液的主要成分,人若出汗过多引起人体细胞缺钾,会造成人体虚弱,饮茶可以弥补;锌可以促进儿童生长发育,还可以防止心肌梗死等。

(四) 碳水化合物

茶叶中含有30%的碳水化合物,但多数是不溶于水的多糖类,能溶于水的不超过5%,所以茶叶属于低热量饮料,适合糖尿病等忌糖者饮用。茶叶中含有2%~3%的类脂,数量虽少,但为人体所必需。

三、茶叶的主要药用成分

茶是一种天然保健饮料,茶的成分非常复杂,但最主要的还是化学成分,这些决定了茶的各种特性。

(一) 生物碱

茶叶中的生物碱包括咖啡碱、可可碱等,它在茶叶中的含量为3%~5%,其中80%以上能溶于热水,被人体所吸收。生物碱以咖啡碱的含量居多,其他生物碱的含量甚微。所以,茶叶中的生物碱含量就以咖啡碱的含量为代表。生物碱对人体有多种药理功效,主要表现在以下几个方面:

(1)使大脑皮层兴奋。一般认为喝茶可以提神,可以集中注意力,主要是因为适量的茶碱能够使人的大脑皮层兴奋。

(2)使周边血管扩张。在一般情况下,喜欢喝茶的人血管的毛病较少,因为茶具有使周边血管扩张、平滑肌松弛等功能,并可加强肝脏对药物的代谢活性,这也是我们吃药时不喝茶的原因。同时,茶叶中有数百种成分,总有机会与药物产生反应,减少药性,所以吃药时尽量不饮茶。

(3)使脑血管收缩,降低脑血流(治偏头痛)。

(4)使心脏的收缩力加强。

(5)使支气管平滑肌松弛。茶可以使气喘缓和,气喘是因为支气管肌肉紧张,茶可以使支气管平滑肌松弛。

(6)使随意肌收缩力增强,提高效率,减少疲劳。有的人觉得喝茶后体力变得更好,尤其是运动员喝茶后感觉明显,这是因为茶叶可以使随意肌收缩力增强,效率也会增加,所以能减少疲劳,使人不容易累。

(7)增加10%的新陈代谢。茶具有可以增加新陈代谢10%的功能,即使躺着不做任何运动、不怒、不笑,如果喝了茶,也能使能量消耗加快,有助于减肥。茶可以帮助分解脂肪,不让脂肪留在肝脏和血液中,很多人把乌龙茶当成减肥饮料来喝。

(8)利尿作用(可以解酒)。

(二) 茶多酚

茶叶中的多酚类物质由30种以上的酚性物质组成,通称为茶多酚。它在茶叶中的含量为20%~30%,其主要物质是多种儿茶素,占茶多酚总量的60%~80%。茶多酚大多数具有水溶性,冲泡时可以溶解于水,能够被人体吸收。茶多酚是形成茶汤滋味的主要成分,也

是茶叶的主要药效成分,其主要药效作用有如下几种:

(1)保护毛细血管,防止内出血;抑制动脉硬化,抑制胆固醇和血压升高,降低血脂、血糖。

(2)抗菌杀菌,治疗痢疾、急性胃肠炎和尿路感染等;活血化瘀,促进纤维蛋白原的溶解。

(3)具有清除自由基和抗氧化的能力。自由基是人体病变的罪魁祸首,是诱导细胞癌变的物质。

(4)增强微血管壁的韧性。

(5)具有抗癌、抗辐射、抗衰老和健美肌体等作用。

(三)茶多糖

茶叶中含有3%的茶多糖,它具有增强人体非特异性免疫力、抗辐射、改善造血系统的作用,对防治由于辐射引起的白细胞降低具有良好的功效,故被誉为"原子时代的理想饮料"。长时间看电视的人,边看边饮茶,有助于减轻电视机的辐射带来的不良影响。

(四)芳香物质

茶叶中的芳香物质含量虽然不高,但种类很多。这类物质在茶叶中含量的多少,关系到茶叶品质的高低。芳香类物质能帮助消化,增进食欲,给人以芬芳愉快的感觉,而且能提神醒脑,生津止渴。

(五)色素

茶叶中的色素包括脂溶性色素和水溶性色素两部分,含量仅占茶中干物质重量的1%左右。脂溶性色素不溶于水,有叶绿素、叶黄素、胡萝卜素等。水溶性色素有黄酮类物质、花青素及茶多酚氧化物、茶黄素、茶红素和茶褐素等。脂溶性色素是形成干茶和叶底色泽的主要成分,而水溶性色素主要对茶汤有影响。茶色素具有改善微循环,提高机体免疫力等功效。

四、茶叶对人体的保健功效

茶为药用在我国已有千年历史了,古代传说中有神农以茶解草毒,而且许多史书中均对茶叶的药用价值有详细的记载。作为一种饮料,茶叶的药理功效之多,作用之广,是其他饮料所不具备的。茶叶中具有保健作用的主要成分是茶多酚、咖啡碱、茶多糖等,对人体有多种保健功效。

(一)防癌

从20世纪80年代到现在,全世界发表了近5 000篇关于茶叶抗肿瘤的文章。陈宗懋院士撰写的《茶叶抗癌二十年》介绍,茶叶抗癌是因为它能够抗氧化、抑制癌基因表达、能够调节转录因子等。

(二)防辐射

研究表明,茶叶中含的多酚类物质、维生素C、A有防辐射功能,特别是茶多酚及其氧化物具有吸收放射性物质能力。喝茶能有效地防止辐射引起的白细胞下降。采用放射治疗的癌症病人,能消除或减轻放射治疗后出现的恶心、呕吐、食欲不振、腹泻等不良反应。茶叶中

2

的有效成分可以起到防辐射作用,包括核辐射、医疗放射以及手机、香烟、家居和电脑辐射等。

(三) 防心血管疾病

茶叶中所含茶多酚对人体脂肪代谢有着重要的作用。人体中的胆固醇三酸甘油酯含量过高,就会导致血管内壁脂肪沉积、血管平滑肌细胞的增生等从而形成动脉粥样硬化等心脑血管疾病。茶多酚能起到调节血脂代谢的作用;茶色素可通过改善红细胞变形性,降低全血黏度,改善微循环,起到防心脑血管疾病的目的。

(四) 防治肠道疾病

茶叶中所含的脂肪酸和芳香酸等有机酸有杀菌作用,可辅助治疗细菌性痢疾、慢性溃疡性大肠炎、回肠炎等肠道病。

(五) 有助于护齿明目

研究表明,饮茶、用茶汤漱口、刷牙可预防龋齿。常喝乌龙茶的人,龋齿发生率下降60%左右。因为茶叶中含氟量比较高,每100克干茶叶中含氟量为10～15毫克,且80%为水溶性成分,若每天饮茶10克,则可吸收水溶性氟1～1.5毫克。而且茶叶是碱性饮料,可抑制人体中钙质的减少,这对预防龋齿及护齿都是有益的。茶叶中维生素C等成分,能降低眼睛晶体的浑浊度,经常饮茶,对减少眼疾、护眼明目均有积极作用。

(六) 生津止渴解暑

由于茶水中的多酚类、糖类、果胶、氨基酸等能与口中涎液发生化学变化,从而使口腔得以滋润,产生清凉的感觉。咖啡碱可调节体温,故喝茶能生津止渴解暑。即使是炎热的夏天,喝热茶也比其他饮料解渴,而且降温持续时间较长。

(七) 消脂减肥

喝茶有助消化和减少体内脂肪的重要功效,早在唐代《本草拾遗》中就有对茶有减肥效果的记载,"久食令人瘦"。现代研究证实,茶叶中咖啡碱、肌醇、叶酸和芳香类物质等多种化合物,能增强胃液分泌,调节脂肪代谢,特别是乌龙茶对蛋白质和脂肪有很好的分解作用,所以喝茶有助于减肥。一般每天5克茶叶泡水喝,长期坚持即可。

(八) 提神益思、消疲劳

研究证实,茶叶中的咖啡碱能兴奋中枢神经系统,使头脑清醒,思维敏捷,又能加快血液循环,活跃筋肉,促进新陈代谢,使人解除疲劳。

(九) 有助于延缓衰老

茶是一种天然饮料,对人体具有营养价值和保健功效。茶叶中的多酚类及其氧化产物具有极强的抗氧化作用,能清除人体的自由基。生物体内的自由基处于生物生成体系与生物防护体系的平衡之中,该平衡一旦被破坏,就会危害机体,发生疾病。茶叶具备清除人体自由基的作用,可以增强人体免疫力,从而延缓衰老。

(十) 降血糖和防治糖尿病

糖尿病是一种以高血糖为特征的代谢内分泌疾病。试验证明,各种绿茶具有很好的降糖作用,白茶还有平衡血糖的作用。

此外,茶叶中的维生素 C、维生素 B1 能促进动物体内糖分的代谢作用,先天性糖尿病的患者可采用常饮绿茶作为辅助疗法之一,而没有糖尿病的人常饮绿茶也可以预防糖尿病。

(十一) 其他

除了上述的作用外,茶还可以作为预防胆结石、肾结石和膀胱结石形成的药物,作为支气管炎和感冒时的发汗药物,可以预防痛风和消除人体中有害的盐类及毒素的积累,预防各种维生素缺乏症。茶叶可以作为人体铜和铁元素的重要来源,它们是形成人体中血红蛋白和红细胞所必需的,因此可用来治疗因食品中长期缺铁而引起的贫血症。茶还可以预防牙床黏膜出血浮肿、眼底出血和甲亢等。

赛 证 直 通

基础知识部分

一、单项选择题

1. 生物碱在茶叶中的含量为 3%~5%,其中( )以上能溶于热水,被人体所吸收。

A. 80%　　　　　　　B. 60%　　　　　　　C. 40%　　　　　　　D. 20%

2. 茶多酚在茶叶中的含量为 20%~30%,其主要物质是多种( ),占茶多酚总量的 60%~80%。

A. 咖啡碱　　　　　　B. 维生素　　　　　　C. 儿茶素　　　　　　D. 茶多糖

3. 茶叶中含有 3%的( ),它具有增强人体非特异性免疫力、抗辐射、改善造血系统的作用。

A. 咖啡碱　　　　　　B. 维生素　　　　　　C. 儿茶素　　　　　　D. 茶多糖

4. 茶叶中含有 2%~4%的氨基酸,特别是( )为茶叶所特有。

A. 咖啡碱　　　　　　　　　　　　　　B. 茶氨酸

C. 儿茶素　　　　　　　　　　　　　　D. 茶多糖

5. ( )具有很强的抗氧化性和生理活性,是人体自由基的清除剂。

A. 咖啡碱　　　　　　　　　　　　　　B. 茶多酚

C. 儿茶素　　　　　　　　　　　　　　D. 茶多糖

二、多项选择题

1. 茶叶主要有( )的功效。

A. 防癌　　　　　　　　　　　　　　　B. 防心脑血管疾病

C. 护齿明目　　　　　　　　　　　　　D. 消脂减肥

2. 下列属于茶叶的营养成分的有( )。

A. 维生素　　　　　　　　　　　　　　B. 矿物质

C. 蛋白质和氨基酸　　　　　　　　　　D. 碳水化合物

三、判断题

1. 茶叶中具有药理保健作用的主要成分是茶多酚、咖啡碱等。　　　　　　( )

2. 茶叶具有防辐射的功效。　　　　　　　　　　　　　　　　　　　　( )

2

操作技能部分

一、操作技能考核内容

考 核 项 目	考 核 标 准
茶叶的保健功效	准确掌握茶叶的保健功效相关内容。

二、任务分析
向客人准确讲解茶叶的营养价值、药用功效、保健功效等内容。

三、考核方式
1. 在实训室进行茶叶的保健功效相关内容的讲解。
2. 评分标准：

考 核 内 容	操作分值	实际得分	备　　注
1. 茶叶的营养价值	20		讲解内容完整
2. 茶叶的主要药用功效	20		讲解内容完整
3. 茶叶对人体的保健功效	20		讲解内容完整
4. 普通话标准	20		无发音错误
5. 讲解生动有趣	20		讲解生动，无背诵痕迹
总　　分	100		

任务二　　科 学 饮 茶

科学饮茶对人体健康十分有利，如饮茶不当会给人体健康带来不良影响。因此，饮茶一定要讲究科学的方法。

一、一日之中不同时间饮茶

一些善于饮茶，讲究科学饮茶的人，在一天中不同的时间段，会饮用不同类别的茶叶。

（1）清晨饮绿茶。在清晨，喝一杯淡淡的高级绿茶，可以醒脑清心。

（2）上午饮花茶。在上午，喝一杯茉莉花茶，芬芳怡人，可以提高工作效率。

（3）下午饮红茶或绿茶。在下午，可以饮一杯红茶或者牛奶红茶，或者喝一杯高档绿茶，外加一些点心和水果，可以解困提神，补充营养等。

（4）晚上饮乌龙茶或黑茶。晚上，与家人或朋友团聚在一起，泡上一壶乌龙茶或黑茶，清香味醇，且耐冲泡，边喝茶边谈心，别具一番生活情趣。

二、四季饮茶

茶叶的功效与季节变化有着密切关系,不同季节饮用不同品种的茶,对人的身体更有益。因此,科学的饮茶之道是四季有别。

(1)春季饮花茶。春季,雪化冰消,风和日暖,万物复苏。春季,以饮馨香馥郁的茉莉花茶为好,用以散发冬天积聚在人体内的寒邪,促使人体阳气生发。使"精""气""神"为之一振。

(2)夏季饮绿茶。夏季,天气炎热,酷暑逼人,人体津液大量耗损。夏季,以饮用性味苦寒的绿茶为宜,清汤绿叶,给人以清凉之感,用以消暑解热。绿茶内茶多酚、咖啡碱、氨基酸等含量较多,有刺激口腔黏膜、促进消化腺分泌的作用,利于生津,为盛夏消暑止渴之佳品。

(3)秋季饮乌龙茶。秋季,天气凉爽,风霜高洁,气候干燥,余热未消,人体津液未完全恢复平衡。秋季,饮用乌龙茶为宜。此茶性味介于红茶与绿茶之间,不寒不热,既能消除余热,又能恢复津液。在秋季,也可红茶、绿茶混用,取其两种功效;也可以绿茶和花茶混用,取绿茶清热解暑之功,花茶化痰开窍之效等。

(4)冬季饮红茶、黑茶。冬季,寒风凛冽,寒气袭人,人体阳气容易损耗。冬季,以选用味甘性温的红茶和黑茶为好。红茶红叶红汤,给人温暖的感觉,以温育人体的阳气,尤其适用于妇女。红茶可加奶或糖,故有生热暖胃之功。黑茶有助消化、去油腻之效,在冬季进补肥腻食物时宜饮。

三、不同人群的饮茶

一般情况下,高级绿茶中,维生素 C、维生素 B_1 和维生素 B_2 含量比红茶、乌龙茶要高 $1\sim2$ 倍,有的甚至更多;高级绿茶的磷、钾等多种无机物含量一般也比红茶高,尤其是锌的含量通常比红茶高 1 倍多;高级绿茶中,具有多种生理功效的茶多酚含量通常也比红茶、乌龙茶等高出 1 倍以上,因此,从营养保健的角度而言,喝绿茶更有利于人的身体健康。但是,不同茶的营养和药效成分是不一样的,因此,对于饮用者而言,应根据自身的条件,选择对自己健康有利的茶。不同身体状况的人适宜饮用的茶不同。

具体而言,体寒的人适合喝温性茶,体热的人适合喝寒性茶。妇女经期前后,性情较为烦躁,以饮用花茶为好,具有疏肝解郁、理气调经之功效。身体较弱的人宜喝红茶,如在茶中再添加点糖或奶更佳,既可增加热能,又能补充营养。体胖者可以常喝乌龙茶、沱茶等,去脂减肥作用较强。为了促进脂肪的消化吸收,食用牛羊肉较多的人可以多饮砖茶、饼茶等紧压茶。

儿童不适合饮用大量的茶水,茶叶中的咖啡碱容易使儿童兴奋。6 岁以上的儿童可以适当饮茶,可以提高免疫力、提神益智,但注意饮茶量,每天控制在 $2\sim3$ 小杯,总茶量控制在 2 克以内。

青年人正处于发育旺盛期,需要更多营养,以喝绿茶为好。

中老年人在享受品茶的同时,也要掌握科学饮茶的原则:一是选择适宜的茶类,通常选用茶性较温和的茶品,如红茶、黑茶、青茶及老白茶;二是喝淡茶,老年人喝浓茶,容易因为咖啡碱过量而造成心脏负担;三是选择正确的品茶时间,很多中老年人,睡眠质量不高,若品茶太晚,就会造成失眠,影响健康;四是一日饮茶不要过量,一般为 $3\sim5$ 克。

2

四、饮茶禁忌

（一）忌空腹喝茶

空腹喝茶易使肠道吸收咖啡碱过多，从而使人产生肾上腺亢进的症状，如心慌、头晕、手脚无力、心神恍惚等，医学上称之为"茶醉"。同时，空腹喝茶还会造成氟的摄入量过多，氟在人体内蓄积过多不仅会引起多种肠道疾病，还会损伤肾功能、损坏牙齿，甚至对骨质产生毒害作用。空腹饮茶，茶性入肺腑，还会冷脾胃，我国自古就有"不饮空心茶"之说。

（二）忌服药前后喝茶或用茶水服药

在服用中西药前后不宜饮茶，或是用茶水送药，这是因为茶叶中的茶多酚、咖啡因、茶碱和可可碱等化学成分会使某些药物发生化学变化，影响疗效，甚至产生不良反应。比如茶水中含有的茶碱能使人的大脑皮层兴奋，因此，对中枢神经系统有抑制作用的药物，如安眠药、镇静药及镇咳药等，以及中药中的贝母、酸枣仁等不能与茶水同时服用。茶中还含有大量鞣酸，可使一些药物产生沉淀，影响药效。如治疗贫血的铁剂与鞣酸结合沉淀，会妨碍铁剂的吸收。由此可见，茶水会影响某些药物的作用和疗效。

（三）忌喝过烫、过量的茶

喝茶不宜过烫。太烫的茶水对人体的咽喉、食道和胃刺激较大，长期如此会导致这些器官的黏膜组织发生增生性病变。喝茶不宜过量。长期过量喝茶会使体内的咖啡碱积累过多，过度刺激神经，有损神经系统的正常功能。

（四）忌睡前喝浓茶

由于茶叶中含有的咖啡因具有提神作用，不利于入睡，所以为了不影响正常睡眠，睡前不宜喝浓茶，避免神经过度兴奋，引起神经功能失调。

（五）忌喝冲泡时间太久或冲泡次数过多的茶

冲泡时间过长，茶叶中的茶多酚、类脂、芳香物质等会自动氧化，不仅茶汤色暗、味差、香低，失去品尝价值，同时由于茶水搁置时间太久，受到周围环境的污染，茶水中的微生物（细菌和真菌）数量增多，从而不宜饮用。

忌冲泡次数过多，一般绿茶、红茶、花茶、黄茶在冲泡3～4次后就基本上没有什么营养物质了，青茶、黑茶、老白茶六七泡后也没有太多的营养物质了。

（六）忌饭前饮茶或饭后马上饮茶

饭前饮茶会冲淡胃酸，使饮食无味，还能暂时使消化器官吸收蛋白质的功能下降。饭后马上饮茶，茶中含有鞣酸，能与食物中的蛋白质、铁质发生凝固作用，影响人体对蛋白质和铁质的消化吸收。

（七）孕期及哺乳期妇女忌喝浓茶

孕妇饮茶过多，会引起贫血，使新生儿因母体供血不足而体重轻。哺乳期妇女饮茶，因茶中的咖啡因可通过乳汁进入婴儿体内，使婴儿发生痉挛，烦躁不安，出现无缘故的啼哭。茶叶中含有2%～5%的咖啡因，每500毫升浓红茶水大约含咖啡因0.06毫克，如果每日喝5杯浓茶，就相当服用0.3～0.35毫克的咖啡因。咖啡因具有兴奋作用，服用过多会使胎动增加,甚至危害胎儿的生长发育。此外,茶叶中的鞣酸(多以茶多酚的形式存在)可与食物中的铁元素结合形成一种不能被机体吸收的复合物。孕妇如果过多地饮用浓茶,还可能引起贫血,也将给胎儿造成先天性缺铁性贫血的隐患。

(八)妇女经期不宜饮茶

妇女经血中含有高铁蛋白、血浆蛋白和血色素。为了保证健康,妇女在经期和经期后,应多摄入含铁丰富的食物。浓茶中鞣酸的浓度较高,极易在肠道中与食物中的铁质结合而发生沉淀,从而妨碍了肠黏膜对铁质的吸收,造成缺铁性贫血。因此,月经期间的妇女不宜饮浓茶。

(九)忌饮隔夜茶

隔夜茶放置时间过久,维生素已丧失,而且茶里的蛋白质、糖类等会成为细菌、霉菌等繁殖的养料。当然,未变质的隔夜茶还是可以喝的。隔夜茶一般是指上一天泡的茶,放置时间已经超过 12 小时,存在变质的可能性。

五、不宜饮茶的人群

以下几类人群不宜饮茶:

(1)贫血患者。特别是患缺铁性贫血的病人,茶中的鞣酸可使食物中的铁形成不被人体吸收的沉淀物,往往使病情加重。

(2)神经衰弱、甲状腺功能亢进、结核病患者。因为茶中咖啡因能引起基础代谢加强,使病情加剧。

(3)胃及十二指肠溃疡患者。因为茶中咖啡因能刺激胃液分泌和溃疡面,使胃病和溃疡加重。

(4)肝、肾病患者。茶中咖啡因要经过肝脏、肾脏代谢,对肝、肾功能不全的人来说,不利于肝、肾脏功能的恢复。

(5)习惯性便秘患者。茶中的鞣酸具有收敛作用,使便秘加重。

(6)肾、尿道结石患者。茶中的鞣酸,会导致结石增多。

(7)高血压及心脏病患者。茶中的咖啡因对人体血液、血压有激发作用。饮茶过多会加快血液流动,使血压升高,甚至有可能出现心律不齐。

六、茶在生活中的妙用

除饮茶之外,非常实用的茶在生活中的妙用有很多。

(一)茶类食品

茶叶的营养物质一般包括水溶性和脂溶性两大部分。由于脂溶性营养物质难溶于水,即使用沸水冲泡多次,始终残留在茶叶里,难以被人体吸收,因此如今有人提出用"吃茶"来弥补这一缺陷。吃茶是将茶叶磨成细小微粒,添加在食品中食用,如含茶豆腐、含茶糕点等,吃了这些食品则可以获得茶叶中所含脂溶性维生素营养成分,更好地发挥茶叶的营养价值。

但需要注意的是,吃茶一定要十分谨慎。因为有些茶叶中,会有农药或重金属残留,这些物质均不易溶于水,如果吃下去后就会被人体吸收,对人体造成伤害。

（二）茶类菜肴

坊间流传"茶叶入菜，除腻提香""茶叶入菜，清香美味"等说法，不少地区有些特色菜肴是将茶叶加入菜肴中的。茶叶因品种不同而具有不同的茶香，将不同的茶香与菜肴主材料的和谐搭配尤为重要。

（1）碧螺春（又称美女茶），适合做成羹汤供女士美容饮用。也有碧螺春炒鸡丝这样的小炒。

（2）铁观音冲泡之后，会散发出浓郁的兰香，茶性清淡，特别适合做茶汤饺子。

（3）普洱茶口感醇厚，可以消除食物的油腻感，最适合搭配肉类，如普洱排骨和茶皇鸽。

（4）瓜片茶熏鸡。鸡色金黄悦目，肉质鲜美，烟熏中带有瓜片茶叶之清香，别具风味。

（5）桂花茶骨。菜肴特点软滑可口、老少皆宜。

（6）灼虾和蒸鱼最适宜用绿茶汤。

需要注意的是：研究表明，吃饭时常饮浓茶会影响胃肠消化功能。因此，入菜用的茶水应为淡茶，浓度的掌握很重要，同时茶水过浓也会让菜肴产生涩的味道。

（三）居家实用

（1）饮茶戒烟。须借助吸烟来提神的人，不妨以茶代烟，其中乌龙茶戒烟效果最好。

（2）吃了特别辣的辣椒后，如果感到口中辣味难忍，可先用清水漱一下口，再咀嚼一点茶叶，口中辣味即可消除。

（3）看电视和使用电脑时，饮绿茶可以有效降低辐射影响。

（4）茶水漱口，可辅助治疗口腔炎、舌痛、牙龈出血等口疾，还有固齿的作用。茶水还可防止胃癌诱发物亚硝酸盐在口腔内形成。

 课堂讨论

请以在茶艺馆为客人点茶为例，讨论一下怎样才能为客人点到适合品饮的茶品？
要点：

1. 询问客人日常喝茶频率。

2. 询问客人有无饮茶禁忌。

3. 询问客人平时喝什么茶品。

4. 询问客人喝茶是否失眠。

赛 证 直 通

基础知识部分

一、单项选择题

1. 春季适合饮用（　　　）。

A. 绿茶　　　　　B. 红茶　　　　　C. 花茶　　　　　D. 乌龙茶

2. 夏季适合饮用（　　　）。

A. 绿茶　　　　　B. 红茶　　　　　C. 花茶　　　　　D. 乌龙茶

3.秋季适合饮用( )。

A.绿茶 B.红茶 C.花茶 D.乌龙茶

4.冬季适合饮用( )。

A.绿茶 B.红茶和黑茶 C.花茶 D.乌龙茶

二、多项选择题

1.中老年人群,饮茶原则有( )。

A.选择适宜的茶类 B.喝淡茶

C.选择正确的品茶时间 D.一日饮茶不要过量

2.下列人群中不宜饮茶的有( )。

A.神经衰弱者 B.甲状腺功能亢进者

C.结核病患者 D.肾结石患者

三、判断题

1.青年人适合喝绿茶。 ( )

2.6岁以上儿童一天可饮用2～3小杯茶性温和的茶。 ( )

操作技能部分

一、操作技能考核内容

考核项目	考核标准
为有胃病的客人推荐一款茶品	准确掌握不同茶类的茶性特点及适合品饮的人群

二、任务分析

详细向客人介绍适合有胃病的客人品饮的茶类。

三、考核方式

1.在实训室进行茶品推荐。

2.评分标准:

考核内容	操作分值	实际得分	备注
1.微笑问候	10		面带微笑,及时问候
2.询问客人有无饮茶禁忌	10		语言表达流畅
3.询问客人有无疾病	10		语言表达流畅
4.准确向客人推荐茶品(红茶、黑茶类)	50		讲解生动,无背诵痕迹
5.语音语调适中、普通话标准	20		语音语调适中,普通话标准
总 分	100		

2

项目小结

　　通过本项目的学习，了解茶叶的营养价值、药用成分以及保健功能。通过学习如何科学饮茶，了解一日之中不同时间如何饮茶，不同季节、不同人群如何饮茶，知道饮茶禁忌及不宜饮茶的人群，明白茶在生活中的妙用，在实际运用中能够根据客人的情况，合理化建议饮茶方式。

项目三
品鉴茶叶

学习目标

知识目标：1. 掌握茶叶的分类。

2. 掌握茶叶的审评流程。

3. 掌握茶叶的选购方法与储存方法。

能力目标：1. 能识别中国常见的名茶。

2. 能为客人介绍审评茶样的茶性特点。

3. 能为企业选购合适的茶品并正确储存。

素养目标：1. 培养在审评茶样过程中的安全意识、服务意识。

2. 培养良好的生活习惯，保持视觉、嗅觉、味觉、触觉等敏锐。

3. 培养批判性思维，客观地评价茶叶，不受个人偏好或外界的影响。

4. 培养耐心和细心，品鉴中可以做到反复尝试和细致观察。

项目导读

品鉴茶叶，这一古老而优雅的艺术，不仅是一种对茶的深入了解和欣赏，更是对中国深厚茶文化的传承与尊重。作为茶艺师，识茶分类、选购审评茶叶、储存茶叶是我们应完成的三项工作任务。

识茶分类是每一位茶叶爱好者和专业人士的必备技能。通过对茶叶的细致观察，对制茶工艺的学习，对名茶代表的体验，我们来辨别茶叶茶类、茶种，了解不同茶类的属性，这可以帮助我们更好地欣赏每一种茶的独特风味，为深入探索茶的世界打下坚实的基础。

选购审评茶叶不仅是一种技术，更是一种艺术。在这一过程中，我们从茶叶的外形、汤色、香气、滋味、叶底等多个维度进行审评，外形展现了茶叶的形态之美，汤色透露了茶叶的内在品质，香气反映了茶叶的丰富层次，滋味蕴含了茶叶的无穷韵味，叶底承载着茶叶的生命活力。我们可以深刻体会到茶的历史沉淀、制作工艺以及饮用方式，从而为茶艺馆、茶客选购推荐合适的茶叶。

储存茶叶则是一门科学。茶叶在储存过程中，容易受到温度、湿度、光线、氧气、异味等环境因素的影响，导致品质下降。因此，掌握正确的储存方法是保持茶叶新鲜度和延长其保质期的关键。通过科学的储存，能够确保茶叶的色、香、味得到最大程度的保留，让每一次品饮都能感受到茶叶的最佳风味。

走进茶叶品鉴的世界，我们不仅能够学习到识别、审评、选购、储存茶叶的方法和技巧，更能够体验到茶文化的博大精深和生活的美好。让我们一起开始这段美妙的茶叶品鉴之旅，发现茶的无限魅力，体验生活的深度与丰富。通过不断地学习和实践，我们将成为真正懂得欣赏和享受茶的茶艺师，让茶的美好融入生活的每一个角落。

胖东来茶叶超市成功的秘密

胖东来茶叶超市是一家专注于销售各类茶叶的零售商店。超市内提供了多种茶叶,包括绿茶、红茶、乌龙茶、黑茶、白茶等。此外,胖东来茶叶超市还提供了一系列的茶具和茶文化产品,以满足消费者的不同需求。

一、茶叶采购时的品质保证

为了确保所销售的茶叶品质上乘,胖东来茶叶超市的采购团队会亲自前往各地的茶园,精心挑选优质的茶叶。他们与当地的茶农建立了长期的合作关系,以确保所采购的茶叶是新鲜、正宗的。此外,采购团队还会对茶叶进行严格的质量检测,确保符合国家食品安全标准。

二、注重茶叶存储和保鲜

胖东来茶叶超市非常注重茶叶的存储和保鲜。他们采用专业的存储设备,以确保茶叶的品质和口感。在销售过程中,会根据茶叶的特性,采用不同的包装方式,以确保茶叶的新鲜度和口感。

三、专业的服务

胖东来茶叶超市拥有一支专业的团队,他们具备丰富的茶叶知识和冲泡技巧。消费者在购买茶叶的同时,可以咨询工作人员,了解茶叶的特点、冲泡方法和品鉴技巧。工作人员还会根据消费者的需求,提供个性化的冲泡服务,让消费者更好地品尝茶叶的美味。

四、合理的利润

胖东来茶叶超市的合理利润控制在20%左右,所以,他们的茶叶性价比非常高,值得消费者购买。

五、优厚的待遇

胖东来茶叶超市的员工除了工资较高外,还会有10天不开心假、高额委屈奖、周二闭店、每周单休、全年休假87天、30天带薪假、不许加班等规定。

随着人们生活水平的提高,对茶叶品质和茶文化体验的需求也在不断增加。胖东来茶叶超市将继续秉承"品质至上、服务第一"的经营理念,不断提升茶叶的品质和服务水平,为消费者提供更好的购物体验。同时,超市还将加大对茶文化的推广力度,让更多的人了解和喜爱茶文化。

(资料来源:中国茶叶流通协会,经编者整理编写。)

任务一 识茶分类

一、茶叶的分类标准

根据国家标准《茶叶分类》GB/T 30766—2014 和《食品安全国家标准 茶叶》(GB 31608—2023)，茶叶分成基本茶类和再加工茶类。其中基本茶类有绿茶、白茶、黄茶、青茶、黑茶和红茶；以这些基本茶类为原料经过再加工制成的再加工茶则有花茶、紧压茶、袋泡茶、粉茶等。

2023 年 4 月，由国家标准化管理委员会、全国茶叶标准化技术委员会指导完成的 ISO 20715：2023《茶叶分类》国际标准颁布，这标志着中国六大茶类的分类体系上升为 ISO 国际标准，成为国际共识。

凡是采用常规的加工工艺，茶叶产品的色、香、味、形符合传统质量规范的，叫作基本茶类，例如，常规的绿茶、红茶、乌龙茶等；以基本茶类为原料进一步加工，使茶叶的基本形状或香气发生改变的，叫作再加工茶类，如茉莉花茶、速溶茶、易拉罐茶饮料、草药茶等，其加工过程或是使茶叶某些品质特征发生了根本性的改变，或是改变了茶叶产品的形态、饮用方式和饮用功效等。

二、中国茶叶分类

清代时，我国的几大茶类基本形成，但一直存在争议。现在业界较为认可的是以加工工艺、产品特性为主，结合茶树品种、鲜叶原料、生产区域进行分类，根据国家标准《茶叶分类》GB/T 30766—2014，中国茶叶分类如表 3-1-1 所示。

茶叶分类
标准

表 3-1-1　　　　　　　　　　中国茶叶分类

按加工工艺分类	茶叶品类	具体茶类及名茶举例	
基本茶类	绿茶	蒸青绿茶	煎茶、玉露等
		晒青绿茶	滇青、川青等
		炒青绿茶	眉茶（屯绿、特珍） 珠茶（平水珠茶、雨茶） 特种炒青（龙井、碧螺春等）
		烘青绿茶	普通烘青（浙烘青、徽烘青） 特种烘青（黄山毛峰、太平猴魁等）
	白茶	白芽茶	白毫银针
		白叶茶	白牡丹、贡眉、寿眉

按加工工艺分类	茶叶品类	具体茶类及名茶举例	
基本茶类	黄茶	黄芽茶	君山银针、蒙顶黄芽等
		黄小茶	北港毛尖、平阳黄汤等
		黄大茶	霍山黄大茶、广东大叶青等
	青茶（乌龙茶）	闽北乌龙	大红袍、水仙、肉桂等
		广东乌龙	凤凰单枞、凤凰水仙、岭头单枞等
		闽南乌龙	铁观音、黄金桂、本山、毛蟹、奇兰等
		台湾乌龙	冻顶乌龙、文山包种、东方美人等
	红茶	小种红茶	正山小种、外山小种、金骏眉等
		工夫红茶	祁红、滇红、川红、闽红、宁红等
		红碎茶	叶茶、碎茶、片茶、末茶等
	黑茶	湖南黑茶	安化黑茶
		湖北黑茶	蒲圻（púqí，今赤壁市的古称）老青茶
		四川黑茶	南路边茶、西路边茶等
		滇桂黑茶	普洱茶、六堡茶等
再加工茶类	花茶	以茶叶为原料，经整型、加天然香花窨制、干燥等加工工艺制成的产品，如玫瑰花茶、珠兰花茶、茉莉花茶、桂花茶、白兰花茶等	
	紧压茶	以茶叶为原料，经筛分、拼配、汽蒸、压制成型、干燥等加工工艺制成的产品，如黑砖、茯砖、饼茶、沱茶等	
	袋泡茶	以茶叶为原料，经加工形成一定的规格后，用过滤材料加工制成的产品，如茶里、金尘茶、澜沧古茶、奈雪的茶、茶颜悦色等品牌的袋泡茶	
	粉茶	以茶叶为原料，经特定加工工艺加工制成具有一定粉末细度的产品。以粉茶为配茶可加工成多种食品，如茶叶饼干、茶叶蛋糕、茶面包、茶冰淇淋等	

三、常见茶类

（一）绿茶

绿茶是我国产量最多的茶叶，属于不发酵茶，茶性寒。形态包括扁平、卷曲、螺形、针形、片形等。干茶颜色多为绿色或绿中带黄，鲜活油润。汤色清澈明亮，呈绿或黄绿色。叶底通常呈现出绿色。代表性茶品有：西湖龙井、黄山毛峰、蒙顶甘露、碧螺春、信阳毛尖、太平猴魁、六安瓜片、安吉白茶等。

（二）白茶

白茶是所有茶类里制作工艺最简单的一类茶，属微发酵茶，新茶茶性寒，三年以上的老茶，茶性温。形态自然，多为芽头肥壮，披满白毫，如银针。干茶颜色银白或黄白，覆盖着密集的茸毛。汤色浅淡，呈黄绿或橙黄色。叶底呈绿或黄绿色，柔软而有活力。代表性茶品有：白毫银针、白牡丹、贡眉、寿眉等。

（三）黄茶

黄茶是绿茶加工不及时而形成的一类茶，属微发酵茶，茶性微寒。其中黄芽茶、黄小茶形态与绿茶相似，但更为细嫩，如芽头多为一芽一叶。干茶颜色黄绿，汤色黄亮或橙黄，清澈明亮。叶底呈黄绿或嫩黄色，匀整明亮。代表性茶品有：君山银针、蒙顶黄芽、平阳黄汤、广东大叶青等。

（四）青茶

青茶也叫乌龙茶，属部分发酵的茶类。轻发酵的茶，茶性微寒；重发酵的茶，茶性较温和。形态多样，包括条形、颗粒形、束形等。干茶颜色砂绿或绿中带褐，油润有光泽。汤色金黄或橙黄，清澈明亮。叶底多为黄绿或绿叶红镶边，柔软而展开。代表性茶品有：安溪铁观音、武夷山大红袍、广东凤凰单枞、台湾冻顶乌龙、文山包种、东方美人等。

（五）红茶

红茶是全发酵的茶，茶性温。形态包括条形、碎形、卷曲形等。干茶颜色乌黑油润，或呈棕褐色。汤色红艳明亮，或呈红橙色。叶底呈红棕色或古铜色，匀整展开。代表性品种有：正山小种、祁红、滇红、川红、英红、金骏眉等。

（六）黑茶

黑茶是后发酵的茶，茶性温。形态包括紧压茶（如砖茶、饼茶）和散茶。干茶颜色黑褐或黄褐，形态紧实或自然卷曲。汤色红浓明亮，或呈琥珀色。叶底呈暗棕色或褐色，质地较粗老。代表性茶品有：湖南安化黑茶、四川雅安藏茶、广西六堡茶、云南熟普洱、湖北老青茶、陕西黑茶等。

（七）再加工茶类

以花茶为例，花茶是再加工茶类，是以成品茶与鲜花窨制而成的茶类。其茶性特点与其制作花茶的茶坯一致。形态包括扁平、卷曲、螺形、针形、片形等。以绿茶为茶坯的花茶，干茶颜色多为绿色或绿中带黄，鲜活油润。汤色清澈明亮，呈绿或黄绿色。叶底通常呈现出绿色。花茶代表性茶品有：茉莉花茶、桂花红茶、桂花乌龙、桂花黑茶等。除花茶外，还有紧压茶、袋泡茶和粉茶。

课堂讨论

如果你是学习识茶的茶艺师,你掌握了中国哪些茶类及代表性茶品呢?

要点:

1.明确中国茶叶目前常用的分类标准。

2.根据茶叶加工工艺,茶叶分成六大基本茶类和再加工茶类。

3.熟悉常见的不同茶类的代表性茶品。

3

赛 证 直 通

基础知识部分

一、单项选择题

1.绿茶属(　　)茶类。

A.不发酵　　　　　　B.微发酵　　　　　　C.后发酵　　　　　　D.全发酵

2.红茶属(　　)茶类。

A.不发酵　　　　　　B.微发酵　　　　　　C.后发酵　　　　　　D.全发酵

3.黑茶属(　　)茶类。

A.不发酵　　　　　　B.微发酵　　　　　　C.后发酵　　　　　　D.全发酵

4.安吉白茶属(　　)茶类。

A.绿茶　　　　　　　B.白茶　　　　　　　C.黄茶　　　　　　　D.青茶

5.君山银针属(　　)茶类。

A.绿茶　　　　　　　B.白茶　　　　　　　C.黄茶　　　　　　　D.青茶

二、多项选择题

1.中国茶叶按其加工工艺,可分类(　　　　)两大类。

A.基本茶类　　　　　B.再加工茶类　　　　C.绿茶类　　　　　　D.红茶类

2.下列茶叶中属红茶类的有(　　　　)。

A.祁红　　　　　　　B.滇红　　　　　　　C.正山小种　　　　　D.川红

三、判断题

1.黄茶是绿茶加工不及时而形成的一类茶,属微发酵茶,茶性微寒。代表性茶品有:君山银针、蒙顶黄芽、平阳黄汤、广东大叶青等。　　　　　　　　　　　　　　　　(　　)

2.武夷山大红袍是红茶。　　　　　　　　　　　　　　　　　　　　　　　　(　　)

操作技能部分

一、操作技能考核内容

考 核 项 目	考 核 标 准
识别绿茶、红茶、白茶、黄茶、青茶、黑茶、花茶	识别常见的和全国知名的绿茶、红茶、白茶、黄茶、青茶、黑茶、花茶

二、任务分析

教师准备六大基本茶类和花茶类(再加工茶类的代表)的茶叶20种,例如碧螺春、太平猴魁、白毫银针、白牡丹、君山银针、平阳黄汤、大红袍、铁观音、正山小种、滇红、安化黑茶、普洱茶、茉莉花茶、桂花茶等让学生认识七茶类里的知名茶叶或常见茶叶。

三、考核方式

1. 识别常见的和全国知名的茶叶。

2. 评分标准:

茶样序号	茶样名称 (3分)	茶叶产地 (2分)	操作分值	实际得分	备 注
1			5		绿茶茶样名称及产地描述正确
2			5		绿茶茶样名称及产地描述正确
3			5		绿茶茶样名称及产地描述正确
4			5		红茶茶样名称及产地描述正确
5			5		红茶茶样名称及产地描述正确
6			5		红茶茶样名称及产地描述正确
7			5		白茶茶样名称及产地描述正确
8			5		白茶茶样名称及产地描述正确
9			5		白茶茶样名称及产地描述正确
10			5		黄茶茶样名称及产地描述正确
11			5		黄茶茶样名称及产地描述正确
12			5		黄茶茶样名称及产地描述正确
13			5		青茶茶样名称及产地描述正确
14			5		青茶茶样名称及产地描述正确
15			5		青茶茶样名称及产地描述正确
16			5		黑茶茶样名称及产地描述正确
17			5		黑茶茶样名称及产地描述正确
18			5		黑茶茶样名称及产地描述正确
19			5		花茶茶样名称及产地描述正确
20			5		花茶茶样名称及产地描述正确
总 分			100		

任务二　选购茶叶

茶叶品种众多,有六大基本茶类,如绿茶、白茶、黄茶、青茶、红茶、黑茶,还有再加工茶类如花茶、紧压茶等,每一个茶类又有很多茶品,茶艺馆或茶楼等茶企业如何确定并选购自己茶艺馆或茶楼的主要茶叶品类呢?

一、茶艺馆选购茶叶基础知识

(一)确定选购茶叶名称

调查问卷
示例

茶艺馆或茶楼等茶企业在开业前需设计制作茶水单,如何确定茶水单的销售茶品是一件很重要的事情。首先,需要对茶艺馆周围的居民进行市场需求调研,看茶客们喜欢喝什么茶,并总结分析得出结论;其次,对附近其他茶艺馆的茶水单进行调研,并在此基础上进行微调;最后,在开业之后对进店客人进行针对性调研,再对本茶企的茶水单进行调整。

(二)明确采购茶叶相关事宜

采购茶叶,需要明确采购茶品名称及采购人员,明确采购时间及方式,并且充分了解供货商。

二、茶叶选购技巧

在选购茶叶时,可根据不同茶叶的特点来选择。清饮类茶叶主要通过对茶叶进行干选和湿选来选择,调饮类茶叶除了干选、湿选外,还要通过基础风味的测评来选购,从而选到理想的茶叶。

(一)清饮类茶叶选购技巧

清饮类茶叶,在选购时主要分为干选和湿选。

1. 干选

干选主要从外形、色泽、整碎、干净度、干燥度、干茶香等方面来选择。

(1)外形。由于茶叶种类太多,形状不一,所以在选茶叶之前应该先看茶叶外观。每款茶叶的大小、形状应该基本一致。如果茶叶外形有大有小,形状各异、参差不齐,甚至底部还有碎末,那么这款茶就不是好的茶。

(2)色泽。不同干茶的颜色也是不同的,比如绿茶颜色一般以嫩绿为主,红茶色泽以乌黑油润为主,乌龙茶以青褐色为主,黑茶主要以油黑色为主,如果颜色不对或者不准确则不建议买。

(3)整碎。一款茶的茶叶应比较完整,有太多碎片或碎末则较差。

(4)干净度。一款茶的好坏,也与它的干净度有关,若有杂质、茶梗、茶籽或砂粒等,则为较差的茶叶。

(5)干燥度。干燥度主要是用来判断一款茶的含水量,若含水量偏高,则很容易发酸、霉变等。茶叶中的含水量不能超过6%,否则不易存放。判断干燥度时,可拿一颗茶叶用拇指和食指使劲一搓,若能搓成粉末便是很干的茶,若不能搓成粉末,搓成条索或搓扁便是含水量偏高,不建议购买。

(6)干茶香。选购茶叶时可以闻一下干茶的香气,看是否有异味、酸味、霉味等。每一种茶都有自己独特的香气,若香气不纯或不正常,则是较差的茶。

2.湿选

湿选通常就是用泡茶器具泡一泡茶来品,可通过预热茶杯,摇干茶香,冲泡以后闻茶汤的香气、品茶汤的滋味、辨茶汤的颜色及亮度,观叶底的色泽、老嫩等来判断一款茶的好坏。一般情况下,茶叶店都有泡茶的器具,可以直接现场泡茶品尝后再选购。

(1)闻汤香。简单地说就是把茶叶用热水冲泡后闻茶汤的香气。一般比较好的茶叶,在热水冲泡后都可以闻到明显的茶香,香气特别诱人。香气可分为清香、甜香、花香、果香、豆香、栗香、毫香、陈香等,每一种茶汤,都有它独特的魅力,使人陶醉、沁人心脾。

(2)品滋味。一品工艺,由于茶叶的加工工艺的不同,对茶叶加工时杀青的温度、发酵时间、焙火程度等的控制都是非常关键的,所以一般在冲泡之前会先看茶叶的加工工艺,从而对茶叶的质量作出对应的判断。二品滋味,一般好茶叶的茶味有鲜爽、回甘、浓醇、醇厚等滋味。如果茶叶的口感苦涩、滋味淡薄、品后口干、喉部干涩、难以下咽、反胃等,那么茶叶的质量则较差。三品韵味,可通过啜茶、吃茶来判断茶的韵味。

(3)辨汤色。茶叶泡出来的茶汤清澈透亮,汤色不浑浊,颜色不暗淡,底部无明显碎茶渣的则为质量较好的茶叶,若汤色发黑、浑浊不清的则不建议购买。优质的红茶有时会有冷后浑的特征,但在茶汤热的情况下,应是清澈透亮、不浑浊的。

(4)观叶底。主要是看叶底的色泽、老嫩及匀整度,也可以通过叶底来判断是新茶还是陈茶。

(二)调饮类茶的选购技巧

调饮茶类除了通过干选和湿选确定所需茶叶以外,还可以先少量采购一部分回门店,在门店进行适配性测评,再进行大量采购。只有这样,才能做出茶客喜欢的调饮茶。做好茶叶的选择和应用,既能使茶饮品发挥特色和个性,还能打造茶品牌。如何做调饮茶适配性测评呢?

首先,进行基础风味测评,确定方向,这一步主要通过干选和湿选来确定。在基础风味测评阶段选出想要使用的茶叶方向后,还要考虑其做成茶饮品的效果,于是就进入茶叶应用测评环节,这一步需要选中目标,并进行产品研发和推广。

其次,进行调饮茶适配性测评。可结合茶饮门店的应用需求,对通过基础风味测评选定的茶叶进行茶基制备的冲泡测评、奶茶适配性测评和水果茶适配性测评。

(1)茶基制备的冲泡测评。这个阶段的冲泡测评,就是采用"大桶泡茶"的方式来测评。通常会选择用1∶40的茶水比,即在25克茶叶中注入600毫升95℃以上的开水,可根据茶叶类别来确定冲泡时间,然后将茶汤过滤到400毫升冰块上,得到1升左右的茶汤。在这个环节中,要对茶汤的香气、口感进行测评,包括茶汤香气的浓度及特征,茶汤口感的平衡度、饱满度。

(2)奶茶适配性测评。一款茶是否适合做奶茶,还要对其制作奶茶产品进行适配性测评。考虑到顾客在门店点单需求,奶茶适配性测评应分别进行热饮、冷饮两次测评——用茶叶做一款基础配方的奶茶,记录茶水比、温度、配方等基础信息,再从奶茶的颜色、香气、口味表现等信息,来评估这款茶叶做奶茶时的风味表现。

（3）水果茶适配性测评。通常会选择柠檬或百香果等水果与茶叶搭配,做基础配方的水果茶,来测评其颜色、香气浓度、愉悦度、适口度等。

 课堂讨论

如果你是选购茶叶的茶艺师,你将如何选购茶艺馆需要的茶叶?

要点:

1. 干选。
2. 湿选。
3. 调饮茶适配性测评。

三、茶叶品质鉴别

想选购好的茶叶,就必须会识别茶叶质量的好坏以及陈茶与新茶,真茶与假茶,高山茶与平地茶,窨花茶与拌花茶,春茶、夏茶与秋茶等。对茶叶质量的鉴别,可以通过视觉、嗅觉、味觉、触觉等来判别,即采用眼看、鼻闻、口尝、手摸等方法。

（一）新茶和陈茶的鉴别方法

隔年茶叶称为陈茶。由于陈茶贮放时间比较长,在空气中的氧气、湿气及光线等的作用下,会自动氧化,引起色、香、味的变化,从而影响茶叶品质。特别是绿茶新茶与陈茶品质颇为悬殊。但妥善贮藏的武夷岩茶陈茶香气馥郁,滋味醇厚。普洱茶、黑毛茶、六堡、茯砖茶等陈茶也具有较好的陈香,不减茶味,深受消费者的欢迎。

鉴别新茶和陈茶一般可以从茶叶的色泽、香气、汤色和滋味等方面来加以辨别,以绿茶为例。绿茶新茶和陈茶特征如表3-2-1所示。

表3-2-1　　　　　　　　　　绿茶新茶和陈茶特征

茶样	干茶	香气	汤色	滋味
新茶	嫩绿油润、黄绿油润	清香、豆香、栗香等	嫩绿、绿黄、	鲜爽、回甘
陈茶	枯黄	香气低、陈浊气	茶汤黄褐不清	淡而不爽

（二）春茶、夏茶和秋茶的鉴别方法

不同茶类有不同的采摘标准。一般而言,5月月底前采制的茶叶为春茶;6月月初到7月月初采制的茶叶为夏茶;7月中旬以后至茶季结束前采制的茶叶为秋茶。由于季节气候条件的影响,不同季节的茶叶品质上有显著差异。春季温度一般适中,雨量充沛,加之光照柔和,茶树氮素代谢旺盛,且经秋、冬季的休养生息,植株内营养物质贮备丰富,茶叶中有效成分含量高,因此春季是茶叶品质最好的时期。夏季气温一般偏高,光照强,茶树碳素代谢旺盛,茶树芽叶中多酚类物质积累较多,因而茶叶滋味涩味比较重,鲜爽度不如春茶。秋茶经过春、夏两季采收,茶树内贮存的营养物质显著减少,茶叶浓度减低,滋味较为淡薄,但苦涩味较夏茶要轻一些,因而在民间有"春茶苦,夏茶涩,要好喝,秋白露"的说法。

春茶、夏茶和秋茶的鉴别方法如下。

(1)春茶。

外形:紧结匀齐,身骨重实,色泽光润。

内质:香气持久,滋味醇厚,汤色明亮,叶底柔嫩厚实,优质芽叶多。

(2)夏茶。

外形:较松,身骨较轻,老嫩欠匀,净度较差,色泽稍暗。

内质:香气欠高,滋味带涩,汤色较浅稍暗,叶底瘦薄较硬,芽较短,叶张大小不匀。

(3)秋茶。

外形:较松,身骨较轻,色泽欠润。

内质:香气较低,滋味涩度比夏茶微轻,汤色浅,叶底瘦薄较硬,叶形较小,芽较短小,对夹叶较多。

(三)真茶与假茶的鉴别方法

假茶一般是利用其他植物的芽叶为原料,制成外形似干茶的茶叶。也有在假茶中掺入部分真茶。假茶中常常伴有对人体有毒害作用的物质,如饮用假茶,将危害人体健康,应引起充分注意。

真茶与假茶,无论在外表形态上还是内在品质成分上都是有差别的,仔细察看分析,把握住茶叶固有的特征,假茶是能够辨认的。其鉴别方法如下:

(1)香味鉴别。用鼻闻干茶,凡是有茶叶固有清鲜香味的为真茶;凡是带有霉气、青腥气或其他异味的为假茶。

(2)色泽鉴别。干茶的色泽各有不同,绿茶呈深绿色,红茶为乌黑有光,乌龙茶为乌绿带润。如果茶叶的色泽滞枯,色泽失常,如绿茶的颜色过绿呈青色,红茶过黑,则有假茶之嫌。

(3)叶底鉴别。冲泡后的叶底,真茶叶边缘有锯齿,近叶尖部分密而深,近叶基部稀而疏,近叶柄的叶基部平滑而无锯齿。假茶多数叶缘无锯齿。真茶主脉明显,背部叶脉隆起,支脉与主脉约呈60°角,每根支脉通常在离边缘三分之一处向上弯曲,与上一支脉相接,形成网状脉。假茶往往脉多,呈羽状脉,直通叶子边缘。真茶叶片在茎上呈螺旋状互生,假茶叶片多为对生或几片叶簇生在一起。

(4)生化鉴别。茶叶依老嫩级别不同,含有2%～5%的咖啡碱和10%～20%的儿茶素,这两者同时大量存在,是茶叶的重要生化特征。测定咖啡碱与儿茶素可作为鉴别茶叶真假的生化指标。

 知识拓展

《食品安全国家标准　茶叶》(GB31608—2023)

《食品安全国家标准　茶叶》(GB31608—2023)为首次制定的茶叶产品强制性食品安全国家标准,且是茶叶产品目前唯一一部食品安全国家标准,于2023年9月6日发布,于2024年9月6日实施。该标准规定了标准范围、术语和定义、原料要求、感官要求、污染物限量、农药残留限量和食品添加剂等技术要求。它的制定,对维护茶叶产品安全意义重大。本标准规范了茶叶生产加工行为,维护茶叶产业健康稳定发展,将为我国茶叶产业高质量发展提供基础性支撑。

（资料来源:《中国茶叶》2023年第11期,经编者整理编写。）

（四）窨花茶和拌花茶的鉴别方法

窨花茶是将鲜花和茶坯在特定的环境条件下进行拼和窨制,使茶叶吸收鲜花的香气的一种茶。因而窨花茶香气浓而鲜纯,既有鲜花的芬芳又有茶叶的清香。拌花茶是在使用茶坯窨花后,将失香的干花拌和在低级茶叶中冒充的窨花茶。拌花茶的香气只有茶香,而没有花香。因此,只需要一闻一饮即可区分。除此之外,尚有喷洒少量香精冒充花茶的,这种花茶香气一般只能保持1~2个月,比较容易鉴别。如果闻之不同于天然花香,冲泡后头饮有香,二饮香气全无,这种茶多是假的花茶。

（五）着色茶的鉴别方法

茶叶着色主要是粉饰色泽上的缺点,以次充好。着色茶大多是绿茶,一般加有铅铬绿。有着色嫌疑的茶叶,先将其放在样盘中多次簸动或在光洁白纸上摩擦,仔细观察,如有剥落的着色物,即为着色茶。然后冲泡鉴别,如汤色有异常色泽,杯底有色料沉淀,则可以进一步证实为着色茶。

（六）滑石粉茶的鉴别方法

滑石粉是一种工业原料,却被不良商家用在了茶叶上,他们利用滑石粉的润滑性和光泽度来掩饰劣质茶的粗糙和黯淡。鉴别方法为:首先观察茶叶外观,颜色过于鲜艳、光泽度异常则有加滑石粉的嫌疑。其次用手触摸茶叶,感觉油腻、不自然,很可能加了滑石粉。最后冲泡后观汤色,汤色较浑浊,口感异常则进一步证实加了滑石粉。

（七）糖炒茶的鉴别方法

茶汤甜度不够,不良商家常以糖来炒制,糖炒茶多见于红茶。鉴别方法如下:

(1)干茶外观油润有光,多是糖炒茶。

(2)把茶放在手心,用手捂热,若黏手,一般是加了糖。

(3)将茶放于手心,哈一口气,闻是否有焦糖香,有则可能是糖炒茶。

(4)将糖炒茶干茶含有口中,有明显的糖味。

(5)茶汤口感很不稳定,第一泡很甜,第二、三泡甜度急剧下降,多是糖炒茶。

（八）次品茶和劣变茶的鉴别方法

次品茶是指鲜叶采制不当或保管不善而产生轻微烟、焦、酸馊、霉气,油、药物、鱼腥异味的茶叶。劣变茶则是比次品茶品质更差、异味更重的茶叶,品饮有损健康。

(1)烟气。凡初嗅时略带烟气,但反复再嗅,又似乎没有烟气,这是较轻的烟气茶,应作为次品茶;凡是在热嗅的时候有一股较浓烈的烟气,品尝滋味时又带有烟味,且不易消失的,应列为劣变茶。

(2)焦气。嗅香时,带有高火气、焦糖气,经过短期存放后能消失的,可作为次品茶;凡干嗅或开汤嗅都有焦气,并不易消失的应列为劣变茶。

(3)酸馊气。热嗅略有酸馊气,冷嗅没有酸馊气或只有馊气,而尝不出馊味,经过复火后馊气能消除的,可作为次品茶。如热嗅、冷嗅和尝滋味时都有酸馊气味,经补火也难消除的,应列为劣变茶。酸馊茶一般汤色较混浊,酸馊气味特别严重的不能饮用。

(4)霉气。霉变初期,干嗅没有茶香,哈气嗅有霉气,经加工补火霉气消除,绿茶汤色未泛红,红茶汤色未发暗,可作为次品茶。霉变程度较重的,干嗅即有霉气,开汤后嗅更加明显,应列为劣变茶。霉变严重的,干看外形发霉,白花明显,内质气味低劣,不能饮用。

(5)油、药物、鱼腥异味。凡经过处理后可使异味消除的,可作为次品茶或劣变茶。经过处理后异味仍不能消除,并对人体健康有害的,不能作为饮料茶。

(6)红梗红叶。绿茶红梗红叶程度轻微,干看外形色泽正常,开汤后叶底有红梗,无红叶,可作为次品茶。绿茶红梗红叶多为没按标准采摘或制作工艺问题,可作为次品茶。程度较重,干看色泽欠绿润或带花杂,湿看叶底有红梗红叶,应作为劣变茶。

(7)花青。一般而言,红茶干看外形色泽正常,湿看叶底略有花青的可作为次品茶;干看外形色泽欠乌润或带暗青色,湿看叶底花青叶较多,应作为劣变茶。

四、茶叶感官审评

茶叶感官审评是在茶叶采购时最专业的一种选购方法,通过对茶叶外形及内质进行专业审评,从而选出最优的茶叶。

(一)审评用具

1.审评杯

审评杯是用来泡茶审评茶内质的专用器具。审评杯一般为白色瓷质杯,杯盖上有一小孔,在杯柄对面的杯口上有一小缺口,呈弧形或锯齿形,容易滤出茶汁。成品茶审评杯的容量为150毫升,毛茶审评杯的容量为200毫升或250毫升。乌龙茶的审评杯为110毫升,形状为倒钟形。成品茶审评杯如图3-2-1所示。

茶叶审评用具

图3-2-1 成品茶审评杯

图3-2-2 正方形评茶盘

2.评茶盘

评茶盘供审评茶叶外形时使用,采用无气味的薄木板制成,有长方形和正方形两种。长方形长、宽、高分别为25厘米、16厘米、3厘米;正方形的长、宽、高分别为23厘米、23厘米、3厘米。正方形评茶盘如图3-2-2所示。

3

图 3 - 2 - 3　审评碗

3. 审评碗

审评碗为广口白色瓷碗,审评茶汤色和滋味时使用,大小与审评杯相适应。审评碗如图 3-2-3 所示。

4. 叶底盘

叶底盘供审评叶底时使用,木质。有黑色叶底盘和白色搪瓷盘,黑色叶底盘为正方形,外径:边长100 mm,边高 15 mm,供审评精制茶用;搪瓷盘为长方形,外径:长 230 mm,宽 170 mm,边高 30 mm。一般供审评初制茶叶底用。

5. 其他用具

审评的其他用具还有计时器、扦样匾(盘)、分样器、样茶称(天平)或电子克秤、茶匙、汤杯、吐茶桶、烧水壶、电炉、茶巾等。

(二) 感官审评的内容

我国茶叶品质好坏等级的划分和价值的高低,主要是根据茶叶的外形、香气、滋味、汤色、叶底等五个项目,通过感官审评加以确定的。

(1) 外形。茶叶外形不仅可以反映茶叶原料的老嫩,还可以判断出制茶技术的好坏。茶叶外形审评主要有茶叶的形状、嫩度、色泽、整碎、净度五个因子。

(2) 香气。主要是审评茶叶香气的类型、浓度、纯度和持久性。

类型,指茶叶香气的种类,如高香、清香、甜香、花香等。

浓度,指茶叶香气的浓郁程度。以浓、清鲜为佳,纯平为一般,粗气为差。

纯度,指茶叶香气的纯正程度。如纯正、平正、欠纯等。

持久性,指茶叶香气的持久程度。茶叶香气保留时间越长越好。

香气以高而长、鲜爽馥郁为好,低而粗则差,凡有烟焦、酸、馊、霉等气味的为低劣。

(3) 汤色。指茶汤的色泽,从色度、明暗度、清浊度三方面进行审评。

色度,看茶汤的颜色是否正常,是否有陈化和劣变。

明暗度,看茶汤的亮暗程度。以一眼见底的明亮茶汤为优品。

清浊度,看茶汤的透明程度。清澈的茶汤,汤色纯净透明,无混杂。混浊茶汤,汤不清,汤中有细小悬浮物或沉淀物。

(4) 滋味。茶叶是饮料,它的滋味的好坏是决定茶叶品质的关键因素。审评茶叶滋味,首先要辨别是否纯正,然后再进一步辨别纯正滋味的浓淡、强弱、鲜、爽、醇和的程度。用茶匙取适量茶汤于口内,通过吸吮使茶汤在口腔内循环打转,接触舌头各部位,吐出茶汤或咽下,由此审评滋味。

(5) 叶底。审评叶底主要是察看茶叶的嫩度、色泽明暗度和匀整度。

嫩度,以芽与嫩叶含量的比例和叶质的老嫩程度来衡量、审评。

色泽,看色度和光泽度。其含义与干茶色泽相同。

明暗度和匀整度,从老嫩、大小、厚薄、整碎、色泽等进行鉴别。

在正常采制条件下,叶底与茶叶的色、香、味等具有一定程度的相关性,是审评茶叶品质

茶叶感官审评术语

优次的重要基础。

(三) 感官审评的方法

感官审评的一般方法,先是干茶审评,即看茶叶外形、色泽、整碎及净度,然后湿评内质,评定香气、汤色、滋味和叶底。此方法主要用于专业的茶叶选购。

感官审评的具体操作流程:把盘取样—注水计时—外形审评—快速出汤—热嗅香气—汤色审评—温嗅香气—滋味审评—冷嗅香气—叶底审评—结果判定。不同茶的审评流程略有差别,具体可参照茶叶感官审评方法的国家标准。如一般红茶、绿茶、黄茶、白茶、乌龙茶用柱形杯审评法,流程大体相同,也有部分乌龙茶用盖碗审评法,则略有不同。紧压茶、花茶、袋泡茶、粉茶等各有审评流程。

(1) 把盘取样。先将分好的有代表性的茶样取 100~200 克置于审评盘中,把盘使茶样均匀分布,顺势收盘,使茶样呈馒头状聚拢,上中下层段分层分布。用拇指、食指、中指取样 3 克(一次抓足,宁可手中有余茶,不可多次抓茶添增),误差 0.1 克。

(2) 注水计时。将所取茶品 3 克投入 150 毫升审评杯内(毛茶则用 200 毫升容量的审评杯,则称取 4 克样茶),用滚沸的开水冲泡,水量以齐杯口为度,注水后立加杯盖,杯盖孔朝向杯柄。冲泡第一杯时开始计时,一般茶叶倒计时 5 分钟,绿茶 4 分钟,颗粒型乌龙茶 6 分钟。

(3) 外形审评。在等待出汤的时间内,审评茶叶的外形,依次按照茶叶的形状、色泽、整碎、净度四个方面进行评定。

(4) 快速出汤。时间一到,依次快速出汤,茶汤需要沥干出净。

(5) 热嗅香气。自然站立,快速嗅闻,热嗅主要是判断香气的纯异性。

(6) 汤色审评。从茶汤的色度、亮度、清澈度等方面评判。

(7) 温嗅香气。温嗅主要是判断香气的香型。

(8) 滋味审评。取适量茶汤品尝,品味时,每一次品茶汤的量以 5 毫升左右最适宜。从浓淡、厚薄、纯异、鲜纯、醇涩等方面判定滋味。

(9) 冷嗅香气。冷嗅主要是判定香气的持久度。

(10) 叶底审评。从叶底的色泽、嫩度、柔软性、亮度、匀度等方面综合评定。

(11) 结果判定。根据审评过程中的评定的结果,评定茶样的品质高低,填写审评术语及评分,并评定等级。

赛 证 直 通

基础知识部分

一、单项选择题

1. (　　)主要判定香气的持久度。

A. 热嗅 　　　　B. 温嗅 　　　　C. 冷嗅 　　　　D. 盖嗅

2. 下列选项中,不属于外形审评的是(　　)。

A. 形状 　　　　B. 色泽 　　　　C. 净度 　　　　D. 香气

3. 红茶审评时,注水计时(　　)分钟。

A. 3 　　　　　　B. 4 　　　　　　C. 5 　　　　　　D. 6

茶叶审评流程

4. 糖炒茶多见于(　　)。

A. 红茶　　　　　　B. 绿茶　　　　　　C. 青茶　　　　　　D. 白茶

5. 外形紧结匀齐,芽毫肥长,身骨重实,色泽光润,属于(　　)。

A. 春茶　　　　　　B. 夏茶　　　　　　C. 秋茶　　　　　　D. 冬茶

二、多项选择题

1. 茶叶感官审评,主要是从(　　)方面进行审评。

A. 外形　　　　　　B. 汤色　　　　　　C. 香气　　　　　　D. 滋味、叶底

2. 清饮茶叶选购时,主要从茶叶的(　　)方面进行。

A. 干选　　　　　　B. 湿选　　　　　　C. 应用性　　　　　　D. 功能性

三、判断题

1. 审评茶汤时,主要从茶汤的颜色、色度、明度、清澈度等方面评判。　　　　　(　　)

2. 叶底审评时,主要从叶底的色泽、嫩度、柔软性、亮度、匀度等方面综合评判。(　　)

操作技能部分

一、操作技能考核内容

考 核 项 目	考 核 标 准
绿茶、红茶、白茶、黄茶、青茶、黑茶、花茶的审评	准确掌握绿茶、红茶、白茶、黄茶、青茶、黑茶、花茶的审评方法,要求动作规范熟练,审评报告填写规范

二、任务分析

从七个茶类里抽取一个茶类的四种茶样进行审评的实训。

三、考核方式

1. 在七个茶类里抽取一个茶类的四种茶样审评。

2. 评分标准:

感官审评流程评分表

考核内容	操作分值	实际得分	备　　注
1. 把盘取样	15		把盘使茶样均匀分布 收盘茶样呈馒头状聚拢,上中下层段分层分布 用拇指、食指、中指取样3克,误差0.1克
2. 注水计时	10		用滚沸的开水冲泡,水量以齐杯口为度 冲泡第一杯时开始计时,注水后立加杯盖,杯盖孔朝向杯柄,倒计时正确
3. 外形审评	10		依次评审茶叶的形状、色泽、整碎、净度正确
4. 快速出汤	5		依次快速出汤 茶汤沥干出净

续 表

考核内容	操作分值	实际得分	备 注
5.热嗅香气	5		判断香气的纯异性正确
6.汤色审评	5		评判茶汤颜色、色度、明度、清澈度正确
7.温嗅香气	5		判断香气的香型正确
8.滋味审评	15		茶汤取量适宜。 滋味的浓淡、厚薄、纯异、鲜纯、醇涩等方面判定正确
9.冷嗅香气	10		判定香气的持久度正确
10.叶底审评	10		叶底的色泽、嫩度、柔软度、亮度、匀度评定正确
11.结果判定	10		评定茶样的品质高低,填写审评术语及评分,并评定等级正确
总　分	100		

茶叶感官审评表(一)

茶样名称	外　形	汤　色	香　气	滋　味	叶　底

茶叶感官审评表(二)

茶类_____ 茶样名称_____

鉴别内容	评分系数(%)	级　别	品质评分(各项100)	品质特征(评茶术语)
外形(a)		□甲 □乙 □丙	□90～99 □80～89 □70～79	
汤色(b)		□甲 □乙 □丙	□90～99 □80～89 □70～79	

续　表

鉴别内容	评分系数（%）	级　别	品质评分（各项100）	品质特征（评茶术语）
香气（c）		□甲 □乙 □丙	□90～99 □80～89 □70～79	
滋味（d）		□甲 □乙 □丙	□90～99 □80～89 □70～79	
叶底（e）		□甲 □乙 □丙	□90～99 □80～89 □70～79	

注：上表为一种茶样的感官审评表，其余三种茶样的审评表同此表

任务三　储藏茶叶

茶叶是一种极易吸湿和串味的物质。做好茶叶储藏是保证成品茶质量，满足人们对饮茶质量嗜好的重要环节。对茶叶进行科学、合理地储存，不仅可以保持茶叶的品质，还可以调节茶叶季节性生产与常年消费的矛盾；协调茶叶产区与销区的供需关系；使茶叶销售旺季不致脱销，保证商品茶叶流通的连续性。因此科学地储藏茶叶，在生产和流通中都具有十分重要的意义。

一、茶叶储藏过程中品质成分的变化及其影响因素

（一）茶叶储藏过程中的品质成分变化

茶叶在储藏过程中，其品质成分在内外因子的作用下会发生一系列变化，影响茶叶的饮用价值和经济效益，应充分重视。

1. 叶绿素的变化

叶绿素是茶叶中绿色的主要成分，一般占 0.7%～1.2%。叶绿素是一种很不稳定的物质，易受热和光的影响而变性。茶叶在储藏过程中，叶绿素不断向脱镁叶绿素变化，当脱镁叶绿素的变化率达 70% 以上时，色泽翠绿的茶叶，即呈现明显褐变。因此，为了保持茶叶色泽，应采取避光、低湿冷藏。

2. 多酚类的变化

茶叶中的多酚类物质与茶的汤色、滋味和香气有密切关系。多酚类物质是一种无色而容易氧化的物质，由于氧化，导致汤色变化。茶叶在储藏过程中多酚类的变化，主要为非酶性的自动氧化，它受水分和氧气的影响较大。为防止茶叶在储藏中褐变，以充氮包装为优。

3. 脂类及胡萝卜素的变化

茶叶中脂类化合物大多含有不饱和脂肪酸亚麻酸和亚油酸等，它们与茶叶香气关系密切。这些成分氧化形成的醛类、酮类与茶的异味有关。脂类胡萝卜素类是茶叶中的黄色色素，在不良储藏条件下也容易氧化，产生异味。因此，为了防止茶叶在储藏过程中劣变，也宜充氮包装储藏。

4. 氨基酸的变化

氨基酸是构成茶叶品质，尤其是滋味的重要成分。它会在储藏过程中逐渐减少，在一定的温度条件下会降解和转化。绿茶储藏过程中游离氨基酸含量在头两三个月减少较多。红碎茶的氨基酸含量同样也随着储藏时间的延长而减少，但如包装得当，储藏六个月的氨基酸仍能保存较高的含量。

5. 抗坏血酸（维生素 C）的变化

绿茶中含有很多抗坏血酸，对人体具有很好的保健作用。储藏茶叶的质变与抗坏血酸被氧化减少有密切关系。维生素 C 对绿茶品质有一定保护作用，维生素保留量可作为绿茶品质变化的重要化学指标。

（二）影响茶叶储藏过程中品质变化的因素

储藏茶叶的质变是茶叶中各种成分自动氧化的结果，它与储藏条件密切相关。

1. 温度

温度是引起茶叶在储藏过程中变质的直接原因之一，它的作用主要是加快茶叶的自动氧化。根据研究，温度每提高 10℃，绿茶汤色和色泽的褐变速度加快 3～5 倍，而冷藏对抑制氧化褐变有良好效果，如将茶叶储藏在 −5℃ 以下，茶叶的氧化变质极其缓慢；如将茶叶储藏在 −20℃ 以下，即可久藏而不变质。研究表明，不论红茶和绿茶，在常温储藏过程中，具有新茶香及其他良好香气的主要成分，均随储藏时间的延长而逐渐减少；温度愈高，对茶叶香气有良好作用的成分减少愈多。同时，随着茶叶储藏时间的延长和储藏温度的增高，具有不愉快气味的物质则日益增多。因此，低温储藏乃是保持茶叶品质较为有效的方法。

2. 湿度

茶叶储藏中的湿度是影响其品质保持与风味维持的关键因素之一，其重要性不容忽视。茶叶富含多种易氧化和易水解的成分，这些成分在适宜的湿度条件下能够保持稳定，使得茶叶的香气、色泽与口感得以长久保存。

然而，一旦储藏环境的湿度失控，茶叶的品质便会迅速下降。过高的湿度会导致茶叶吸收过多的水分，进而促进茶叶内部物质的加速分解与转化，这不仅会削弱茶叶原有的香气，使其变得沉闷，还会使茶叶色泽变暗，口感变得苦涩。更为严重的是，长时间的潮湿环境为霉菌的生长提供了温床，茶叶容易发生霉变，产生异味，彻底丧失饮用价值。为了保持茶叶的最佳状态，储藏时必须严格控制湿度。理想的茶叶储藏环境应保持较低的湿度水平，通常建议在 60% 相对湿度以下，并避免大幅度的湿度波动。此外，选择透气性良好但又能有效隔绝外界湿气的储藏容器也至关重要。同时，储藏茶叶的地点应远离潮湿环境，保持阴凉干燥，以保持其原有的鲜美与风味。

湿度是影响茶叶储藏品质的关键因素，合理的湿度管理不仅能够延长茶叶的保质期，更能确保茶叶的风味与香气得以完美呈现，为品茗爱好者带来最佳的品饮体验。

3. 光线

光能够促进植物色素及脂类物质的氧化,能够将叶绿素转化成为脱镁叶绿素。因此,光线能使绿茶由绿变黄,红茶由乌变灰。茶叶储藏在玻璃容器或透明塑料袋中,受日光照射,使茶叶中的一些物质起光化学反应,增加茶叶中的戊醛、戊烯醇等的含量,晒干茶叶的日晒味就是这些不好成分的增加所致。光线对茶叶品质各个因子均有不良影响,尤其对香气的不良影响更为明显,所以不论哪类茶叶均应该避光储藏。

4. 氧气

空气中约含有78%的氮气和21%的氧气。空气中的氧为分子态的氧,自身的反应性并不强烈,但是一旦与其他物质相结合,尤其是在有促进反应的酶的存在下,氧化作用相当强烈。此外,在酶失去活性的情况下,物质也能受分子态氧缓慢地自动氧化,这与绿茶变质也有密切关系。分子态氧容易使醛类、脂类、维生素C等氧化形成化合物,氧化是褐变的首要因素,采用减压包装和充氮法清除氧气或用脱氧剂,则是抑制茶叶氧化褐变的有效方法。据研究,无论采用哪种方法,残留氧气浓度均以控制在3%以下为好。

5. 异味

茶叶中含有高分子棕榈酸和萜烯类化合物。这类物质生性活泼,广交异味。因此,茶叶如与香皂、樟脑、油漆、香烟之类有异味的物品混合储藏,就会很快吸收异味,导致茶叶劣变。为此,新建或改装的冷库在储藏茶叶之前,需要进行换气处理,等到异味除净后方能储藏。

茶叶储藏过程中,茶叶品质的变化通常是在各个因子综合影响下发生的,只是不同茶类在不同储藏条件下其主导因子有所不同而已。

二、茶叶储藏的方法

(一) 低温储藏法

茶叶的低温储藏法是一种科学而有效的保存方式,旨在通过降低储存环境的温度来减缓茶叶内部物质的氧化速率,从而最大限度地保留茶叶的原始风味与品质。这种方法尤其适用于绿茶、白茶等易氧化的茶类,它们对温度的变化尤为敏感。在低温储藏中,茶叶被存放在一个温度恒定且较低的环境中,通常建议将温度控制在0℃至5℃之间。这样的低温条件能够有效抑制茶叶中酶类的活性,减缓茶叶的氧化过程,避免茶叶色泽变暗、香气散失以及口感劣化。同时,低温还能有效防止茶叶受潮,减少霉菌滋生的风险,确保茶叶的卫生与安全。实施低温储藏时,除了控制温度外,还需注意储存容器的密封性,以防止外界湿气和异味侵入。常用的储存容器包括密封性良好的金属罐、玻璃罐或专用的茶叶冷藏袋,这些容器不仅能有效隔绝湿气,还能保持茶叶的新鲜度。总之,低温储藏法是一种高效且实用的茶叶保存方法,它不仅能够延长茶叶的保质期,更能确保茶叶在长时间储存后仍能保持原有的色泽、香气与口感,为茶叶爱好者带来最佳的品饮体验。通过科学合理地运用低温储藏法,我们可以更好地品味茶叶的韵味,享受茶文化的魅力。

(二) 常温储藏法

利用防潮性强的聚乙烯编织袋(聚乙烯为由丙烯经聚合而成的高分子化合物,无味、无毒、透水系数为0.0001%)或采用铝箔茶袋及茶箱储藏。使用这类简易防潮常温储藏方法,一般储藏2~3个月,茶叶不会变质。

（三）真空储藏法

除去容器内的空气，是防止茶叶氧化变质的有效方法之一。容器减压，一般是对包装茶袋一端的针孔进行抽气减压，或将茶叶袋装入铁皮罐内焊好接口，随后用专用设备抽出罐内空气，使之成为真空。真空包装储藏法，氧气去除率高，对保持茶叶品质有较好的效果。

（四）充氮储藏法

由于茶叶细小，形态不整，与空气的接触面大，在自然状态下容易氧化，因此宜采用氮气和二氧化碳等不活泼气体置换容器中的空气，减少氧气的含量，这对于保持茶叶品质有良好的效果。充氮包装储藏的基本原理是把装满茶叶的容器内的空气除去，然后注入不活泼的氮气并加以密封，从经济性考虑，此法比较适用于高档茶的储藏。但常温超过30℃仍容易引起茶叶颜色褐变。

（五）除氧剂储藏法

以铁粉、抗坏血酸或邻苯二酚作为除氧剂使储藏容器内的氧含量降至0.01%以下，能有效地保持茶叶品质。茶叶中的多酚类化合物、脂肪类、氨基酸及色素、维生素和芳香物质等在空气中极易自动氧化，导致失香变味，茶色褐变，品质劣变，而利用除氧剂除去氧气，则能有效保持茶叶品质。利用除氧剂具有不需专门的机械设备、使用方便、费用小等诸多优点，但使用除氧剂必须选用密封性能好的包装材料，一般选用铝塑复合袋和聚酯/聚乙烯复合袋贮装茶叶并与除氧剂一起封存，可取得良好效果。使用时封口必须严密，不可漏气，否则将失去除氧剂的保鲜作用。实践上以尼龙/聚乙烯复合材料（或聚酯/聚乙烯）作为仓储容器，以通用型除氧剂作为除氧材料，能有效达到茶叶低氧仓储的目标。

三、不同茶类储藏方法

（一）绿茶储藏方法

绿茶储藏的关键在于防潮、避光与低温。最好选用密封性好的瓷罐或锡罐，确保茶叶不受外界湿气与异味侵扰。存放时应置于阴凉干燥处，避免阳光直射导致茶叶氧化变质。更为理想的储藏方式是利用冰箱或专用的茶叶冷藏设备，将温度控制在0~5℃，以减缓茶叶内部化学反应，保持绿茶的鲜爽度与清新香气。定期检查茶叶状态，及时消耗，确保每次品饮都能享受到绿茶的最佳风味。

（二）红茶及乌龙茶储藏方法

红茶与乌龙茶的储藏应注重干燥、避光与通风。选择密封性良好的茶叶罐，如陶罐或锡罐，置于阴凉干燥处，远离直射阳光，以防茶叶因受潮或光照而丧失原有风味。相较于绿茶，红茶与乌龙茶对温度的要求较为宽松，但仍需避免高温环境导致茶叶加速陈化。定期检查茶叶状态，适时消耗，保持茶叶的新鲜度。

（三）名特优茶储藏方法

名特优茶色、香、味、形俱美。茶叶储藏要求讲究，凡有条件的均以抽气充氮兼以冷藏为佳，如批量较大，又缺少现代储藏条件的，则可采用传统的碳储法或灰储法。

1. 碳储法

适于各种名贵红茶、乌龙茶和花茶的储藏。该储藏方法对保持茶叶固有的香气和滋味

3

有较好的效果。储茶时,取完全干燥的木炭(白炭)约1千克,用洁净白布包裹(勿使木炭掉入茶内),置于储茶容器内,令其吸收茶叶中的水分。每隔一两个月更换干白炭一次。碳贮法应将容器口密封,防止茶叶香气逸散和外界湿气浸入。

2. 灰储法

为保持龙井、旗枪、碧螺春、银针、毛峰、猴魁、瓜片等名茶固有的色泽、香气和滋味,一般可采取灰储法。储藏方法是将石灰块装入白布袋内缝好,放入洁净的盛茶容器内作为吸湿剂。茶叶与石灰的比例为5∶1,注意切忌石灰直接接触茶叶,装满后,容器需严密封口,以防茶香逸散和外界湿气浸入。容器内的石灰,视吸湿风化程度及时加以更换,通常新茶含水量较高,储藏一个月后,需换石灰一次,以后每隔2~3个月换石灰一次,如果是在雨季,可每月换石灰一次,通常当石灰块风化程度达80%时,即可换灰。

(四)黑茶、白茶的储藏方法

黑茶、白茶可自然存放,但需要注意存放条件,将黑茶、白茶密封好,在避光、避异味、避潮湿、自然通风的条件下存放。

(五)液态茶储藏方法

液态茶是以茶叶为主要原料,辅之以其他添加剂,经过一系列加工过程形成的茶饮料制品。液态茶内含物是以茶叶的化学成分为主,添加了糖、酸等辅料的新制品,其品质受环境影响较传统茶叶更为复杂。品质劣变的液态茶随时间延长汤色变褐,出现沉淀物,香气沉闷低淡,滋味的浓度和鲜爽度下降,茶味陈化或失味。液态茶相较于传统茶更易变质,原因在于其内部丰富的生化成分,如茶多酚等,在贮藏、运输过程中易受外部环境因子(如温度、湿度、光照)及微生物污染的影响,发生氧化、褐变及分解,导致茶汤色泽加深、香气减弱、口感劣化,品质迅速下降。因此,为了保持液态茶的品质,需要严格控制加工条件、贮藏环境和运输条件,以减少这些不利因素对液态茶品质的影响。液态茶储藏的主要方法有以下几种:

(1)以适量防腐剂作为品质保藏的辅助手段。防腐剂可选用苯甲酸、苯甲酸钠、山梨酸等,用量为0.02%~0.04%。

(2)采用抗坏血酸,异抗坏血酸等抗氧化剂。抗氧化剂的用量控制在0.005%~0.003%之间。必要时适当添加一定量的有机酸,以增强其抗氧化的效果,一般在装瓶前添加,pH值应不大于5.0。

(3)加工中采取适当的过滤措施。在无氧条件下采用加热、凝聚、澄清(加热到80℃~82℃,持续80 s~90 s,随之快速冷却至室温)等技术措施,以便将多糖类、果胶和蛋白质等不利成分的凝团析出。

(4)在液态茶中加入适量的二氧化碳,可以抑制微生物的生长繁殖,延长茶饮料保质期的同时,还可以提供独特的口感和风味。

(5)避光冷藏。

四、家用茶的储藏方法

家用茶的储藏同样要注意茶叶易于吸湿和易吸收异味的特性,采取干燥、避光、低温、隔绝异味等储藏措施。如果茶叶已经含水量偏高或吸湿受潮,需先在80℃左右的温度下进行

3

烘干或炒干,经摊凉后储藏。茶叶数量较多的,可用白纸包成重约 $100\sim500$ 克的小包,储入干燥无味、结构严密、密封性能好的瓦坛或无锈铁桶中,并在储藏容器内放置一定数量的干燥剂。

干燥剂的种类也因茶类而异,绿茶可采用灰储法,石灰块与茶叶的比例为 $1:5$,石灰块装入布袋扎紧袋口后放入中下部(不宜用塑料袋装石灰块,避免石灰吸湿胀破塑料袋从而将石灰混入茶叶中),并将容器口加以密封,免得漏气吸湿受潮。花茶、红茶、乌龙茶则用碳储法,不宜采用石灰块作吸湿剂,以免茶叶失香。有条件的可用硅胶作为吸湿剂(吸水能力为石灰的 $1\,000$ 倍以上),效果更佳。

各类茶叶风味不同,宜分别储藏,不要混藏。日常家用茶的储藏需分类进行。总体而言,在储藏时要注意避光、避异味、避潮湿;需要低温储藏的要低温储藏。绿茶、白茶等易氧化茶类,应密封后置于冰箱冷藏,以减缓氧化,保持鲜爽。红茶、乌龙茶及黑茶,则可选干燥、避光的陶瓷或锡罐存放,内置干燥剂以防潮,置于阴凉通风处。普洱茶等需后发酵的茶,可适度透气存放,以促进转化,但同样需防潮、避异味。定期检查茶叶状态,确保各类茶叶的新鲜度与最佳风味。若将茶叶装入小铁罐内加盖并用胶带封口,外套塑料食品袋,扎紧袋口,置于冰箱内冷藏($5\,℃$ 左右),并注意防止茶叶受潮,隔绝异味,可保持茶叶一两年不变质。如采用铝塑复合袋抽气充氮后置于冰箱内冷藏,茶叶则可以长期久藏而不变质。

 课堂讨论

如果你是茶艺馆的茶艺师,你将怎样储藏茶叶?

要点:

1. 将茶叶进行分类,并标注采购时间。

2. 绿茶、黄茶、花茶、铁观音等进行冷藏。

3. 白茶、黑茶自然存放。

4. 根据茶叶特性,红茶、重发酵的青茶等标注时间,按要求自然存放或冷藏。

赛 证 直 通

基础知识部分

一、单项选择题

1. 绿茶储藏方法,冷藏温度以(　　　)为宜。

A. $0\,℃\sim5\,℃$ 　　　　B. $5\,℃\sim8\,℃$ 　　　　C. $8\,℃\sim10\,℃$ 　　　　D. $10\,℃\sim15\,℃$

2. 根据研究,温度每提高 $10\,℃$,绿茶汤色和色泽的褐变速度加快(　　　)倍。

A. $1\sim2$ 　　　　B. $3\sim5$ 　　　　C. $4\sim6$ 　　　　D. $7\sim8$

3. 保存茶叶的最佳含水量为(　　　)。

A. 3% 　　　　B. 6% 　　　　C. 7% 　　　　D. 10%

4. 光线能使绿茶(　　　)。

A. 由绿变黄　　　　B. 由绿变红　　　　C. 由绿变黑　　　　D. 由绿变白

5. 光线能使红茶（　　）。

A. 由红变黑　　　　　　　　　　　B. 由乌变灰

C. 由乌变白　　　　　　　　　　　D. 由红变亮

二、多项选择题

1. 叶绿素是茶叶中的绿色的主要成分，叶绿素是一种很不稳定的物质，易受（　　　　）的影响而被分解褪色。

A. 热　　　　　　　　　　　　　　B. 风

C. 光　　　　　　　　　　　　　　D. 湿

2. 影响茶叶储藏品质的因素有（　　　　）和异味侵扰。

A. 温度　　　　　　　　　　　　　B. 湿度

C. 氧气　　　　　　　　　　　　　D. 光线

三、判断题

1. 家用茶的保存同样要注意茶叶易于吸湿和易吸收异味的特性，采取干燥、避光、低温、隔绝异味等贮藏措施。（　　）

2. 茶叶是一种不易吸湿和串味的物质。（　　）

操作技能部分

一、操作技能考核内容

考 核 项 目	考 核 标 准
茶叶储藏	能将不同的茶正确分类、包装、标注及存放

二、任务分析

将西湖龙井、蒙顶甘露、白茶饼、铁观音、普洱生茶、祁门红茶、蒙顶黄芽、茉莉花茶进行分类存放。

三、考核方式

1. 实训室进行茶叶分类储藏。

2. 评分标准：

考 核 内 容	操作分值	实际得分	备　　注
1. 茶叶分类	25		茶叶分类正确
2. 包装茶叶	25		不同类别的茶叶包装正确
3. 茶叶标注品名及生产日期	25		茶叶品名及生产日期标注正确
4. 定点分类存放	25		分类存放正确
总　　分	100		

项目小结

　　本项目中,探索茶叶的世界,学习并掌握识茶分类、审评选购以及储藏茶叶的关键技能。通过对不同茶叶种类的细致观察与品鉴,我们不仅学会如何根据茶叶的外形、色泽、香气等特征进行分类,而且对各种茶叶独特的风味和品质有了更为深刻的认识。选购审评环节,我们运用专业的感官审评技巧,从茶叶的汤色、香气、滋味和叶底等方面进行全面评价,这不仅锻炼我们的品鉴能力,也提高我们对茶叶品质的判断力。储存茶叶的学习让我们认识到,茶叶的保存条件对其风味保持至关重要。我们掌握适宜的储存方法,包括控制温度、湿度以及避免光照和异味侵扰,从而确保茶叶在长时间内保持其最佳品质。

3

项目四
初识茶具

学习目标

知识目标：1. 了解陶土茶具、瓷器茶具、玻璃茶具等常见茶具的特征。
2. 掌握茶具选用、搭配的原则与技巧。
3. 掌握正确使用、清洗和保养茶具的方法。

能力目标：1. 能根据不同茶叶选用合适的茶具进行冲泡。
2. 能根据茶叶类型、客人需求推荐茶具。
3. 能对不同的茶具进行正确的清洗和养护。

素养目标：1. 了解茶具文化底蕴，提升民族文化自信。
2. 了解茶具造型、搭配等审美知识，提升茶文化素养和审美水平。
3. 了解茶具清洗、养护意识，提升品茶体验感。

项目导读

　　茶具是茶文化的重要组成部分，它们不仅是泡茶的实用工具，更是连接人与茶的桥梁，承载和传递茶文化精神的重要媒介。本项目主要从茶具构成、选购茶具、搭配茶具、清洗与保养茶具等几个方面全方位地了解茶具。

　　茶具主要由茶壶、茶盅、茶杯等泡茶品茶用具，以及茶巾、茶盘、茶荷等泡茶辅助用具构成。茶具的种类繁多，根据不同冲泡习惯，不同的材质进行分类，常用茶具有陶土茶具、瓷器茶具、漆器茶具、玻璃茶具、金属茶具、竹木茶具等。

　　茶具选购需要遵循因地制宜、因人制宜、因茶制宜、因具制宜等原则，结合材质、形状、容量、价格等因素进行选择，同时考虑茶具种类、质地、造型、色泽等与茶叶的搭配。

　　茶具清洗与保养不仅关系到茶具的使用寿命，还直接影响到茶的品质和饮茶体验。通过了解不同材质茶具的清洗用具和方法，对茶具进行温和有效地清洗。针对不同材质的茶具，如紫砂、瓷器和玻璃，提供适宜的保养建议，让茶具保持长久的光泽和生命力。

　　通过本项目学习，全面了解茶具的种类，掌握茶具选购与搭配技巧，以及日常的清洗与保养方法，结合理论学习与实践操作，提升茶具专业知识和实践能力。

2023 年 9 月 1 日故宫博物院推出了"茶·世界——茶文化特展",展出了 555 件代表性藏品,展现了中华茶文化的博大精深。茶具作为茶文化的重要载体,每个单元都围绕不同的主题,展现了茶具在不同历史时期、不同地域文化中的独特风貌和演变历程。

"茶出中国"单元展出了山东邹城战国墓中出土的茶碗与茶叶遗存,这是目前考古发现年代最早的饮茶实物证据,揭示了古代茶具与饮茶习俗的初步形成,让我们得以窥见古人生活的片段。"茶道尚和"单元展示的唐代法门寺地宫出土的茶具组合,以其银鎏金、银、琉璃等珍贵材质和精湛工艺,展现了唐代宫廷饮茶的奢华与讲究。宋代《春宴图》中的茶具描绘,则生动地再现了当时文人雅士饮茶宴乐的风雅生活,画中茶具与现实展柜中的文物一一对应,令人叹为观止。展览中展示了大量明清时期的精美茶具,如明永乐青花桃式壶、明宣德青花云龙纹梨形执壶、清康熙青花海水纹盖碗、清乾隆粉彩茶具等。"茶路万里"单元展示了茶和茶具在世界范围内的传播与交流,来自英国、日本、俄罗斯等国的茶器精品在此汇聚一堂,它们各具特色,风格迥异,体现了茶文化跨越国界、连通世界的魅力。"茶韵绵长"单元聚焦茶具新发展,呈现了当代设计师们在继承传统的基础上,融入现代审美和技术,使茶具更加多样化和个性化,体现了茶具的设计、制作和使用方式在不断创新和发展。

此外,展览中展出了多种类型的茶具,瓷质茶具是展览中的重头戏,包括青花瓷、粉彩瓷、斗彩瓷等多种类型,这些茶具不仅造型优美,而且釉色鲜艳,纹饰精美,充分展示了中国古代瓷器制作的高超技艺。展览中还展出了竹、木、玉、石等多种材质制成的茶具,各具特色,丰富了茶具的种类和内涵。

(资料来源:中华人民共和国文化和旅游部官网、央视网等,经编者整理编写。)

茶具代表性名窑

　　茶具的生产有着悠久的历史和丰富的文化内涵，有诸多知名茶具窑口，比较有代表性的有江苏宜兴窑、江西景德镇窑、福建建窑、浙江越窑，以及宋代五大名窑。

　　宜兴窑位于江苏省宜兴市丁蜀镇，是中国历史悠久的著名陶瓷产区之一，至今已有上千年的悠久历史。曾出现了供春、时大彬等一众制壶名家，所产紫砂壶造型别致，工艺精湛，深受文人雅士及皇室贵族的喜爱。宜兴窑的紫砂器其特点在于结构致密，强度较大，颗粒细小，且器表光挺平整中蕴含小颗粒状变化，表现出独特的砂质效果。经过历代匠人的传承与创新，紫砂器不仅具有实用价值，更兼具艺术观赏性和收藏价值。

　　景德镇窑位于江西省景德镇，被誉为"瓷都"，瓷器以"白如玉、明如镜、薄如纸、声如磬"著称。在明代，景德镇成为全国的制瓷中心，青花瓷、五彩瓷、粉彩瓷等品种层出不穷，成为皇家御用和民间收藏的珍品。

　　建窑位于福建省建阳，以生产黑釉茶盏而知名，特别是兔毫纹和油滴纹的茶盏，被誉为"天目"。尤其是建盏，以其独特的造型、深厚的文化底蕴和高超的烧制技艺，成为中国古代黑釉瓷的巅峰之作，是宋代斗茶文化的代表性茶具。如今，建窑建盏烧制技艺已被列入国家级非物质文化遗产名录，成为传承和弘扬中华民族传统文化的重要载体。

　　越窑位于浙江省绍兴市，以清新脱俗的青瓷著称，"秘色瓷"和"唐青花"尤为著名。唐代诗人陆羽在其《茶经》中盛赞越窑瓷，推崇其为茶器之首选，越窑的青瓷茶具更是成为文人雅士品茗赏艺的必备之物。

　　宋代五大名窑分别为汝窑、官窑、哥窑、钧窑和定窑，各自具有独特的艺术风格和精湛工艺。汝窑位于河南省，被誉为"五大名窑之首"，以天青色釉著称，其瓷器釉色温润如玉，开片纹理自然，代表瓷器有天青釉弦纹樽、天青釉圆洗等。官窑由官府营建，专为皇家烧制御用瓷器，以粉青、天青等釉色为主，釉面厚重如堆脂，以其高贵典雅的艺术风格和"紫口铁足"的特征闻名。哥窑瓷器以其"金丝铁线"的开片和无光釉的乳浊感而著称，釉色丰富多彩，给人以深沉而神秘的审美体验。钧窑位于河南省，以铜红釉和其他窑变艺术著称，有"入窑一色，出窑万彩"的美誉。定窑以白瓷为主，其瓷器釉色温润，造型简洁大方，其"泪痕"和"竹丝刷纹"是其显著特征。

任务一　　认识常用茶具

一、茶具的构成

（一）主要泡茶品茶用具

1. 茶壶

茶壶是用以泡茶的器具。壶由壶盖、壶身、壶底和圈足四部分构成。壶身包括口、延（唇

常用茶具

墙)、嘴、流、腹、肩、把(柄、板)等。由于壶的把、盖、底、形等的细微不同,壶的基本形态有近200种。

(1)按壶把划分,茶壶可分5种类型:① 提壶。壶把为耳状,在壶嘴的对面;② 提梁壶。壶把在盖上方为虹状者;③ 飞天壶。壶把在壶身一侧上方为彩带习舞状;④ 把壶。壶把圆直形,与壶身呈90°状;⑤ 无把壶。壶把省略,手持壶身头部倒茶。

(2)按壶盖划分,茶壶可分3种类型:① 压盖壶。盖平压在壶口之上,壶口不外露;② 嵌盖壶。盖嵌入壶内,盖沿与壶口平;③ 截盖壶。盖与壶身浑然一体,只显截缝。

(3)按壶底划分,茶壶有3种类型:① 探底壶。将壶底心按成内凹状,不另外加足;② 钉足壶。在壶底加三颗外突的足;③ 加底壶。在壶底四周加一圈足。

(4)按有无滤胆划分,茶壶有2种类型:① 普通壶。上述各种茶壶,没有滤胆;② 滤壶。在上述各种茶壶的壶口中安放一只直桶形的滤胆或滤网,使茶渣与茶汤分开。

(5)按形状划分,茶壶有筋纹形壶、几何形壶、仿生形壶、书画形壶等。

① 筋纹形壶。外部装饰犹如植物中弧形叶脉状筋纹。在壶的外壁上有凹形的纹线,称之为筋,而筋与筋之间的壁隆起,有圆泽感。

② 几何形壶。以几何图形为造型,如正方形、长方形、菱形、球形、椭圆形、圆柱形、梯形等。

③ 仿生形壶。又称自然形,仿照各种动、植物造型,如南瓜壶、梅桩壶、松干壶、桃子壶、花瓣形壶等等。

④ 书画形壶。在制成的壶上,刻凿出文字、诗句或人物、山水、花鸟等。

2. 盖碗

盖碗又称三才杯,由盖、碗、托三部分组成,为泡饮合用器具,也可单用。盖碗如图4-1-1所示。

图 4-1-1 盖碗

图 4-1-2 玻璃茶盅

3. 茶盅

茶盅亦称茶海、公道杯。是盛放泡好的茶汤的分茶器具,有均匀茶汤浓度的功能,故亦称公平杯。茶盅材质多样,以玻璃质常见,玻璃茶盅如图4-1-2所示。

(1)壶形盅。以茶壶代替用之。

(2)无把盅。将壶把省略。为区别于无把壶,常将壶口向外延拉成一翻边,以代替把手提着倒水。

(3)简式盅。无盖,从盅身拉出一个简单的倒水口,有把或无把。

4. 茶杯

茶杯也叫品茗杯,是用来盛放泡好的茶汤并饮用的器具。其形态可分为大口杯和小口杯。

(1) 大口杯或大碗形品茗器具,可直接放茶叶冲泡,是既泡又饮的器具。其形态有尖底形和圆底形等。

① 尖底形。通常称为茶盏,茶碗底部呈锥形。

② 圆底形。茶碗底部呈圆球形。

(2) 小口杯,杯口较小,可分为直口、敞口、收口、翻口杯,把杯、盖杯等。主要用于品饮泡好的茶汤。

① 直口杯。杯口与杯身同大的桶形杯。

② 敞口杯。杯口大于杯底,也叫盏形杯。

③ 收口杯。杯口直径小于杯身的鼓形杯。

④ 翻口杯。杯口向外翻出似喇叭状。

⑤ 把杯。带有把柄的杯子。

⑥ 盖杯。带有盖子的杯子,有把或无把。

(3) 常见杯型及名称(表 4-1-1)。

表 4-1-1 常见杯型及名称

杯型名称	杯 型 描 述	配 图
压手杯	压手杯为永乐时期创烧,专供皇室内廷使用的一种杯型。杯口平坦而外撇,杯腹壁接近竖直,从下腹壁处内收,圈足。握在手中时,外撇的杯口正好压合在舒张的虎口上,安稳妥帖,故而称为"压手杯"	
鸡缸杯	明成化斗彩鸡缸杯,杯口微侈,壁矮,平底,卧足,上宽下窄,多以子母鸡为主题纹饰,其形似缸,故名鸡缸杯	
斗笠杯	斗笠杯口部较宽,底部较窄,整体呈斜直的锥形,其造型如同山村水乡里蓑翁的斗笠,让人在使用时感受到田园生活的怡然自得之美	

常见品茗杯杯型

杯型名称	杯 型 描 述	配 图
葵口杯	葵口杯在唐宋时非常流行,古色古香。杯口设计成葵花形状,边缘有若干个凹入的口部,类似于葵花的花瓣,有四葵、五葵和六葵等类别	
马蹄杯	马蹄杯因其倒置时形似马蹄而得名,主要流行于明清时期。杯口外撇,杯腹饱满、圆润,底部向内微收,形成一圈窄小的圈足,整体形态恰似马蹄之形	
铃铛杯	铃铛杯主要流行于明清时期。杯口向外微微撇开,杯身呈倒钟形或铃铛形,底部较窄,形似铃铛或倒置的钟	
竹节杯	竹节杯是模仿竹子造型设计的经典杯型,杯身呈竹节状,通常是两节或多节筒状。杯身直筒,加上竹节的设计,让人在喝茶时感受到竹子的气节和风骨	
罗汉杯	罗汉杯的造型如同寺庙使用的铜钵,腹部圆而厚实,杯口微微内收,视觉上整体给人一种厚重感。罗汉杯代表着佛教的容纳与胸怀,杯型圆润沉稳	

4

5. 闻香杯

闻香杯是先盛放茶汤，再将茶汤转倒入品茗杯，然后嗅闻留在杯底余香的器具。紫砂品茗杯，闻香杯如图4-1-3所示。

6. 杯托

杯托是放置茶杯的垫底器具，可分为盘形、碗形、高脚形、圈形等。

（1）盘形杯托。托沿矮小呈盘状。

（2）碗形杯托。托沿高耸，茶杯下部被托包围。

（3）高脚形杯托。杯托下有一圆柱脚。

图4-1-3　紫砂品茗杯、闻香杯

（4）圈形杯托。杯托中心留一空洞，洞沿上下有竖边，上固定杯底，下为托足。

7. 茶船

茶船为放茶壶的垫底茶具，底部还可承装洗茶、洗杯的废弃水。既美观，又可防止茶壶烫伤桌面。茶船大致有盘状、碗状、夹层状等。

（1）盘状茶船。船沿矮小，整体如捻状，侧平视茶壶形态可完全展现。

（2）碗状茶船。船沿高耸，侧平视只可见茶壶下半部。

（3）夹层状茶船。茶船制成双层，上层有许多排水小孔，使冲泡溢出之水流入下层，并有出水孔，使夹层中积聚的水容易倒出。

8. 煮水器

煮水器也叫随手泡，是用于煮水泡茶的器具，常见的材质有玻璃、陶、瓷等。

此外，主要泡茶品茶用具还有快克杯、飘逸杯等。

（二）泡茶辅助用品

泡茶辅助用品是指泡茶、饮茶时所需的除泡茶品茶用具之外的其他器具，用以增加美感，方便操作。泡茶辅助用品主要有以下几种。

（1）桌布。铺在桌面并向四周下垂的饰物，可用各种纤维织物制成。

（2）茶巾。用以撩洗、抹拭茶具的织物，或用作抹去泡茶、分茶时溅出的水滴，或用来托垫壶底，吸干壶底、杯底的残水。

（3）敬茶盘。用来盛放茶杯、茶碗、茶食等，恭敬地端送给品茶者。

（4）茶匙。从贮茶器中取干茶的工具，常与茶荷搭配使用，常用无异味的竹、木制作。

（5）茶荷。主要用于盛放待泡的干茶，同时也用于观赏干茶的外形及色泽。

（6）茶则。主要用于从茶叶罐中量取适量的茶叶到茶荷中。

（7）茶针。由壶嘴伸入壶中防止茶叶阻塞，使出水流畅的工具，多以竹、木制成。

（8）茶筒。又称茶道筒，有底筒状物，用来插放茶则、茶匙、茶荷、茶针等。

（9）茶洗。也称废水盂，主要用于盛放冲泡后的茶渣及废水。

（10）茶滤。用于过滤茶汤，使茶汤更加清澈。

二、茶具的种类

我国茶具品种繁多，按茶艺冲泡要求来划分，可分为煮水器、备茶器、泡茶器、盛茶器、涤洁器等。以质地划分,主要有陶土茶具、瓷器茶具、漆器茶具、玻璃茶具、金属茶具、竹木茶具等,目前,按质地对茶具进行分类是比较流行的。茶具因品质不同,特点各异。下面我们从质地方面详细介绍茶具的分类。

(一) 陶土茶具

陶土器具是新石器时代的重要发明,最初是粗糙的土陶,后来逐步演变为比较坚实的硬陶,再发展为表面上釉的釉陶。

陶器中的佼佼者首推宜兴紫砂茶具(如图4-1-4所示),早在北宋初期就已经崛起,成为独树一帜的优秀茶具,明代大为流行。紫砂壶和一般的陶器不同,其里外都不敷釉,采用当地的紫泥、红泥、绿泥等烧制而成。紫砂壶等砂器茶具与陶土茶具在原料与制作工艺、外观与质感等方面都存在区别。陶土茶具以普通黏土为主要原料,烧制温度相对较低,质地相对细腻温润。砂器茶具以紫砂泥料为主,质地更为坚硬且含有砂质效果,烧制环节与工艺更为复杂,透气性和适茶性俱佳。紫砂壶则是紫砂茶具的最主要品种,其造型可谓千姿百态,大致可归纳为如下几种类型:

图4-1-4　紫砂茶具

(1) 仿生型,仿照动植物形象制作,如南瓜壶、扁竹壶、梅干壶等。

(2) 几何形,按照球形、菱形、正方形等几何形制作,如六方壶、八角壶、圆壶等。

(3) 艺术型,通过反映制作者的艺术想象,或集雕塑、诗文、书画于一体,如加彩人物壶、山水茗具、什锦壶等。

(4) 特种型,根据某些茶类和饮茶方法而专门制作,如用于闽、粤地区品饮工夫茶的"烹茶四宝"——潮汕炉(烧水用的火炉)、玉书碨(烧水壶)、孟臣罐(茶壶)、若琛瓯(茶杯)。

(5) 混合型,是兼有两种以上特点的茶具。

由于紫砂成陶火温较高,烧结密致,胎质细腻,既不渗漏,又具有透气性能,经久使用,还能吸附茶汁,蕴含茶香,并且传热较慢,不易烫手。夏天盛茶,有"隔夜不馊"之说。同时,紫砂壶造型丰富多彩,工艺精湛,超然脱俗,具有很高的艺术价值,因而成为人们竞相收藏的艺术品。

(二) 瓷器茶具

瓷器大约是在我国的东汉晚期发明的,距今约有1800年的历史。如果说陶器的诞生大大促进了人类的文明进程,那么瓷器的发明则有力地提升了人们的生活质量。自唐代起,随着我国的饮茶之风大盛,茶具生产获得了飞速发展,相继涌现了一批以生产茶具为主的著名窑场,其制品精品辈出,争奇斗艳。所产瓷器茶具有青瓷茶具、白瓷茶具、黑瓷茶具和青花瓷茶具等。

1. 青瓷茶具

青瓷茶具是中国著名传统瓷器的一种,在坯体上施以青釉(以铁为着色剂的青绿色釉),在还原焰中烧制而成。青瓷色调的形成,主要是胎釉中含有一定量的氧化铁,在还原焰气氛中焙烧所致。但有些青瓷因含铁不纯，还原气氛不充足，色调便呈现黄色或黄褐色。我国历代所称的缥瓷、千峰翠色、艾色、翠青、粉青等瓷，都是指这种瓷器。唐代越窑、宋代龙泉窑、官窑、汝窑、耀州窑等，都属于青瓷系统。

青瓷以瓷质细腻、线条明快流畅、造型端庄浑朴、色泽纯洁而著称于世。唐代诗人用千峰翠色来赞美青瓷，"功剜明月染春水，轻旋薄冰盛绿云。"（［唐］徐寅，《贡徐秘色茶盏》）。宋代也有人描述，凡做出芙蓉样的瓷器，买卖客人皆富贵。青瓷茶具如图4-1-5所示。

图4-1-5　青瓷茶具

2. 白瓷茶具

白瓷茶具有坯质致密透明，上釉、成陶温度高，无吸水性，音清而韵长等特点。因色泽洁白，能反映出茶汤色泽，传热、保温性能适中，加之色彩缤纷，造型各异，堪称饮茶器皿中之珍品。

白瓷茶具大约始于公元6世纪的北朝晚期，到唐代已发展成熟，全国有许多地方的瓷业都很兴旺，形成了一批以生产茶具为主的著名窑场。据《唐国史补》记载，河南巩县瓷窑生产白瓷茶具，在烧制茶具的同时，还塑造了"茶神"陆羽的瓷像，客商若购茶具若干件，即赠送一座瓷像，以招揽生意。其他如河北任丘的邢窑、浙江余姚的越窑、湖南的长沙窑、四川的大邑窑，也都产白瓷茶具。北宋时期，景德镇生产的瓷器，胎色洁白，细密紧致，釉色光莹如玉。自清代中期开始，人们不再注重茶具与茶汤颜色的对比，转而追求茶具的造型、图案、纹饰等所体现的"雅趣"上来，因而使得白瓷茶具的造型千姿百态，纹饰图案美不胜收。

白瓷，早在唐代就有"假玉石"之称。有瓷都之称的景德镇在北宋时生产的瓷器，质薄光润，白里泛青，雅致悦目，并有影青刻花、印花和褐色点彩装饰。到了元代，景德镇因烧制青花瓷而闻名于世，还远销国外，在日本名为"珠光青瓷"。明朝时，在青花瓷的基础上，又创造了各种彩瓷，产品造型精巧，胎质细腻，色彩鲜艳，画意生动，被视同拱璧，十分名贵，畅销海外。清代各地制瓷名手云集景德镇，我国制瓷技术又有不少创新。到雍正时，珐琅彩瓷茶具胎质洁白，通体透明，薄如蛋壳，已达到了纯乎见釉、不见胎骨的完美程度，当时珐琅彩瓷茶具只供宫中享用，民间绝少流传。这种瓷器对着光可以从背面看到胎面上的彩绘花纹图，制作之巧，令人惊叹。白瓷茶具如图4-1-6所示。

图4-1-6　白瓷茶具

3. 黑瓷茶具

在宋代，我国斗茶之风盛行，因斗茶过程中需要打出白花，以茶汤表面的色泽鲜白者为胜，所以若使用的茶盏为黑色，就更容易衬托出茶汤的白色。当时，福建建安所产的黑瓷兔毫茶盏，风格独特，古朴典雅，而且瓷质厚重，保温性能较好，为斗茶行家所钟爱。其他地方如四川广元,浙江余姚、德清等地也曾出产过漆黑光亮、美观实用的釉瓷茶具。黑瓷茶具如图 4 - 1 - 7 所示。

图 4 - 1 - 7　黑瓷茶具

图 4 - 1 - 8　青花瓷茶具

4. 青花瓷茶具

青花瓷茶具(如图 4 - 1 - 8 所示),其实是指以氧化钴为呈色剂,在瓷胎上直接描绘图案纹饰,再涂上一层透明釉,然后在窑内经 1 300℃左右高温还原烧制而成的器具。它的特点是:花纹蓝白相映成趣,有赏心悦目之感;色彩淡雅幽静可人,有华而不艳之力。加之彩料之上涂釉,显得滋润明亮,更增添了青花瓷茶具的魅力。

青花瓷茶具始于唐代,到北宋时,景德镇窑生产的青花瓷茶具,质薄光润,白里泛青,雅致悦目,并有影青刻花、印花和褐色点彩装饰。到元代中后期开始批量生产,特别是瓷都景德镇,成为我国青花瓷茶具的主要生产地。元代以后除景德镇生产青花瓷茶具外,云南的玉溪、建水,浙江的江山等地也有少量青花瓷茶具生产。但其他地方所产的青花瓷茶具无论是釉色、胎质,还是纹饰、画技,都不能与同时期景德镇生产的相比。明代,景德镇生产的青花瓷茶具诸如茶壶、茶盅、茶盏等的花色品种越来越多,质量愈来愈精,无论是器形、造型、纹饰等都冠绝全国,成为其他生产青花瓷茶具窑场模仿的对象。明、清时期,青花瓷茶具曾一度成为茶具品种的主流。当时,因其产品造型精巧,胎质细腻,十分名贵,畅销海内外,国际上誉我国为"瓷器之国"。

(三) 漆器茶具

漆器茶具是采制天然漆树液汁进行炼制,掺进所需色料,制成绚丽夺目的器件。漆器茶具始于清代,主要产于福建福州一带。福州生产的漆器茶具多姿多彩,有"宝砂闪光""金丝玛瑙""釉变金丝""仿古瓷""雕填""高雕"和"嵌白银"等品种,特别是创造了红如宝石的"赤金砂"和"暗花"等新工艺以后,更加鲜丽夺目,逗人喜爱。漆器茶具较有名的有北京雕漆茶具、福州脱胎茶具、江西鄱阳等地生产的脱胎漆器等,它具有轻巧美观,色泽光亮,能耐温、耐酸的特点,更具有艺术品的功用。

(四) 玻璃茶具

对于玻璃茶具,人们非常熟悉。它是近代和现代工业的产物,其最大特点就是质地透明,外形可塑性较大,形态各异,用途广泛。因大批量生产,成本较低,故价格也很低廉。缺点是传热快,易烫手,且易碎。

玻璃茶具中最常用的当然是玻璃杯与玻璃壶。玻璃壶有烧水用壶和泡茶用壶。用玻璃杯泡绿茶最为适用,因其透明性较好,饮者不仅可以欣赏茶汤的鲜艳色泽,茶叶的细嫩柔软,而且在冲泡茶的过程中,茶叶的上下舞动,叶底的逐渐舒展,可一览无余,赏心悦目。特别是冲泡名优绿茶、白茶、黄茶,茶具晶莹剔透,杯中轻雾缥缈,澄清碧绿,芽叶朵朵,亭亭玉立,观之使人心旷神怡,未品香茗,已得神趣。

玻璃茶具因其价廉物美,深受现代人的喜爱。现代家庭、宾馆、饭店、茶馆等,无不使用玻璃杯来泡茶、品茗。玻璃茶具如图 4-1-9 所示。

图 4-1-9　玻璃茶具

(五) 金属茶具

金属茶具主要是指由金、银、铜、铁、锡等金属物质制作而成的茶具。在秦代,青铜制作的盘、爵、樽等既用来盛酒,也用来盛茶。从秦代到六朝后,随着饮茶风俗的变迁,茶具逐渐专门化,与酒具区分开来。南北朝时期,我国出现了包括饮茶器具的金银器具。到隋唐时,金银器具的制作达到高峰。如陕西扶风法门寺出土的鎏金茶具、鎏金仙人驾鹤纹壶门座茶罗子。直到元代以后,特别是从明代开始,随着茶类的创新,饮茶方法的改变,以及陶瓷茶具的兴起,才使得包括银质器具在内的金属茶具逐渐消失。

至于现代,使用金属茶具冲泡茶叶者已经很少,最常见的可能就是金属茶缸和烧水用的铝壶和不锈钢壶。用锡制作的储茶罐,大多为小口长颈,密封性能较好,有利于茶叶的防潮、防光、防氧化、防异味,很多茶庄、茶馆等经营单位仍用锡罐储茶。当然,也有少数人用银壶、铜壶、铁壶等煮水泡茶。

(六) 竹木类茶具

在历史上,广大农村,包括茶区,很多人使用竹或木碗泡茶,它价廉物美,经济实惠。在我国的南方,如海南省等地有用椰壳制作的壶、碗来泡茶的,经济而实用,又是艺术欣赏品。用木罐、竹罐装茶,则仍然随处可见,特别是福建省武夷山等地的乌龙茶木盒,在盒上绘以山水图案,制作精良、别具一格。作为艺术品的黄阳木罐、二黄竹片茶罐,也是一种赠送亲友的珍品,并具实用价值。

(七) 其他类

除上述各种茶具外,还有用玉石、水晶、玛瑙、贝壳、果壳等制作的茶具。有艺术家制作出玉石类茶具,其艺术造型堪与紫砂壶媲美,但总体来说,其器具制作困难,价格较高,多成为艺术品。另外,随着现代生活节奏加快,一次性塑料杯、纸杯也被大量使用,但泡茶效果并不理想,易混有合成塑料的气味、纸基的酸味,但用于解渴待客比较方便卫生。

 课堂讨论

如果你是茶艺师,你会选择哪种茶具为客人冲泡乌龙茶?

要点:

1. 分析乌龙茶干茶、茶汤、香气、滋味、叶底等特征。

2.根据乌龙茶特征、客人需求等,选择紫砂壶为客人进行冲泡。

3.根据乌龙茶冲泡流程,准备茶盘、紫砂壶(根据人数确定品茗杯、闻香杯子的数量)、公道杯、茶荷、奉茶盘等。

赛 证 直 通

基础知识部分

一、单项选择题

1.瓷器茶具按色泽不同可分为(　　)茶具等。

A. 白瓷、彩瓷和黑陶

B. 铸铁茶具、青瓷和彩瓷

C. 白瓷、青瓷和红陶

D. 白瓷、青瓷和黑瓷

2.(　　)瓷器素有"薄如纸,白如玉,明如镜,声如磬"的美誉。

A. 湖南长沙　　　　　　　　　　B. 河北唐山

C. 江西景德镇　　　　　　　　　D. 山东淄博

3.(　　)的特点是质地透明,但易破碎,易烫手。

A. 竹木茶具　　　　　　　　　　B. 玻璃茶具

C. 瓷器茶具　　　　　　　　　　D. 金属茶具

二、多项选择题

我国茶具主要有(　　　　　)。

A. 陶土茶具　　　　　　　　　　B. 瓷器茶具

C. 漆器茶具　　　　　　　　　　D. 玻璃茶具

三、判断题

1.茶具这一概念最早出现于西汉时期王褒《僮约》中"武阳买茶,烹茶尽具"。　　(　　)

2.紫砂茶具的特点是泥色多变,耐人寻味,壶经久用反而光泽美观。　　(　　)

操作技能部分

一、操作技能考核内容

考 核 项 目	考 核 标 准
识别茶具	准确掌握常用的茶具种类及各种茶具的名称和用途。

二、任务分析

识别茶具,能说出各种茶具的名称及用途。

三、考核方式

1.根据实训室器具,准备常用茶具,让学生识别并介绍用途。

2. 评分标准:

考核内容	操作分值	实际得分	备 注
紫砂壶	10		能准确说出实物名字及用途
盖 碗	10		能准确说出实物名字及用途
茶 巾	10		能准确说出实物名字及用途
茶 洗	10		能准确说出实物名字及用途
茶 匙	10		能准确说出实物名字及用途
茶 荷	10		能准确说出实物名字及用途
公道杯	10		能准确说出实物名字及用途
茶 漏	10		能准确说出实物名字及用途
茶 滤	10		能准确说出实物名字及用途
品茗杯	10		能准确说出实物名字及用途
总 分	100		

4

任务二　选购茶具

茶具的选配是一门学问,这是因为饮茶器具不仅是不可或缺的一种盛器,而且也十分具备实用性,同时饮茶器具对于提高茶叶的色、香、味也很有帮助,因而有俗语说:"水为茶之母,壶是茶之父。"可见两者关系密切,缺一不可。

一、茶具选购的一般原则

(一) 因地制宜选配茶具

我国地域辽阔且饮茶历史久远,各地的饮茶习俗多种多样,因而形成了各地不同的饮茶习俗,故对茶具的要求也根据地方特色而存在许多不同。在长江三角洲一带,人们喜好品饮细嫩的名优绿茶,既要闻其香、品其味,还要观其色、赏其形,因此多选用玻璃杯或白瓷杯冲泡。江浙一带许多地区,饮茶注重茶叶的滋味和香气,因此喜欢选用紫砂茶具泡茶或用有盖的瓷杯泡茶。福建、广东一带,人们习惯用小杯品饮乌龙茶,故多选用紫砂器具泡茶,因此在广东潮汕一带也就形成了一套专用泡茶用具——潮汕四宝(潮汕炉、玉书碨、孟臣罐、若琛瓯）。四川一带则偏爱使用盖碗泡茶。至于我国边疆少数民族一些地区，至今仍习惯用碗喝茶。

（二）因人制宜选配茶具

在古代，根据人们的不同身份地位，所使用的茶具也各不相同。如历代的文人墨客，均对茶具的"雅"特别强调，而达官贵人们则重茶具之"珍"。宋代大文豪苏东坡在江苏宜兴讲学时，便经常独自烹茶赏具，并自己设计了一种提梁式的紫砂壶，并留下"松风竹炉，提壶相呼"的名句。

另外，不同的年龄、职业和性别的人，对茶具的要求也各异。如老年人对茶的韵味更为讲究，重在物质享受，要求茶叶香高、味浓，因此，多用茶壶泡茶；而年轻人在以茶会友时，重于精神享受，往往要求茶叶香清味醇即可，因此，沏茶多用茶杯。

（三）因茶制宜选配茶具

自古以来，对品茶艺术颇为讲究的茶道中人，都相当注重品茶的韵味，对其高雅的意境也格外崇尚，认为好茶配好壶，堪称珠联璧合、锦上添花，强调"壶添品茗情趣，茶增壶艺价值"。

一般来说老茶用壶泡，新茶用杯泡。为有利于保持香气，在饮用花茶时，可选用壶或盖碗泡茶，然后再斟入瓷杯中饮用。而在饮用大宗红茶和绿茶时，对茶的韵味尤为注重，因而须选用有盖的壶、杯或碗泡茶；紫砂茶具适宜泡乌龙茶以便更好品饮；饮用红碎茶与功夫红茶，以瓷壶或紫砂壶较为适宜，然后再将茶汤倒入白瓷杯中饮用。如西湖龙井、君山银针、黄山毛峰等名优绿茶，则以玻璃杯冲泡为上选，同时也可选用白色瓷杯冲泡饮用，更便于欣赏其色。

（四）因具制宜选配茶具

一般在选用茶具时，都要考虑下列的三个方面：其一要讲求实用性；其二要具有一定的欣赏价值；其三要有利于更好地发挥茶性。

二、茶具选购的具体要求

除了以上提到的几点要求，选购茶具时要以实用、便利为第一要旨。壶、船、盅、杯、托、碗等构成的主要茶具，一定要符合泡饮茶的功能要求。

（一）主泡器具的选择

1. 壶具的选择

壶具的选择以紫砂壶为例。紫砂壶样式繁多、器型各异，由于每个人的审美偏好不同，所以选择也不同。一把茶壶合适与否，取决于用之置茶、泡茶、分茶、清洗、置放等方面操作的便利程度及是否存在茶水滴漏。

选壶时，要先了解后购买，不管是自己用还是送人都可以从以下几个方面去考虑：一是准备泡什么茶，二是几人饮用（选容量），三是喜欢什么泥料，四是喜欢什么器型，五是能接受的心理价位是多少，六是买来使用还是买来收藏。

选购的方法如下：

（1）选材质。不同材质的紫砂壶有着不同的适茶性能，选壶之前应先辨别材质种类。

正所谓"无泥不壶",泥料作为紫砂壶的基本构成要素,它关乎壶的整体品质和后期的泡养效果,买壶、玩壶都要首看泥料,所谓优质泥料有着"色不艳、质不腻"的特点。紫砂泥料主要有紫泥、红泥和绿泥等。

(2)选做工。若紫砂壶制作工艺粗糙,有时会直接影响使用功能,做工是否精细体现在多个方面:细节处理好、口盖严密、出水流畅、提捏舒适。工艺水平的高低,是评判紫砂壶优劣的重要条件,可以从以下几方面鉴别紫砂壶的工艺要求。

① 重心要稳,端握舒适,嘴、把、钮,三点成一线。这点看似简单,实则不然,因为制壶艺人创新或对壶的造型和谐方面的考虑,外把的上下不在同一垂直线上也很常见,所以要正确看待手工制的紫砂壶。

② 口盖要严紧密合,设计合理,茶叶进出方便。圆壶要旋转滑顺无碍,方壶要面面接缝平直不变形,筋纹器要面面都达到通转的要求。以手压紧气孔,出水要即压即停且滴水不漏,说明壶盖与壶身的密合度甚好。

③ 出水顺畅,断水利落。好壶出水刚劲有力,弧形水柱圆润流畅不散花;断水时,即倾即止,简洁利落。

④ 线面修饰平整、内壁收拾利落,落款明确端正。壶身线条、转折、棱线的修饰要漂亮规整;内壁的接口、接缝、内底要处理匀当,不留施工泥屑;落款要大小得宜、位置适中、深浅合度。

(3)选壶形。紫砂壶常见的壶形,有西施壶、南瓜壶、梨形壶、葫芦壶、秦权壶、石瓢壶、渔翁壶等,较为经典的是由清代文人陈鸿寿(号曼生)独创设计,由杨彭年、杨凤年兄妹制作而成的"曼生十八式"。陈曼生把金石、书画、诗词与造壶工艺融为一体,相得益彰,创作了独特而成熟的紫砂壶艺术风格,开创了文学书画篆刻与壶艺完美结合的先河,曼生壶在壶史上留下了"壶随字贵,字依壶传"的经典名言。如几何造型的石瓢、井栏,仿生造型的南瓜提梁、匏瓜等,造型独特,工艺精湛,且富有寓意深远的铭文。在选购时,可根据自己喜欢的壶形来选择,也可根据泡茶的种类来选择。

① 可以根据茶叶冲泡时的伸展程度以及浸润状况来选择壶形,以下介绍最常见的三种壶形:圆形壶适用于大部分茶叶;高形壶适宜沏泡红茶类和一些比较细碎的茶叶;扁形壶则适合沏泡叶形较大的茶叶。

② 几何造型的壶,该圆就圆、该方就方,线条当直则直、当曲则曲,各配件的大小要与壶身相称,和谐有度。

③ 自然仿生造型的壶,该写实就要写实,该写意就要写意。花器贴塑较多,整器要气势连贯,无生硬之感。注意壶身与贴塑的接触点有无细微的裂缝,以免日后断裂。紫砂供春壶、葫芦壶、梨形壶、秦权壶、石瓢壶、瓦当壶如图4-2-1至图4-2-6所示。

(4)选容量。关于品茶,古人云"一人得神,二人得趣,三人得味",各有各的情趣。可根据平常饮茶的茶叶品种、饮茶人数、茶杯大小及饮茶喜好等作为选择紫砂壶容量的大致方向。没有最好的容量,只有最合适的容量。

(5)看价格。也就是看自己的预算,紫砂壶的价格因泥料、制作工艺、艺人知名度、收藏潜力等不同,价格也不同。选购紫砂壶应根据自己的需求和预算进行选择,切勿只看价格。

4

图 4 - 2 - 1 供春壶

图 4 - 2 - 2 葫芦壶

图 4 - 2 - 3 梨形壶

图 4 - 2 - 4 秦权壶

图 4 - 2 - 5 石瓢壶

图 4 - 2 - 6 瓦当壶

收藏壶的选购

收藏壶应留意挑选精品、真品，并看准市场行情，才能升值保值。要避免一些误区，新手更要注意。

1. 收藏不应只关注"名人效应"

名家制作的紫砂壶，是收藏与投资的首选，当然没错。鉴于名家通常具备高超的技艺，在师承传统的同时往往会不断创新，代表着一种工艺特色和流派。因此，他们的作品历来受到收藏家的重视和青睐。所以，在经济实力允许的条件下，投资者应该首选名家之作。

除此之外，可选择"潜力股"。一些成长较快的工艺师，作品传承与创新并重，收藏者可注意挖掘用料真实，做工精细，有自己独特制壶风格的有潜力的制壶者。待到日后口碑长足发展之时，其壶附加值的增长定会给投资者带来满意的回报。

2. 新壶未必逊色于老壶

从艺术价值而言，除了少数古代紫砂名家制作的壶之外，老紫砂壶大多按照日用器制作，能保存完整、流传有序的老壶屈指可数。

紫砂壶无论是炼泥还是制作、烧制，现在的工艺比过去要好很多，且现代市场环境使得作者对壶的要求很高。相比之下，现代紫砂壶鉴别起来会比老壶容易很多。其实紫砂壶从收藏角度看，并不在于它是老壶还是新壶，有潜力的新壶比老壶更宜收藏把握，也更适合初入紫砂收藏的人。

3. 切勿重料不重艺

泥料重要，紫砂壶的造型、工艺等综合品质更重要，"重料更应重艺"。好壶在泥料好的基础上，也要具备器形周正、做工精良、装饰恰当、款识考究、重量和容积适宜、总体和谐平衡等等综合因素。

4. 把握行情看准人

一般建议与其去费力淘老壶，不如去购买当代名家的精品，其收藏升值的空间更大。尤其是初涉收藏的爱好者，最好寻找紫砂壶的潜力股，从收藏现当代紫砂艺术家的作品入手。不管是大师还是工艺师，业内职称可以作为作者艺术水准的参考。大师也是一步步走过来的，今天的新秀或许会成长为未来的大师。

再者，选壶也选人，壶的品质是评判价值的基础，作者的艺术造诣、艺术修养、艺术品格、艺术思想等个人综合因素，也是作品未来价值的保证。

5. 不要只看底款就买壶

此处说"款"多指假托名家款所制的假壶。如今仿名家壶泛滥，市场上有很多壶底打着顾景舟大师的款，但如果能认真了解"料"和"工"，根本不必考究"款"的因素，就能很快知道鉴定的答案。

收藏者不能只认定大师款，底款不能说明太多的问题，以前有些仿名家的壶，手工和泥料不错，也是可以珍藏的。看底款很容易上当，看到盖有某某大师印款的就以为是名家的壶，因此进入价格的陷阱。

6. 过于注重花俏色艳

经常会有一些收藏者过于注重花俏色艳的壶,收藏通常都是花器。还有一些颜色多样、造型复杂的紫砂壶,不是蒋蓉大师款就是顾景舟款。而真正好的作品,包括花器,也是一眼看去色彩和谐,造型精致优雅的。

7. 只重名家证书不重艺术

真正名家的壶,单看"精、气、神"就能令人感觉不俗。还有一些"名家职称"为虚构,要注意分辨,找靠谱平台,在官网查看职称。除职称证书外,还有很多默默无闻的民间做壶高手,其壶艺术价值很高,也是非常值得一藏的。

8. 只看年代不看艺术

有些人以为紫砂壶越老越好,专门收藏旧壶、老壶,这也让紫砂壶市场出现了很多造假的现象。市面上主要有两种造假方法,一是将泥料的表面作旧,方法是擦皮鞋油,像人手经常摸的样子,看上去有古旧感,或者用强酸腐蚀做旧;二是将紫砂壶涂上白水泥用水去泡,做成出土效果。应注意分辨,不了解不碰。

其实,不管是日常自用,还是收藏,一把紫砂壶价值高低的关键还是看艺术价值,并非一定是越老越好,且如是收藏紫砂壶更忌贪便宜,可根据实际情况选择,适合自己的才是最好的。

2. 盖碗茶具的选择

瓷器茶具的选择,以盖碗为例。盖碗品类繁多,材质一般采用陶、瓷、玻璃等,尤以瓷器为绝对主流。选择盖碗,主要从"容量大小""器型特点""质地手感""纹饰风格""价格区间"等多个方面综合考虑。在选择盖碗时,主要考虑以下几点:

(1) 选容量。容量大小取决于每个人的饮茶习惯,一般根据平时饮茶人数来决定容量大小,若平时一个人饮茶,建议选用 100 毫升以下的盖碗。若两三人饮用,可选用 100～150 毫升的盖碗。最为适用的容量为 110～120 毫升。

(2) 看器型。器型、纹饰取决于个人审美偏好。一般茶客在选用器型时主要考虑的一个关键因素是不烫手。所以,建议选用撇口杯为好。盖碗常见器型有:撇口盖碗、马蹄盖碗、圆融盖碗、鸡缸盖碗、卧足盖碗、折腰盖碗、茶盏盖碗、棱玉盖碗、高足盖碗、菊瓣盖碗和方形盖碗。

(3) 选材质。材质往往也跟价格挂钩,价格取决于个人预算。在选择时,没有"完美"的盖碗,只有"更适合"自己的盖碗。盖碗的材质,以瓷器为佳。也可根据自己喜欢的材质和色泽来选择。

(4) 选手感。盖碗在选用时,以使用顺手为原则,切勿选择笨重、烫手的盖碗。也可根据自己平时使用的手法来选择。

3. 玻璃茶具的选择

在众多茶具中,玻璃茶具因其透亮、光滑的外观而独树一帜,很多人尤其是年轻人对玻璃茶具情有独钟。下面介绍几种玻璃壶的选择方法。

(1) 选高硼硅玻璃。玻璃壶有耐热和不耐热之分。不耐热玻璃的使用温度一般为"-5℃～70℃",耐高温玻璃的使用温度可高至 500℃,且能承受"-30℃～160℃"的瞬间温差。作为泡茶或煮茶工具，耐高温且轻盈的高硼硅玻璃壶是首选。优质的高硼硅玻璃厚度均匀，阳光照射下十分通透，折光效果好，且敲击声音清脆。

（2）玻璃厚度适宜。厚玻璃杯盛冷饮好，热饮适宜用薄玻璃杯。厚玻璃杯因为是机制的，散热速度不如吹制的薄玻璃快。高硼硅玻璃一般也不会做得很厚，因为许多茶具是可以明火加热的，玻璃太厚，隔热太好，就无法很好地起到明火加热保温的效果。但是，太薄的玻璃抗撞击性能相对薄弱。所以，耐热玻璃茶具的厚度是经过全面专业的考虑而制定的，过薄或过厚都不建议选购。

（3）壶盖的松紧度要合适。购买玻璃壶时，要检查壶盖与壶颈的松紧度。如果壶盖和壶颈太松，很容易发生脱落；如果绝对吻合，可能会卡死造成损坏；如果盖子太紧，过于密封，玻璃器皿在超出耐压负荷的情况下，会发生爆炸。所以玻璃壶的壶盖与壶身要保持一定的松紧度，壶盖不紧不代表劣质。虽然壶盖不能完全盖紧并不影响茶具正常使用，但不盖紧很多人都会觉得不放心，所以壶盖是竹制盖子和密封圈的组合，也是不错的选择。

（二）辅助器具的选择

1. 茶船

茶船除防止茶壶烫伤桌面、冲泡水溅到桌面外，有时还作"温壶""淋壶"时盛水、观看叶底、盛放茶渣和涮壶水用，并可以增加美观。选择时应注意：

（1）形状。碗状优于盘状，但有夹层盘状优于碗状。这是因为盘状茶船无法蓄盛废水，碗状可蓄，若壶的下半部浸于水中，日久天长会令茶壶上下部分色泽有异。有夹层的茶船既可以下层蓄废水，又可以上层实现茶船的各个功效，十分利于操作与日常养壶。

（2）大小。茶船围沿要大于壶体的最宽处，若是碗状或有夹层的茶船，因要用来蓄水，所以其容水量应至少是茶壶容水量的 2 倍。但也不可过大，应与茶壶比例协调。

（3）造型与色彩。茶船应与茶壶的造型、色泽、风格一致，起到和谐的效果。

2. 茶盅

茶盅又称为茶海、公道杯，茶盅除具有均匀茶汤浓度功能外，最好还具有滤渣功能。

（1）形状和色彩。盅与壶搭配使用，故最好选择与壶呼应的盅。有时虽可用不同造型与色彩的盅，但须把握整体的协调感。若以壶代盅，宜用一大一小、一高一低的两壶，以有主次之分。

（2）容量。盅的容量一般与壶同即可，有时亦可将其容量扩大到壶的 1.5～2 倍，在客人多时，可泡两次或三次茶混合后供一道茶饮用。

（3）滤渣。在盅的水孔外加盖一片高密度的金属滤网，即可滤去茶汤中的细条末。

（4）断水。盅是均分茶汤的用具，其断水性能优劣直接影响到均分茶汤时动作是否优雅，如果出现滴水或茶汤四溅的情形是极不礼貌的。断水好坏全在于嘴的形状，光凭目测较为困难，以注水试用为佳。

3. 品茗杯

品茗杯的功能是用于饮茶，要求持拿不烫手，饮茶方便，实用感觉亦不尽相同。

（1）杯口。杯口需平整。可倒置平板上，两指按住杯底左右旋转，若发出叩击声，则杯口不平，反之则平整。通常翻口杯比直口杯和收口杯更易于拿取，且不易烫手。

（2）杯身。盏形杯不必抬头即可饮尽茶汤，直口杯须仰头才能饮尽，可根据个人喜好选择。

（3）杯底。选择方法同杯口，要求平整。

（4）大小。应与茶壶匹配。小壶配容水量为 20～50 毫升的小杯，过小或过大都不适宜。杯深不应小于 2.5 厘米，以便持拿。大茶壶配容量为 100～150 毫升的大杯，兼有品饮与解渴双重功能。

（5）色泽。杯外侧色泽应与壶一致。内侧的颜色对汤色的影响极大，为观看茶汤的真实色泽，宜选用白色内壁。有时为增加视觉效果，内壁带一些特殊色泽的也可以，如青瓷有助于显露绿茶茶汤"黄中带绿"的效果，象牙白色瓷可使梅红色的茶汤更娇柔，紫砂和黑釉等本色则不易观看汤色的色泽、明亮度，但一般饮用时可使茶汤显得更加醇厚。

（6）杯的数量。一般均以双数配备杯子。在购买成套茶具时，可在壶中盛满水再一一注入杯子，即可测知杯与壶容量是否相配。

4. 杯托

（1）高度。托沿离桌面的高度至少应为 1.5 厘米，以便轻巧地将杯托端起。如呈平板状，端取极不方便，只能起垫子作用，避免烫伤桌面而已。因此，即使是盘式的杯托，也应有一定高度的圈足。

（2）稳定度。杯托中心应呈凹形圆，大小正好与杯底圈足相吻合，特别是光滑材料如金属制成的杯托，常在中心做出一个图形，才能充分嵌住杯子。

（3）平整度。托沿和托底均应平整，可用检测杯口的方法进行检测。

 课堂讨论

如何选择适合的茶具？
要点：
1. 了解不同茶类的特性、香型、发酵程度等，选择能够凸显其特色的茶具。
2. 考虑茶壶的器型、壶嘴设计等，选择适合茶类和冲泡方式的茶壶。
3. 选择易于使用、耐用、不易破损的茶具，方便冲泡和品饮。
4. 茶具配套齐全，包括茶壶、茶杯、公道杯、茶盘等。

赛 证 直 通

基础知识部分

一、单项选择题

1. 在选择适合冲泡轻发酵、重香气茶叶的茶具时，（   ）材质的茶具最为推荐。

A. 玻璃茶具   B. 瓷质茶具   C. 陶土茶具   D. 金属茶具

2. 冲泡安溪铁观音等清香型的茶叶，宜选择（   ）。

A. 金属茶具   B. 陶土茶具   C. 玻璃茶具   D. 竹木茶具

3. （   ）又称三才杯，由盖、碗、托三部分组成，为泡饮合用器具，也可单用。

A. 盖碗   B. 紫砂壶   C. 茶盏   D. 茶盅

4. 紫砂壶在选做工时,要求三点成一线,其中不包括( )。

A. 壶嘴   B. 壶把   C. 壶盖钮   D. 壶身

5. ( )的造型如同寺庙使用的铜钵,腹部圆而厚实,杯口微微内收,视觉上整体给人一种厚重感。

A. 罗汉杯   B. 鸡缸杯   C. 竹节杯   D. 葵口杯

二、多项选择题

1. 广东"潮汕四宝"主要包括( )。

A. 潮汕炉   B. 玉书碨   C. 孟臣罐   D. 若琛瓯

2. 盖碗茶具的选择,主要从( )方面去选购。

A. 容量   B. 器型   C. 材质   D. 手感

3. 以玻璃杯冲泡为上选的茶叶主要有( )。

A. 西湖龙井   B. 安化黑茶   C. 君山银针   D. 黄山毛峰

三、判断题

1. 选用茶具时,都要考虑下列三个方面:其一要讲求文化价值;其二要具有一定的欣赏价值;其三要有利于更好地发挥茶性。   ( )

2. 所有类型的茶叶都适合用同一种材质的茶具冲泡。   ( )

操作技能部分

一、操作技能考核内容

考 核 项 目	考 核 标 准
茶具选用	准确掌握茶艺活动中常用的茶具种类,根据冲泡茶叶的类别,进行器具推荐

二、任务分析

(1) 教师准备绿茶、红茶、乌龙茶三类茶叶,根据茶类进行讲解及操作示范。

① 了解需求。与客人沟通,了解茶具需求,包括茶具的用途、喜好的材质、风格、预算等。

② 熟悉产品。熟悉茶艺馆内提供的各类茶具,包括它们的特点、适用的茶类、价格区间等。

③ 学习推荐技巧。掌握如何根据客人的需求推荐合适的茶具,包括如何介绍不同材质和风格的茶具的优缺点。

④ 了解市场。了解市场上流行的茶具趋势和客人可能感兴趣的新款式。

(2) 学生练习搭配。

① 询问偏好。询问客人对茶具的个人喜好,如颜色、形状、大小、图案等。

② 推荐材质。根据客人的预算和喜好的茶类,推荐合适的茶具材质,如紫砂、瓷器、玻璃等。

③ 展示样品。向客人展示不同风格和材质的茶具样品,让其亲自感受和比较。

④ 介绍特点。详细介绍每款茶具的特点,包括制作工艺、使用和保养方法等。

⑤ 考虑场合。根据客人使用茶具的场合,推荐合适的款式。

⑥ 提供搭配建议。为客人提供茶具搭配的建议,如茶壶、茶杯、茶盘等的组合。

(3)学生独立完成茶具的选购推荐。

(4)师生评估茶具推荐是否正确,与顾客需求相匹配。

三、考核方式

1. 根据实训室器具,准备常见茶类的冲泡茶具。

2. 评分标准:

考 核 内 容	操作分值	实际得分	评 分 标 准
1. 茶具特性的了解	30		掌握不同茶具的特点和适用性
2. 茶具选用	50		能够准确理解客人的需求和偏好能够根据客人需求正确地推荐茶具,并介绍茶具特点
3. 综合素质	20		以礼貌和耐心与客人沟通 具备良好的审美能力
总　分	100		

任务三　搭配茶具

　　品茶之人都以"壶添品茗情趣,茶增壶艺价值"为泡茶准则,注重对泡茶用具的选配。我国历史上有关因茶选具的记述很多,如唐代以饮用饼茶为主,采用烹煮法,茶汤呈淡红色,因此陆羽认为"青则益茶",以青色的越瓷茶具为上品。宋代饮茶习惯逐渐由烹煮法改为点注法,茶汤以色白为美,这样对茶盏色泽的要求也就有了相应变化,讲究"盏色贵青黑",认为建安黑釉茶盏才能充分反映出茶汤的色泽。明代由团茶改为散茶,由于茶类的多样,茶汤色泽出现了黄绿色、黄白色、红色、金黄色、橙黄色等,因此茶具色泽也以白色为时尚。在壶的选用上并不过分注重色泽,而是更为注意壶的雅趣,强调以小为贵。清代以后,茶具品种增多,形状多变,再加上茶类的多样化,从而使人们对茶具的种类、色泽、质地、式样、大小等都提出了新的具体要求。

一、茶具种类与茶叶的搭配

　　一般说来,冲泡细嫩名贵的茶叶,如特级碧螺春、西湖龙井、君山银针、黄山毛峰等,最好选用玻璃杯。玻璃杯透明度高,以便于观察细嫩的名茶在水中缓慢伸展、游动、变化的过程。冲泡其他名优绿茶时,如一级炒青、珠茶、烘青、晒青等,除玻璃杯外也可选用白色瓷杯,但茶杯宜小不宜大。茶杯大则水量多,热量大,会将茶叶泡熟,使茶叶色泽失去绿翠,茶香会减弱,并产生熟汤味。

　　我国民间还有"老茶壶泡,嫩茶杯喝"的说法。这是因为较粗老的茶叶,用茶壶冲泡,一则可保持热量,有利于茶叶中的水浸出物溶解于茶汤,提高茶汤中的可利用部分;二则较粗老的茶叶缺乏观赏性,用来敬客,不大雅观,这样还可避免失礼之嫌。紫砂壶用来冲泡乌龙茶最为合适。这种壶不但造型独特,颜色浑厚,而且吸水性甚好。用它泡出的乌龙茶,香味能够持久不散,而且茶壶用的时间越久,泡出的茶香越浑厚。

茉莉花茶,既有茶味又有花香,在泡饮时,以能维护香气不致散失和显示茶坯特质美为原则。对于冲泡特别细嫩的特级茉莉花茶,因茶坯本身具有艺术欣赏价值,最好选用有盖的玻璃茶具,冲泡后,既可欣赏到细嫩的茶叶在水中飘舞、沉浮、开展的变幻过程,又因加盖,不会使花香散失。泡饮一般的中高档花茶时,不强调观赏茶坯的形态,可选用白瓷盖杯或盖碗,冲泡后,既可闻到浓郁芬芳的花香,又可品尝到纯正的茶味。泡饮中低档花茶或茶末,北方叫"高末茶",一般采用白瓷茶壶,因壶中水多,保温效果比较好,有利于充分泡出茶味。

红茶,滋味醇厚鲜甜,汤色红艳,若用白瓷茶具泡饮,更可衬托出茶汤艳丽的本色。

 课堂讨论

在茶艺中,如何更好地展现茶叶与茶具搭配的艺术?

要点:

1. 了解茶叶特性。

2. 了解不同茶类适合的茶具。

3. 从材质、器形、色彩、风格、实用性等方面进行茶具搭配。

二、茶具质地与茶叶的搭配

茶具质地影响泡茶的效果,这里所指的质地主要是对密度而言。以茶壶为例,所谓壶的硬度,是指器皿烧结的温度。烧结的温度越高,壶的硬度越大。不管是陶器、瓷器,烧结温度必须在 1 100 ℃,才能安全使用。

密度高的壶,泡起茶来香味比较清扬,密度低的壶,泡起茶来香味比较低沉。如果希望所泡的茶比较清扬,或者这种茶的风格属于比较清扬的,如绿茶、红茶,那就用密度较高的壶来泡,如瓷壶。如果希望所泡的茶比较低沉,或者这种茶的风格属于比较低沉的,如铁观音、普洱(后发酵茶类),那就用密度比较低的壶来泡,如陶壶。一般来说,瓷器比陶器硬度大,玻璃比瓷器硬度大。

（一）重香气的茶叶应选配硬度较高的茶具

绿茶类、轻发酵的茶类是比较重香气的茶,如龙井、碧螺春、香片及其他嫩芽茶叶等,都适合选用硬度较高的壶,如瓷壶、玻璃壶。

（二）重滋味的茶叶应选配硬度较低的茶具

乌龙茶类是比较重滋味的茶叶,如铁观音茶、水仙、单枞等。其他如外形紧结、枝叶粗老的茶以及普洱茶等,都应选择硬度较低的陶壶、紫砂壶来冲泡。

三、茶具造型与茶叶的搭配

茶壶适宜冲泡需要较高温度又不注重外形的茶,如乌龙茶、红茶等。敞口的、盖碗型的茶具散热效果较佳,用以冲泡需要 70℃～80℃水温的茶叶最为适宜,在置茶、去渣会比较方便,还容易观赏茶叶与茶汤。龙井、碧螺春、白毫银针等注重外形的茶叶适宜用这种茶具冲泡。

四、茶具色泽与茶叶的搭配

茶具的色泽是指制作材料的颜色和装饰图案花纹的颜色,通常可分为冷色调与暖色调两类。冷色调包括蓝、绿、青、白、灰、黑等色,暖色调包括黄、橙、红、棕等色。茶器色泽要与茶叶相配。白瓷茶具显得亮洁精致,用以搭配绿茶、红茶颇为适合,为保持其洁白,通常上透明釉。朱泥或灰褐系列的茶具显得厚实,可配以铁观音等茶。紫砂制成的茶器显得朴实、自然,配以水仙饼茶相当合适。青瓷茶具用以冲泡绿茶颇为协调。青花、彩绘的茶具适合冲泡红茶或调味茶类。

根据茶叶的分类,可以将茶叶与茶具的色调搭配如下:

(1)绿茶类。绿茶类名优茶宜选用透明无花纹、无色彩、无盖玻璃杯,或白瓷、青瓷、青花瓷盖碗。如单人用具,夏秋季可用无盖、有花纹或冷色调的玻璃杯,春冬季可用青瓷、青花瓷等各种冷色调瓷盖杯;如多人用具,宜用青瓷、青花瓷、白瓷等各种冷色调壶杯茶具。

(2)黄茶类。黄茶类宜选用奶白瓷、黄釉颜色的瓷茶具,以黄、橙为主色的五彩壶杯具、盖碗、玻璃杯均可。

(3)红茶类。红条茶宜选用内壁上白釉、白瓷、白底红花瓷、各种红釉瓷的壶具、盖碗。红碎茶宜选用内壁上白釉以及白、黄底色描橙、红花和各种暖色的茶具。

(4)白茶类。白茶类宜选用白瓷或黄泥瓷器壶杯,或用反差极大且内壁有色的黑瓷,以衬托出白毫。

(5)乌龙茶类。轻发酵及重发酵类宜选用白瓷及白底花瓷壶茶具或盖碗、盖杯。半发酵及轻、重焙火类宜选用朱泥或灰褐系列陶器壶杯茶具。半发酵及重焙火类宜选用紫砂壶茶具。

(6)花茶。花茶宜选用青瓷、青花瓷、斗彩、五彩等品种的盖碗、玻璃杯。

(7)黑茶。黑茶宜选用紫砂茶具、瓷器茶具。

赛 证 直 通

基础知识部分

一、单项选择题

1. 冲泡绿茶时,使用( )茶具最能凸显茶汤的翠绿。

A. 透明玻璃   B. 纯白色瓷质   C. 深棕色紫砂   D. 黑色陶瓷

2. ( )材质茶具最适合冲泡普洱茶。

A. 玻璃   B. 竹木   C. 紫砂陶土   D. 不锈钢

二、多项选择题

1. 在选择茶具时,应该考虑的因素有( )。

A. 茶叶的发酵程度   B. 茶具的质地

C. 茶具的色泽   D. 茶具的生产时间

2. 在正式的茶艺表演中,下列因素中会影响茶具种类选择的有( )。

A. 茶具种类与茶叶类型的匹配   B. 茶具种类与茶艺表演的主题

C. 茶具种类与周围环境的协调性   D. 茶具种类的稀有性

三、判断题

1. 在冲泡茶叶时,茶具的选择应完全依据茶艺师的个人喜好。   ( )

2. 在中国传统茶文化中,紫砂壶因其独特的色泽和透气性,只适合冲泡半发酵或全发酵的茶叶,如乌龙茶和普洱茶。   ( )

3. 茶具的种类和质地不会影响茶的最终口感和茶艺的观赏性。   ( )

操作技能部分

一、操作技能考核内容

考核项目	考 核 标 准
搭配茶具	准确掌握茶叶冲泡适宜的茶具种类,根据冲泡茶叶的类别,完成器具搭配

二、任务分析

(1)教师准备绿茶、红茶、乌龙茶三类茶叶,根据茶类进行讲解及操作示范。

① 了解茶类。首先,分析茶叶属性,不同的茶类适合不同的茶具。

② 熟悉茶具。熟悉各种茶具的材质、风格、特点以及它们与不同茶类的搭配规则。

③ 学习搭配原则。掌握茶具搭配的基本原则,如色彩搭配、风格协调、功能适用等。

④ 顾客需求。根据顾客的喜好来决定茶具的搭配风格。

⑤ 审美培养。通过观摩资深茶艺师的表演,学习如何搭配出既美观又实用的茶具组合。

(2)学生练习搭配。

① 准备工具。准备茶叶及各类茶具。

② 选择茶具。根据将要泡制的茶类选择合适的茶具材质。

③ 检查茶具。确保所选茶具完整无缺,包括茶壶、茶杯、茶盘等。

(3)学生独立完成茶叶冲泡茶具的准备。

(4)师生评估茶具搭配是否正确,与顾客需求相匹配。

三、考核方式

1. 根据实训室器具,准备不同茶叶的冲泡表演茶具。

2. 评分标准:

考 核 内 容	操作分值	实际得分	备 注
1. 了解搭配原则	30		掌握不同茶具与各种茶类(如绿茶、红茶、乌龙茶等)的搭配原则
2. 搭配茶具	50		能够正确使用各种茶具 能够根据不同类型的茶选择适合的茶具
3. 综合素养	20		具备良好的文化素养和审美能力
总 分	100		

任务四　清洗与保养茶具

一、茶具的清洗

茶艺师都非常注重保养茶具，茶具保养的正确方法首要是注意茶具的清洗。茶具很容易沾上一层茶垢，有人说茶具上的茶垢愈厚，泡出来的茶愈健康或是香醇。其实这个说法是错误的。茶垢中含有致癌物，如亚硝酸盐等，它们对人体健康是极为不利的。

古人讲究饮茶之道的一个重要表现，是非常注重茶具本身的艺术，一套精致的茶具配上色、香、味三绝的名茶，可谓相得益彰。因此茶具也需要精心地保养。不管是用哪种茶具泡茶，久而久之，茶具内壁难免都会有茶垢。对于让人头疼的茶垢，很多人的处理办法是用比较粗糙的清洁工具来刷洗，这种处理办法容易破坏茶具表面的釉质，使茶具越来越薄，久而久之茶垢完全渗入茶具，以后就没办法清洗干净了。

茶具使用后应立即用清水冲洗干净，千万不要用手或布以及粗糙的东西来擦洗其内部。平时不怎么用的茶具应该清洗干净后包装好，放在干燥的地方。

（一）陶土茶具的清洗方法

陶土茶具以紫砂壶最具代表性，因而着重介绍紫砂壶的清洗方式。

1. 新紫砂壶的清洗

一般而言，如果是用纯正的紫砂泥所制的新壶在使用前只需开水反复烫洗几遍即可，不需再用其他方法开壶，但如果遇到壶体打蜡上油的情况，需要细心地把壶收拾干净再使用。方法是，用一个干净无杂味的锅，将壶盖与壶身分开置于锅底，注入清水漫过壶身，以文火慢慢加热至沸腾。应注意壶身和水应同步升温加热，切勿将壶身骤然置入沸水中，以免开裂。水沸腾之后，取一把茶叶投入熬煮，数分钟后捞起茶渣，壶和茶汤则继续以小火慢煮。待20—30分钟后，以竹筷小心将茶壶起锅，静置退温。最后再以清水冲洗壶身内外，除尽残留的茶渣，即可正式启用。

这种水煮法除了除蜡醒壶外，亦可让壶身的气孔结构借热胀冷缩而释放出所含的土味及杂质，若施行得宜将有助于日后泡茶养壶。

应记住煮壶时所用的茶叶，以后这把壶就专门用来泡这种茶叶，否则就"窜味"了。

2. 旧壶、老壶的清洗

如果是二手壶、老壶、旧壶，处理上需较为谨慎。旧紫砂壶的清洗通常不用水煮法，因为旧壶或许隐含有龟裂、修补的暗伤。通常的做法是，先取一干净的锅盆，将温热过的旧壶置入，注入热水使其淹过壶身，再混入10毫升左右的漂白水，如此静置一小时后取出（如果觉得还不放心，可以延长时间），再用刷子将此壶内外刷洗干净，此时便可重现旧壶、老壶的庐山真面目。需特别注意的是，漂白水对人体有害，且其渗透力甚强，需充分洗净。

（二）瓷器茶具的清洗方法

瓷器茶具相对而言，比较好清洗。只要每次泡完茶，立即倒掉茶渣，并用茶巾在清水下清洗即可。但如果瓷器有较重的茶垢时，可用纳米擦来擦拭洗涤并立即清洗干净，不建议使用粗盐、牙膏及卫生球来清洁,这样会留下划痕或味道,很难去除,影响口感和茶具美感。

(三)漆器茶具的清洗方法

清洗漆器茶具切勿用钢丝球等坚硬的物品,以防有刮痕。擦拭的时候要横向沿一定的方向进行。使用温水和中性洗涤剂清洗,然后用柔软的抹布抹干。

二、茶具清洗的注意事项

(1)彻底将壶身内外清洗干净。无论是新壶还是旧壶,保养之前要把壶身上的蜡、油、污、茶垢等清洗干净。茶壶最忌油污,沾后必须马上清洗。

(2)擦与刷要适度。壶表淋到茶汁后,用软毛小刷子,将壶中积茶轻轻刷洗,用开水冲净,再用清洁的茶巾稍加擦拭即可,切忌不断用力地搓洗。

(3)喝完茶要清洗晾干茶具,要将茶渣清除干净,以免产生异味,又需重新整理。

三、茶具的保养

正确使用与保养茶具,有助于发挥茶性,最大限度地发挥茶具功能,对茶具本身也不会造成损坏,同时,在品茗的享受中更可获得"养器"的乐趣。

(一)紫砂茶具的养护

(1)修整。已购买的紫砂茶壶式样已经定型,但它的功能可以通过整修以符合自己的使用要求。紫砂茶壶的整修易做,使用的工具也很简单。一根尖头锉刀,几张粗细不等的砂皮(纸),一些金刚砂、一块肥皂即可。整修过程如下:① 检查紫砂壶表面是否有细粒痕,棱角线是否平直等。如果茶具的瘢痕明显,可以先用稍粗的砂纸擦拭,再用细砂纸轻揉拭,使茶具表面或棱角线平滑光洁。② 检查壶盖与口沿是否密封。如果壶盖和口沿不密封,可先在壶盖沿抹些肥皂,再抹上些已加水调匀的金刚砂,最后一手握壶底,一手握壶盖,两者以相反方向轻轻用力来研磨,直至盖沿与口沿顺畅能禁水为止。③ 检查紫砂壶壶盖留的气孔。如气孔太小,或有微粒阻塞,可用锉刀尖头慢慢修整。

(2)清洗。在每次泡完茶后,除了将茶渣倒掉外,最好在泡完茶后的 1 小时内以热水冲洗,将残汤洗去,以保持清洁,便于下次使用。

一般人在泡完茶后,往往只将茶渣除去,而茶汤仍然留在壶内,从而逐渐阴干,因此茶垢的累积速度相当快。由于气候条件和不当的维护,极易使茶壶产生异味,所以每次在泡用前,应以滚沸的开水将其冲烫一番,同时壶身也可用热茶水浇冲。

有人认为养壶需要把茶渣留存在茶壶里,实际上这是一种错误观点。其一,将茶渣闷在壶里很容易产生酸馊异味,对壶有害。其二,壶可以吸附热香茶叶中的香气,而喝过的残渣剩味却于茶壶无益。

(3)擦拭。每次清洗后宜用事先备好的干净细棉布或其他较柔细的布进行擦拭,然后在干燥通风且无异味的地方放置,待其阴干后便可继续使用。在平时应以棉布擦拭壶,只有这样才能将壶本身泥质的光泽焕发出来,变得愈发纯朴润雅,与呆滞无光泽的壶相比要赏心悦目得多。如果用油剂或茶水涂之,虽然也会产生光泽,但实际上是油光或垢泽。

(二)玻璃茶具、瓷茶具的养护

对于玻璃茶具和瓷器茶具,每次使用后,应及时清洁,并用干净的抹布擦拭至透亮,千万不可停留时间太长。由于玻璃和瓷器通透光洁,任何茶汁吸附之后都很容易看出来,这样会影响饮茶人的心情。如果已经吸附上茶锈,也不可用钢丝刷用力刷洗,以免将茶具表面刷坏,影响光洁度。对于茶垢,前面介绍过清除方法。

(三)木质茶具的养护

茶具中,木质的茶具主要指茶船和辅助用具(茶则、茶针、茶匙)等,每次用后一定要清洁干净,并用茶巾擦干,置于通风、干燥处,以免霉变。

 课堂讨论

紫砂壶的保养应当注意什么?

要点:

1. 使用新壶时,先用茶汤烫煮。

2. 使用后及时清洁。

3. 经常擦拭,保持光泽。

赛 证 直 通

基础知识部分

一、单项选择题

1. 茶具保养的第一步是(   )。

A. 晾干   B. 彻底清洗   C. 浸泡   D. 保护光泽

2. 以下选项中不是茶具保养的正确方法的是(   )。

A. 让茶具有休息的时间   B. 泡茶后,让茶壶自然干燥

C. 使用粗糙的清洁工具清洗茶具   D. 保持茶具内外的清洁和干爽

二、多项选择题

为了延长茶具的使用寿命,以下措施中可以采取的有(   )。

A. 每次使用后清洗茶具   B. 使用漂白剂清洗茶具

C. 定期对茶具进行彻底清洗   D. 使用专用茶具保养品

三、判断题

1. 清洗陶瓷茶具时,可以使用牙膏来帮助去除茶垢。   (   )

2. 紫砂壶的清洗应避免使用化学洗洁剂,以免破坏壶表面的包浆。   (   )

操作技能部分

一、操作技能考核内容

考 核 项 目	考 核 标 准
茶具清洗和保养	准确掌握各类茶具清洗和保养的知识,茶叶品饮结束对茶具进行清洗和保养

二、任务分析

（1）教师根据茶具实物进行讲解及操作示范。

① 理解重要性。认识清洗和保养茶具对于保持茶具品质和延长使用寿命的重要性。

② 学习知识。了解不同材质茶具的清洗和保养方法。

③ 安全意识。在操作过程中注意个人安全，避免烫伤等。

（2）学生练习清洗步骤。

① 准备工具。准备清洗所需的工具，如软布、刷子、温和的清洁剂等。

② 冷却茶具。在清洗前，确保茶具已经冷却，避免因温差过大导致茶具破裂。

③ 清洗茶具。使用温水冲洗茶具，去除残留的茶叶和茶渍。对于难以清洗的部分，可以使用软布或软刷轻轻刷洗。避免使用硬质刷子或金属丝球，以免刮伤茶具表面。

④ 使用清洁剂。对于顽固的污渍，可以适量使用温和的清洁剂，但要确保冲洗干净，不残留。

⑤ 擦干。清洗后，使用干净的软布轻轻擦干茶具，避免水渍留下痕迹。

⑥ 通风晾干。将茶具放置在通风处自然晾干，避免阳光直射。

⑦ 存放。将茶具妥善存放在干燥、清洁、阴凉的地方，避免灰尘和潮湿。

⑧ 定期检查。定期检查茶具是否有损坏或需要特殊保养的地方。

（3）学生独立完成茶叶冲泡和茶具的清洗。

（4）师生评估清洗步骤是否正确、操作是否熟练。

三、考核方式

1. 根据实训室器具，准备好茶艺冲泡的备水、泡茶、品茶、辅助用具

2. 评分标准：

考 核 内 容	操作分值	实际得分	备　　注
1. 了解茶具保养知识	30		熟悉各类茶具清洗和保养的知识
2. 茶具清洗和保养	50		能够熟练掌握茶具的清洗和保养技能
3. 综合素养	20		工作细致，具有责任感
总　　分	100		

项目小结

通过本项目学习，我们系统地掌握茶具的相关知识体系，包括对不同材质和风格的茶具种类的深入理解，学习如何根据实际需求进行茶具的科学选购与合理搭配，以及茶具的日常清洗与保养流程。

项目五
认知茶艺基础

学习目标

知识目标：1. 了解茶艺基本礼仪。

2. 掌握泡茶的基本步骤与手法。

能力目标：1. 能熟练地运用各种技法为客人冲泡茶水。

2. 能熟练地将中华传统礼仪贯穿于茶的冲泡中。

素养目标：1. 树立正确的艺术观和创作观。

2. 具备以美化人的职业理想。

3. 培养积极弘扬中华美育精神及精益求精的工匠精神。

项目导读

　　中国茶艺是"茶"和"艺"的有机结合，是在传统茶叶冲泡的基础上广泛吸收和借鉴其他艺术形式，并扩展到文学、艺术等领域后形成的具有民族特色的文化。茶艺基础是指泡茶的基本礼仪及操作手法，是茶艺师以人们日常饮茶的习惯为基础，通过艺术加工后，向宾客展现茶的冲泡、品饮等技巧。通过茶艺展示，可以把生活饮茶引向艺术化，提升品茶的境界，赋予茶以更强的灵性和美感。传统的茶艺冲泡过程及礼仪要求较多，不同地区、不同流派也会有较大的区别。大众茶艺则相对简约，普及性较强，礼仪及技法要求规范统一。

　　底蕴深厚的茶礼与茶技是茶人的必备素养，茶艺师如何在温器、投茶、润茶、泡茶、奉茶等五个环节中将中国传统礼仪融入其中，将规范技术娴熟操作；品饮者如何礼貌饮茶，如何用礼仪的动作与姿态与茶人对话是茶艺学习的基础与核心。

2023 年 12 月 22 日,备受瞩目的"凤凰单丛茶"杯茗星茶艺师第十届全国评选大赛年度总决赛在第 28 届深圳国际茶博会上开启。来自全国 18 个中心城市的区域冠军汇聚一堂,为现场观众呈现了一场集视觉、听觉、嗅觉为一体的中华茶艺美学盛宴,立体展现了中国茶艺的非凡之美,深度演绎了中华茶文化的博大精深。这次大赛由广东省凤凰单丛茶跨县集群产业园主办,深圳市华巨臣国际会展集团有限公司牵头举办。

这届大赛在总结往届赛事经验的基础上,不断升级赛事规模、提高赛事影响力、丰富创新比赛内容。比赛更注重评比选手的自主创新能力,以及作品是否有效结合所代表省份的地域特色。比赛中,选手们需自主创作一套具有自主知识产权的茶艺作品,通过茶席设计、茶文化主题阐述、茶艺冲泡、才艺表演、知识问答等形式来展示茶的色、香、味及茶艺美学,为大家带来各自代表省份的茶文化特色。

指间舞动,茶水倾泻。芬芳弥漫中,素手轻盈。一壶茶如一汪清泉,余韵悠长。在赛场上,伴随着优美的旋律,茶艺师们通过巧妙的构思和精心的设计,每一次沏茶、倒茶、奉茶的动作都流畅而优雅,展示了中华茶艺的迷人魅力,为现场观众呈现了一场无与伦比的美学盛宴,让人陶醉其中。

茗星茶艺师全国评选大赛以"弘扬中国茶道精神,呈现中国茶艺之美,坚定中华文化自信"为举办宗旨,已连续举办 10 届,共在 40 多个中国核心城市举办了 200 多场专业赛事,吸引了万余名选手参赛,联动了全国 2 000 多家政府机构、学院高校、茶企茶城、培训机构,250 多位茶界顶级大咖倾情助阵,1 000 余家媒体全方位跟踪报道,累计播放量达百万次,已成为助推中国茶文化发展的标杆赛事,引领茶旅学融合一体化的行业典范,国内茶人切磋技艺、塑造个人 IP 的首选平台。

(资料来源:中华传统茶文化网,经编者整理编写。)

任务一　知茶礼

一、茶艺礼仪的构成

茶艺包括鉴赏茶叶品评技法和艺术操作手段、领略品茗美好环境和整个品茶过程的美好意境,是形式和内容的统一。中国被称作"礼仪之邦",廉、美、和、敬也是中国茶艺的精神体现,在茶艺的选茗、择水、用器、烹茶、环境布置中均需符合中国传统礼仪文化。品茶先要择器,讲究壶与杯的古朴雅致与和谐。品茶还需择境,传统的品茶,环境要求多是风清、月明、松吟、竹韵、梅开、雪霁等种种妙趣和意境。茶礼是将中华文化及精神蕴含于茶艺的动作与技术中,其包含着美学艺术与人的精神寄托。

(一)品茗环境的设计

古往今来,历代名家无不注重品茗环境的选择,企望"景、情、味"三者的有机结合,从而产生最佳的心境和精神状态。品茗环境的营造极其重要,青山秀水、小桥亭榭、琴棋书画、幽居雅室,是茶艺表演最为理想的环境。

品茗的环境一般由建筑物、园林、摆设、茶具、音乐等组成。公共品茗场所,因其层次、格调不一,要求也不一样。对于大众饮茶场所,可入乡随俗,建筑物不必过于讲究,竹楼、瓦房、木屋、草舍等都可以作为公共品茗场所,先决条件是采光好,让人感到明快,室内摆设可以简朴,桌椅板凳整齐清洁即可。大碗茶也好,壶茶也罢,都应干净卫生,物美价廉。至于高档的茶馆就得更讲究一些,室内摆设物品要细致,建筑、隔间要富有特色,庭院或周围景色要美观。

(二)展示要素的设计

茶艺演示要注意位置、顺序、动作。此方面需考虑的相关因素包括:主泡、助泡的位置;出场的顺序;行走的路线、动作幅度;手拿器物的位置;冲泡茶的顺序、动作;敬茶、奉茶的顺序、动作;客人的位置;器物进出的位置、摆放的位置、移动的顺序及路线等。人们往往注意移动的目的地,而忽视了移动的过程,而这一过程正是茶艺演示与一般品茶的明显区别之一。这些位置、顺序、动作,所遵循的原则是合理性、科学性,符合美学原理,遵循"和、静、雅、清"与"廉、美、和、敬"的中国茶艺精神,符合中国传统文化的要求。

二、茶艺礼仪的标准及要求

茶艺礼仪是一种以茶为媒的生活礼仪,也是当下人们修身养性的一种方式,它通过沏茶、赏茶、闻茶、饮茶中的礼仪展示,美心修德,增进友谊。学习茶礼能塑形、静心、静神,有助于陶冶情操、去除杂念。

(一)服务姿态

1.站姿

站姿要求双脚并拢,身体挺直,头上顶,下颌微收,双眼平视,双肩放松。男性双脚微呈八字分开，左手在上，双手虎口交握，置于小腹部；女性右手在上，双手虎口交握，置于胸前。男式和女式站姿如图5-1-1至图5-1-4所示。

茶艺礼仪

图 5-1-1　男式背手式站姿

图 5-1-2　男式握手式站姿

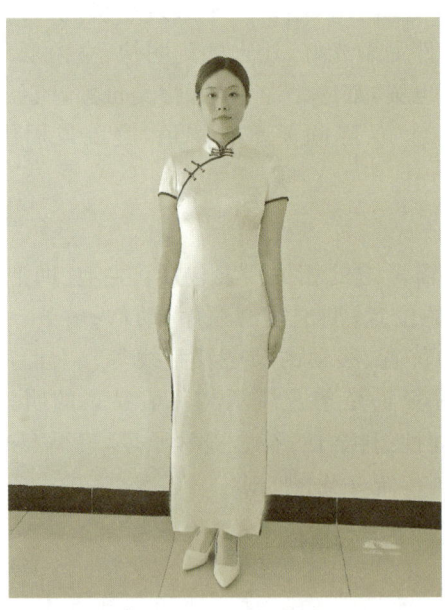

图 5-1-3　女式垂手式站姿

图 5-1-4　女式握手式站姿

2. 走姿

走姿以站姿为基础，切忌上身扭动摇摆，行走应尽量成一条直线，到达客人面前若为侧身状态，需转成正向面对；离开客人时应先退后两步再侧身转弯，切忌当着对方面掉头就走，这样显得非常不礼貌。女性可以双手同"站姿"交握胸前，男性双臂下垂于身体两侧，随走动步伐自然摆动。

3. 坐姿

坐姿要求端坐椅子中央，双腿并拢，上身挺直，双肩放松，头正，下颌微敛，舌头抵上颚，眼平视或略垂视，面部表情自然。女性右手在上，双手虎口交握，置放胸前或面前桌沿；男性双手分开如肩宽，半握拳轻搭于前方桌沿。全身放松，调匀呼吸、集中思想。如果作为客人被让于沙发就座，则女性可正坐，或双腿并拢偏向一侧斜坐，双脚可以交叉，双手如前交握轻搭腿根；男性可双手搭于扶手上，两腿自然平放。女式坐姿和男式坐姿如图5-1-5、图5-1-6所示。

图5-1-5 女式坐姿

图5-1-6 男式坐姿

4. 鞠躬

鞠躬时，左脚先向前，右脚靠上，左手在里，右手在外合起。鞠躬时缓缓弯腰，直起时眼看脚尖，缓缓直起，面带微笑。俯下和起身速度一样，动作轻松，自然柔软。

5. 奉茶

奉茶服务中注意捧杯要稳，站立时身子要直，走路要轻，动作要雅。伴微笑致意，对客人主动招呼，用语礼貌，声音适中。招呼客人请用茶，敬茶礼仪要好，无论有柄或无柄茶杯、茶盅，下面都要加托盘。

（二）服务及品饮礼仪

1. 鞠躬礼

鞠躬礼分为站式、坐式和跪式三种。根据行礼的对象分成"真礼"（用于主客之间）、"行礼"（用于客人之间）与"草礼"（用于说话前后）。站立式鞠躬与坐式鞠躬比较常用，其动作要领是：两手平贴大腿徐徐下滑，上半身平直弯腰，弯腰时吐气，直身时吸气。弯腰到位后略作停顿，再慢慢直起上身。行礼的速度宜与他人保持一致，以免出现不谐调感。"真礼"要求行九十度礼，"行礼"与"草礼"弯腰程度较低。在参加茶会时会用到跪式鞠躬礼。"真礼"以跪坐姿势为预备，背颈部保持平直，上半身向前倾斜，同时双手从膝上渐渐滑下，全手掌着地，两手指尖斜对，身体倾至胸部与膝盖间只留一拳空当（切忌低头不弯腰或弯腰不低头）。稍作停顿慢慢直起上身，弯腰时吐气，直身时吸气。"行礼"两手仅前半掌着地，"草礼"仅手指第二指节以上着地即可。坐式鞠躬礼如图5-1-7所示。

图5-1-7 坐式鞠躬礼

伸掌礼

2. 伸掌礼

伸掌礼是品茗过程中使用频率最高的礼节,表示"请"与"谢谢",主客双方都可采用。两人面对面时,均伸右掌行礼对答。两人并坐时,右侧一方伸右掌行礼,左侧方伸左掌行礼。伸掌姿势为:将手斜伸在所敬奉的物品旁边,四指自然并拢,虎口稍分开,手掌略向内凹,手心中要有含着一个小气团的感觉,手腕要含蓄用力,不至显得轻浮。行伸掌礼同时应欠身点头微笑,讲究一气呵成。

3. 叩指礼

叩指礼

叩指礼,也叫叩手礼,是从古时中国的叩头礼演化而来的,叩指即代表叩头。早先的叩指礼是比较讲究的,必须屈腕握空拳,叩指关节。随着时间的推移,逐渐演化为将手弯曲,用几个指头轻叩桌面,以示谢忱。

4. 寓意礼

寓意礼是寓意美好祝福的礼仪动作,最常见的有以下几种。

凤凰三点头。用手提壶把,高冲低斟反复三次,寓意向来宾鞠躬三次,以示欢迎。高冲低斟是指右手提壶靠近茶杯口注水,再提腕使开水壶提升,此时水流如"酿泉泄出于两峰之间",接着仍压腕将开水壶靠近茶杯口继续注水。如此反复三次,恰好注入所需水量,即提腕断流收水。

双手回旋。在进行回转注水、斟茶、温杯、烫壶等动作时用双手回旋。若用右手则必须按逆时针方向,若用左手则必须按顺时针方向,类似于招呼手势,寓意"来、来、来"表示欢迎。反之则变成暗示挥斥"去,去、去"了。

放置茶壶时壶嘴不能正对他人,否则表示请人赶快离开。

斟茶时只斟七分即可,暗寓"七分茶三分情"之意。俗话说"茶满欺客",茶满不便于握杯啜饮。

三、茶事接待礼仪

茶事的种类繁多,古代有"三时茶"之说,即按三顿饭的时间分为朝会(早茶)、书会(午茶)、夜会(晚茶);现在则有"茶事七事"之说,即:早晨的茶事、拂晓的茶事、正午的茶事、夜晚的茶事、饭后的茶事、专题茶事和临时茶事。常规茶事服务也分为茶馆和会议两种,是茶道的所有可以直观的形式的总和。

(一)茶馆茶事接待礼仪

1. 出场顺序

出场时,前后为助泡,主泡居中。表演时,主泡居中,左右两助泡,站成品字形。也可只有一助泡,根据助泡的位置确定出场顺序。

2. 出场介绍

讲解站在演示台左侧,眼睛从右到左扫视一周,问好,后退一步,鞠躬,先介绍主泡,再介绍助泡(分别向前一步鞠躬),再介绍茶名。

(二)会议茶事服务接待礼仪

会议作为商业服务活动,每一个环节中都有礼仪问题牵涉其中,会议茶水服务中应把握斟茶方式、水量、时机以体现组织会议方的风范和礼仪。

1. 上茶

上茶前,先要对茶水质量把关,注意茶水温度要适当,不能是凉茶,以免客人误会。茶叶量应该适中,不宜过多或过少,如果客人主动介绍自己喜欢喝浓茶或淡茶的习惯,那就按照客人的口味把茶冲好。

2. 斟茶

按先宾后主,女士优先原则,在顾客右侧服务,服务员右手提茶壶,左手手翻茶杯为宾客斟倒茶水。茶水应斟倒七分满,不将茶杯拿离桌面斟倒。注意观察斟倒的第一杯茶的颜色,如果颜色较淡,应立即更换。

3. 添茶

会议添茶的时候应该在与会人员的右后方倒茶,在靠近之前,应该先提示一下,以免对方突然向后转身而躲避不及,弄掉杯具。

添水时,如果是有盖的杯子,则用右手中指和无名指将杯盖夹住,轻轻抬起,大拇指、食指和小拇指将杯子取起,侧对客人,在客人右后侧方,用左手添满杯子,同样摆放在饮茶者右手上方5～10厘米处,有柄的则将其转至右侧。

4. 饮茶礼仪

如果是女士的话,杯子的拿法应该是右上左下,即右手握手着杯子的二分之一处,左手拖着杯子底部;如果是男士的话,则双手水平拱握着杯子的二分之一处,摆放在饮水者右手上方5～10厘米处,有柄的则将其转至右侧,便于取放。

 **知识拓展**

茶礼小技巧

(1)品茗活动前,冲泡者应落落大方又不失礼貌地自报家门,最常用的开场白是"大家好! 我叫某某,很高兴能为大家泡茶。有什么需要我服务的,请尽管吩咐。"冲泡开始前,应简要地介绍一下所冲泡的茶叶名称,以及这种茶的文化背景、产地、品质特征、冲泡要点等。但介绍内容不宜过多,要语言精练,语意正确,语调亲切,使饮者感到茶艺是一种高雅的享受。在冲泡过程中,对每一道程序,要用一两句话加以说明,特别是对一些富有寓意的操作程序,更应及时指明,起到画龙点睛的作用。当冲泡完毕,客人还需要继续品茶,而冲泡者不得不离开时,应征求客人的意见,如"请慢用""随时恭候您的吩咐""我可以离开吗?"这样显示出对客人的尊重。

(2)主人在泡茶待客前,应先拿出一些名优茶放在茶盘中,供客人挑选,同时让客人仔细欣赏茶的外形、色泽并品鉴其干香。

(3)将茶筒中的茶叶放入壶或杯中,应使用竹或木制的茶匙摄取,不要用手抓。若没有茶匙,可将茶筒倾斜对准壶或杯轻轻抖动,使适量的茶叶落入壶或杯中,这是讲卫生、讲文明的表现。

(4)将泡好的茶端给客人时,最好使用托盘,若不用托盘,注意不要用手指接触杯沿。端至客人面前,应略躬身,说"请用茶"。也可伸手示意,同时说"请"。

(5)客人在主人请自己选茶、赏茶或主人敬茶时,应在座位上略欠身,并说"谢谢"。如人多、环境嘈杂时,也可行叩指礼表示感谢。品茗后,应对主人的茶叶、泡茶技艺和精美的茶具表示赞赏。告辞时要再一次对主人的热情款待表示感谢。

5

赛 证 直 通

基础知识部分

一、单项选择题

1.（　　）三者的有机结合能带给品茶者最佳的心境和精神状态。

A. 茶、水、具　　　　B. 景、情、味　　　　C. 花、茶、具　　　　D. 人、技、景

2. 将手弯曲,用指头轻叩桌面,以示谢谢的茶礼是(　　)。

A. 伸掌礼　　　　B. 叩指礼　　　　C. 寓意礼　　　　D. 指尖礼

二、多项选择题

1. 下列属于中国茶艺精神的有(　　　　)。

A. 廉　　　　B. 美　　　　C. 和　　　　D. 敬

2. 鞠躬礼分为(　　　　)。

A. 站式　　　　B. 坐式　　　　C. 跪式　　　　D. 蹲式

三、判断题

1. 敬茶时,若为茶盅便可不使用托盘。　　　　　　　　　　　　　　　　　　(　　)

2. "凤凰三点头"为茶艺冲泡技艺,不属于茶礼。　　　　　　　　　　　　　　(　　)

操作技能部分

一、操作技能考核内容

考 核 项 目	考 核 标 准
茶馆茶事礼仪	准确掌握茶馆茶事礼仪标准,要求动作规范熟练、优雅
会议茶事礼仪	准确掌握会议茶事礼仪标准,要求动作规范熟练、优雅

二、任务分析

1. 茶馆茶事礼仪:站姿、走姿、坐姿、鞠躬、奉茶礼仪训练。

2. 会议茶事礼仪:上茶、斟茶、添茶、饮茶礼仪训练。

三、考核方式

1. 实训室展示礼仪动作。

2. 评分标准。

(1) 茶馆茶事礼仪。

考核内容	操作分值	实际得分	备 注
1. 站姿	20		双脚并拢身体挺直,头上顶,下颌微收,双眼平视,双肩放松。女性右手在上,双手虎口交握,置于胸前;男性双脚微呈八字分开,左手在上,双手虎口交握置于小腹部

续 表

考核内容	操作分值	实际得分	备 注
2. 走姿	20		迈步要稳,两脚自然成两直线平行,步幅小,步子轻,以一脚掌大小为宜,不左右摇晃,用余光辨方向,找目标,以每分钟120步左右为宜,不宜太快或太慢
3. 坐姿	20		身子要正,自然而挺直地坐在椅面的前1/3部位,两腿、双膝并拢
4. 鞠躬	20		左脚先向前,右脚靠上,左手在里,右手在外合起。缓缓弯腰,直起时眼看脚尖,缓缓直起,面带微笑。俯下和起身速度一样,动作轻松,自然柔软
5. 奉茶	20		服务中注意捧杯要稳,站立时身子要直,走路要轻,动作要雅。伴微笑致意;对客人主动招呼,用语礼貌,声音适中。招呼请用茶;敬茶礼貌好,无论有柄或无柄茶杯、茶盅,下面都要加托盘
总 分	100		

（2）会议茶事礼仪。

考核内容	操作分值	实际得分	备 注
1. 上茶	30		茶水温度适宜,茶叶量适中
2. 斟茶	25		遵循先宾后主,女士优先原则,在顾客右侧服务,服务员右手提茶壶,左手手翻茶杯为宾客斟倒茶水。茶水应斟倒八分满,不将茶杯拿离桌面斟倒
3. 添茶	25		右后方倒茶,提前提示客人;有盖杯子添水方法正确,摆放位置正确
4. 饮茶	20		饮茶握杯方法正确
总 分	100		

任务二 懂茶技

置身于一个清幽的环境,茶好、水灵、具精和正确的泡茶技艺是造就一杯好茶的重要条件。当今的品茗活动已不是单纯的饮茶了,而是一门综合的生活艺术。

一、茶艺的类别

茶艺,是在茶事活动中的以茶叶为中心的全部操作形式的总称。可以把茶艺概括为茶道的表现手法或形式,根据其服务对象的不同,可以分为以下四类。

（一）表演型茶艺

表演型茶艺是指一个或多个茶艺师为众人演示泡茶技巧，其主要功能是聚焦传媒，吸引大众，宣传普及茶文化，推广茶知识。这种茶艺的特点是适合用于大型聚会、节庆活动，与影视网络传媒结合，能起到宣传茶文化及中华优秀传统文化的良好效果。

表演型茶艺重在视觉观赏价值，同时也注重听觉享受。它要求源于生活，高于生活，可借助舞台表现艺术的一切手段来提升茶艺的艺术感染力。

（二）待客型茶艺

待客型茶艺，是指由一名主泡茶艺师与客人围桌而坐，一同赏茶鉴水，闻香品茗。在场的每一个人都是茶艺的参与者，而非旁观者，都直接参与茶艺美的创作与体验，都能充分领略到茶的色香味韵，也都可以自由交流情感，切磋茶艺，以及探讨茶道精神和人生奥义。

这种类型的茶艺最适用于茶艺馆、机关、企事业单位及普通家庭。学习这类茶艺时，切忌带上表演型茶艺的色彩。讲话和动作都不可矫揉造作，服饰化妆不可过浓过艳，表情最忌夸张，一定要像主人接待亲朋好友一样亲切自然。这类茶艺要求茶艺师能边泡茶，边讲解，客人可以自由发问，随意插话，所以要求茶艺师要具备比较丰富的茶艺知识和较好的与客人沟通的能力。

（三）营销型茶艺

营销型茶艺，是指通过茶艺来促销茶叶、茶具、茶文化。这类茶艺是最受茶厂、茶庄、茶馆欢迎的一种茶艺。演示这类茶艺，一般要选用审评杯或三才杯（盖碗），以便最直观地向客人展示茶性。这种茶艺没有固定的程序和解说词，而是要求茶艺师在充分了解茶性的基础上，因人而异，看人泡茶，看人讲茶。看人泡茶，是指根据客人的年龄、性别、生活地域冲泡出最适合客人口感的茶，展示出茶叶的色香味韵。看人讲茶，是指根据客人的文化程度，兴趣爱好，巧妙地介绍好茶的名贵度、知名度、珍稀度、保健功效及文化内涵等，以激发客人的购买欲望，产生"即兴购买"的冲动，甚至"惠顾购买"的心理。

营销型茶艺要求茶艺师诚恳自信，有亲和力，并具备丰富的茶叶知识和高明的营销技巧。

（四）养生型茶艺

养生型茶艺包括传统养生茶艺和现代养生茶艺。传统养生茶艺，是指在深刻理解中国茶道精神的基础上，结合中国佛教、道教的养生方法，如调身、调心、调息、调食、调睡眠等方法，使人们在修习这种茶艺时以茶养身，以道养心，修身养性，延年益寿。现代养生型茶艺，是指根据现代中医学最新研究的成果，根据不同花、果、香料、草药的性味特点，调制出适合客人身体状况和口味的养生茶。养生型茶艺提倡自泡、自斟、自饮、自得其乐，深受越来越多茶人的欢迎。

二、初习茶艺操作步骤

传统的茶艺礼序过程很多，不同地区、不同流派也都会有区别，而普及性大众茶礼则相对简约。一般茶艺老师都会逐一演示泡茶基本手势及过程，由于能直接参与冲泡过程，以及面对面的体验，初学者更能领略茶艺乐趣。

第一步，温器。煮水器专为煮水而设，然后注入盖杯中，再将盖杯水注入公道壶、茶杯内，最后再倒进茶海，这一步骤称为温润器皿。

第二步，投茶。先将茶叶倒在茶则上，再利用茶匙逐步将茶叶放入盖杯内。如果是其他紧压类的茶，应该先将茶叶闷在壶中进行醒茶。温杯时拿小杯子一定要注意，不要将手碰到杯壁边缘，将小杯子顺时针方向旋转。

第三步，润茶。茶艺师将沸水高冲至壶中，这样可以充分激荡茶汤，让茶叶在壶中翻滚，然后盖上杯盖，快速将润茶的水倒入茶海，然后弃于水盂中。这第一泡茶即为"温润泡"，不作饮用。

第四步，泡茶。定点注水至茶壶的八分满，静待 3 秒钟之后，再将盖杯茶汤注入公道壶，此时一定要注意壶中的水一定要滤干净，否则会影响下一道茶汤的滋味，然后从左到右将茶倒入各个茶杯内，茶水需七分满。

第五步，奉茶。双手奉茶，奉茶时一定要注意，第一杯一般要敬奉给长辈，然后依次从左至右给客人奉茶，最后自己一定要留一杯，置于身体左下侧，左手食指和拇指捏住杯子边缘，右手中指抵住杯子底部，一杯茶分三次慢慢品饮。

三、茶叶冲泡基本技艺

（一）取茶技艺及手法

在茶叶冲泡中，取茶环节也是十分讲究的。切忌直接将手伸入茶中去取，这样不仅会破坏茶叶的清雅，还会将异味和湿气带入茶中，使得珍藏许久的茶很快变质，造成不可挽回的遗憾。

茶则取茶

1. 取散装茶

散茶取茶时，可以用茶道六君子中的茶则、茶匙从茶叶罐中取茶，既卫生又体现高雅。也可从罐中直接倒出。若是小袋茶，则可使用剪刀剪开封口，倒出茶叶。

（1）借物取茶。左手取茶叶罐，右手将茶叶罐盖揭开置于茶巾上。右手取茶则、茶匙，注意将茶商标面朝客人，将茶叶取出置于茶荷。盖好茶叶罐，将茶叶罐放归原位。一般取颗粒形茶，用茶则取茶；取茶条粗大、长条形茶，用茶匙取茶；取粉茶则可用茶匙取茶。

茶匙取茶

（2）旋转取茶。左手取茶罐，右手将茶罐揭开置于茶巾上。双手握住茶罐，注意将茶标面朝客人，缓慢旋转倒出茶叶，控制好茶量。取茶结束后盖好茶罐，将茶罐放归原位。

（3）小袋茶取茶。一是利用剪刀将小袋茶的背面弧形剪开，倒出茶叶于茶荷中，保证茶叶小袋的完整度；二是将茶袋弧形全部剪开。

旋转取茶

2. 取紧压茶

（1）茶饼。茶饼取茶使用的工具是茶刀。拿到茶饼后，正面向上背面向下，双手按压茶饼，可呈米字型或 O 型反复多次按压，使茶饼松动，如此有利于茶刀更好插入茶饼。随后拆开棉纸，左手放置茶饼中间凹陷部分，右手取茶刀由凹陷处插入，由内向外轻轻撬动，插入角度尽量与饼面保持平行。使用巧劲将茶取出，放置茶荷。封好剩余茶饼，将茶饼放归原位。

（2）茶砖。茶砖取茶使用的工具是茶刀。将茶刀沿茶砖侧面边缘插入，稍微用力，把茶刀往茶饼里推进一些；向上用力，把茶砖撬开剥落；顺着茶叶的间隙，一层一层的撬开。如果只是普通的茶砖，可以将茶砖放置微波炉微微加热，茶砖受热膨胀便会蓬松，用茶刀轻撬即可。但要注意火候，避免烧糊。

（二）温杯技艺及手法

1. 温玻璃杯

向杯中注入三分之一杯开水，再右手持杯，左手托底，逆时针温杯洁具，再将杯中洗杯水倒在茶盘或水盂中。

2. 温盖碗

温盖碗(一)

温盖碗常见的有三种方法。第一种是揭盖顿于胸前,使手肘平行桌面与身体,右手执煮水器,于盖碗六点位置开始逆时针画圈注水,注水至七成满。盖上盖碗,碗盖侧边留一条小缝,左手大拇指与中指捏住盖碗杯沿的内外两侧,食指按住盖子的顶端,右手托住碗底,轻摇盖碗温碗。第二种是将沸水直接浇在碗盖上,利用热胀冷缩原理使盖碗上下跳动,随后将盖碗留出小缝,便于将水倒出。第三种是将碗盖翻转,先注水到七八成,再用茶针将盖碗的茶盖翻正。

温盖碗(二)

3. 温壶

左手揭盖将壶放于盖置上或托于胸前,然后向壶中注入开水,再盖上壶盖,轻摇后再将温壶水倒入公道杯中。注意如果注满开水,则不用轻摇。

环壁注水

(三) 注水技艺及手法

1. 环壁注水

环壁注水时,壶嘴距碗 2 厘米,六点钟方向逆时针轻缓画圈注水。

这种方法适宜冲泡白牡丹,白毫银针和较嫩的绿茶(如龙井、碧螺春等)以及黄茶。

2. 定点低冲

定点低冲

定点低冲时,壶嘴贴近碗口固定一个点(一般多为三点钟方向),向没有茶叶的地方注水,细流慢冲,茶的内质释放舒缓、协调,这样泡出的茶汤汤感更有细腻度。

这种方法适宜冲泡黑茶、熟普以及出汤快的碎茶。

3. 定点高冲

定点高冲时,壶嘴选择一点,尽量避开茶叶,提高水壶高度,定点注水,水流高冲,使茶叶上下翻滚,利于茶叶舒展、激发茶香。增加茶汤的饱满度、丰富度。但要避免直接击打茶叶。

定点高冲

这种方法适宜冲泡高香型的茶,例如芽型红茶、球型乌龙茶等。

4. 定点旋冲

定点旋冲时,煮水器壶口内斜与盖碗壁呈 45°角定点注水,借力发力,让水呈涡流般旋转,用水带动条索型茶叶有秩序地排列,并且均匀地释放内质,将角度和力度结合,呈现汤感的协调性、层次感。

定点旋冲

这种方法适宜冲泡条索型的乌龙茶、红茶(叶型)等,能让条索型的茶在水流的作用下整理得有秩序。

5. 螺旋注水

螺旋注水时,壶嘴从碗中心开始逆时针画圈。

这种方法适宜冲泡一般绿茶,紧压茶以及其他茶的后几泡,使茶汤味更浓。

螺旋注水

6. 正心定点注水

正心定点注水时,壶嘴距碗 2 厘米,在正中心一个固定位置注水。

这种方法适宜冲泡香气比较丰富的红茶,如祁红、英红。

正心定点
注水

(四) 摇香技艺及手法

1. 上下摇香

上下摇香

上下摇香也叫专业摇香,双手执盖碗,上下摇动三次,这种方法常用于条索紧结完整的茶叶。

2.横向摇香

右手拇指、食指和中指三指执盖碗,在胸前横向摇香三次,这种方法常用于碎茶或颗粒型茶。

3.弧形摇香

弧形摇香也叫通俗摇香,右手执盖碗,向斜上方轻缓摇动,上下三次为宜。

横向摇香

弧形摇香

(五)清洗品茗杯技艺及手法

1.单手清洗

右手执杯,左手托住杯底使杯子朝自己身体一方倾斜,以逆时针方向画圈清洗,清洗完在茶巾上擦拭一下杯底的水,随后将其放回原位。

单手清洗
品茗杯

2.双手清洗

双手同时执杯,同时内旋画圈清洗,清洗完同时在茶巾上擦拭一下杯底的水,随后分别将其放回原位。

3.茶夹清洗

右手执茶夹握于掌心,手持于距离前端2~3厘米的位置,夹取小而薄的品茗杯靠近身体这一侧,并转动品茗杯三次,将水倒掉,视情况在茶巾上擦拭杯底,再放回原位。

双手清洗
品茗杯

赛 证 直 通

基础知识部分

一、单项选择题

1.初习茶艺操作步骤为(　　　)。

A. 温器、投茶、泡茶、润茶、奉茶

B. 投茶、温器、润茶、泡茶、奉茶

C. 温器、投茶、润茶、泡茶、奉茶

D. 投茶、润茶、温器、泡茶、奉茶

2.定点低冲属于(　　　)技艺手法。

A. 注水　　　　　　　　　　　B. 温杯

C. 摇香　　　　　　　　　　　D. 奉茶

二、多项选择题

1.茶艺的类别有(　　　　　　)。

A. 表演型茶艺　　　　　　　　B. 待客型茶艺

C. 营销型茶艺　　　　　　　　D. 养生型茶艺

2.以下手法中属于注水技艺的有(　　　　　)。

A. 定点低斟　　　　　　　　　B. 淋霖醒壶

C. 螺旋注水　　　　　　　　　D. 祥龙行雨

三、判断题

1.奉茶时一定要注意双手将所有泡出的茶敬奉给宾客。　　　　　　　　　(　　　)

2.环壁注水适合冲泡乌龙茶。　　　　　　　　　　　　　　　　　　　　(　　　)

操作技能部分

一、操作技能考核内容

考 核 项 目	考 核 标 准
取茶	准确掌握取茶技术标准,要求动作规范熟练
温杯	准确掌握温杯技术标准,要求动作规范熟练
注水	准确掌握注水技术标准,要求动作规范熟练
摇香	准确掌握摇香技术标准,要求动作规范熟练
清洗品茗杯	准确掌握清洗品茗杯技术标准,要求动作规范熟练

二、任务分析

取茶、温杯、注水、摇香、清洗品茗杯基本动作手法训练。

三、考核方式

1. 实训室展示茶叶冲泡基本动作。

2. 评分标准:

考 核 内 容	操作分值	实际得分	备 注
1. 取茶	20		1. 取散装茶 (1) 茶则取茶 (2) 旋转倒茶 2. 取紧压茶
2. 温杯	20		1. 温玻璃杯 2. 温盖碗 3. 温壶
3. 注水	20		1. 环壁注水 2. 定点低冲 3. 定点高冲 4. 定点旋冲 5. 螺旋注水
4. 摇香	20		1. 专业摇香 2. 横向摇香 3. 通俗摇香
5. 清洗品茗杯	20		1. 右手执杯 2. 双手同时执杯 3. 茶夹洗杯
总 分	100		

项目小结

　　本项目从茶艺师基础技术技能学习和训练出发,使茶艺初学者能了解茶艺服务基本仪态及礼仪的要求,掌握泡茶的基本步骤与手法,能熟练地运用各种技法为客人冲泡茶水并将中华传统礼仪贯穿服务与展示过程中。

5

▶ 项目六
茶叶冲泡

学习目标

知识目标：1. 了解绿茶、黄茶、白茶、青茶、红茶、黑茶和花茶的制作工艺。

2. 掌握绿茶、黄茶、白茶、青茶、红茶、黑茶和花茶的冲泡技法。

3. 掌握不同茶类的品饮功效。

能力目标：1. 能为客人介绍绿茶、黄茶、白茶、青茶、红茶、黑茶和花茶的代表性茶品。

2. 能为客人冲泡绿茶、黄茶、白茶、青茶、红茶、黑茶和花茶。

3. 能为客人介绍和推广中国名茶，引导茶客消费。

素养目标：1. 培养在泡茶过程中的安全意识、服务意识、审美情趣。

2. 增强对于中国优秀传统茶文化的认知和解读能力。

3. 通过对不同茶类的深入学习，增强对我国茶文化的认同感和自豪感，增强文化自信。

项目导读

中国是世界上最早发现和利用茶的国家，在源远流长的茶文化发展过程中逐渐形成了白茶、绿茶、青茶(乌龙茶)、红茶、黄茶、黑茶和再加工茶类。本项目通过对每种茶类的起源、发展历史、加工工艺、品质特征、品饮方法和健康功效等多方面的阐述，使我们全面了解中国的六大茶类和再加工茶类，掌握不同茶类的基础知识和品鉴方式。本项目凸显我国茶文化的深厚底蕴和深远影响，提升我们对我国茶文化的解读、分享和传播能力，增强文化自信。

北京时间 2022 年 11 月 29 日晚,我国申报的"中国传统制茶技艺及其相关习俗"在摩洛哥拉巴特召开的联合国教科文组织保护非物质文化遗产政府间委员会第 17 届常会上通过评审,列入联合国教科文组织人类非物质文化遗产代表作名录。"中国传统制茶技艺及其相关习俗"是有关茶园管理、茶叶采摘、茶的手工制作,以及茶的饮用和分享的知识、技艺和实践。中国是世界上最早种植茶树和制作茶叶的国家,茶文化深深融入中国人生活,成为传承中华文化的重要载体。联合国教科文组织官网这样写道:茶在中国人的日常生活中无处不在。人们采用泡、煮等方式,在家庭、工作场所、茶馆、餐厅和寺院等场所饮用茶。茶是社交领域以及婚礼和祭祀等仪式的重要组成部分。通过与茶相关的活动,招待客人并在家庭内部和邻里之间建立关系的做法,在许多民族中常见,为人们提供一种共同的认同感和连续性。自古以来,中国人就开始种茶、采茶、制茶和饮茶。制茶师根据当地风土,运用杀青、闷黄、渥堆、萎凋、做青、发酵、窨制等核心技艺,发展出绿茶、黄茶、黑茶、白茶、乌龙茶、红茶六大茶类及花茶等再加工茶,2 000 多种茶品,供人饮用与分享,并由此形成了不同的习俗,世代传承,至今贯穿中国人的日常生活、仪式和节庆活动中。

(资料来源:中国日报 2022 年 11 月 30 日报道,经编者整理编写。)

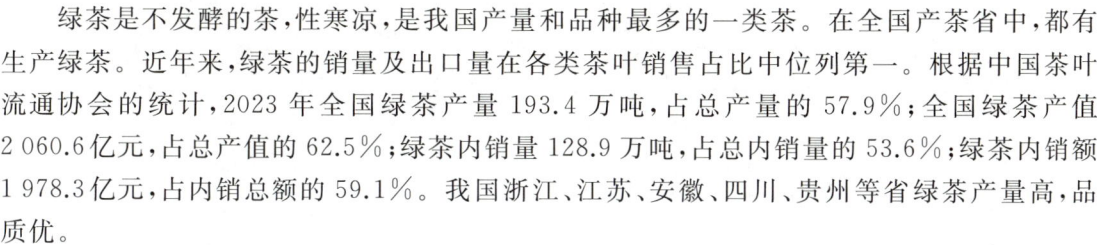

任务一　　绿 茶 冲 泡

一、基础知识

（一）绿茶概述

绿茶是不发酵的茶，性寒凉，是我国产量和品种最多的一类茶。在全国产茶省中，都有生产绿茶。近年来，绿茶的销量及出口量在各类茶叶销售占比中位列第一。根据中国茶叶流通协会的统计，2023 年全国绿茶产量 193.4 万吨，占总产量的 57.9%；全国绿茶产值 2 060.6 亿元，占总产值的 62.5%；绿茶内销量 128.9 万吨，占总内销量的 53.6%；绿茶内销额 1 978.3 亿元，占内销总额的 59.1%。我国浙江、江苏、安徽、四川、贵州等省绿茶产量高，品质优。

（二）绿茶生产史

我国茶叶生产，以绿茶为最早。自唐代开始，便采用蒸汽杀青的方法制造团茶，后来又出现蒸青散茶。宋代后期，蒸青法传到日本，一直保留到现在，用这种方法加工的茶叶"颜色翠绿、汤色碧绿、叶底嫩绿"。到了明代，我国又发明了炒青、烘青制法，此后便逐渐淘汰了蒸青。

（三）绿茶制作工艺

绿茶初制工艺为：杀青→揉捻→干燥。

制作绿茶的鲜叶，一般以单芽、一芽一叶、一芽二叶为原料。

杀青有四种方法，分别为炒青、晒青、烘青和蒸青，目前，我国绿茶大多采用炒青方法杀青。烘青绿茶主要是用来制作花茶的茶坯。

杀青是决定制成绿茶品质好坏的关键。所谓杀青，就是用高温破坏鲜叶中酶的活性，制止酶促进鲜叶中内含物质的氧化变化，以保持茶叶原有的青绿色。

揉捻是多数绿茶加工的一个必要工序，其主要目的是卷紧条索，为干茶成条打好基础，适当破坏茶叶组织，使制成的干茶既容易泡出茶汁，又有一定的耐泡程度，揉捻有手工揉捻和机器揉捻两种。

干燥是形成绿茶的最后一道工序。干燥在制茶过程中，不能单纯地认为仅是去除茶叶中的水分，而是在去除水分的同时，使外形上有显著的改变，且内质向有利于绿茶的品质变化。绿茶的干燥方法有炒干、烘干、晒干等。

（四）绿茶名优茶品

绿茶名优茶品有西湖龙井、黄山毛峰、六安瓜片、太平猴魁、信阳毛尖、洞庭碧螺春、蒙顶甘露、峨眉竹叶青、安吉白茶等。

1. 西湖龙井

西湖龙井是中国十大名茶之一，是具有深厚历史文化底蕴的物质文化遗产。其历史悠久，最早可追溯到唐代。西湖龙井产于浙江省杭州市西湖风景区一带，享有"色翠、形美、香郁、味醇"四绝。西湖龙井茶采摘的特点是早、嫩、勤,具有提神、生津止渴、降脂、降胆固醇等功效。西湖龙井主要品牌有狮峰龙井(如图 6-1-1 所示)、梅家坞龙井(如图 6-1-2 所示)、云栖龙井和虎跑龙井。

图 6-1-1　狮峰龙井

图 6-1-2　梅家坞龙井

图 6-1-3　竹叶青

2. 竹叶青

竹叶青产于四川省峨眉山,主产区为海拔 800～1 200 米的清音阁、白龙洞、万年寺、黑水寺一带。鲜叶采摘及适当摊放后,经高温杀青、三炒三凉,采用抖、撒、抓、压、带条等手法,做形干燥。竹叶青外形扁平光滑、挺直秀丽、形似竹叶,色泽嫩绿油润,冲泡后汤色绿黄明亮,滋味鲜嫩醇爽,香气为清香带栗香,叶底嫩匀绿。有生津止渴、化痰、消炎、利尿等功效。竹叶青如图 6-1-3 所示。

 知识拓展

竹叶青命名

1964 年 4 月 20 日,陈毅一行途经四川,来到峨眉山时,在山腰的万年寺休息。老和尚泡了一杯新采的当地土茶送到陈毅手里,一股馨香扑鼻袭来,陈毅笑盈盈地喝了两口,味醇回甘、清香沁脾,顿觉心旷神怡,劳倦全消,连问:"这茶产在哪里?"老和尚答道:"此茶是我们峨眉山的土产,用独特工艺精制而成。"

陈毅又问:"此茶啥个名字?"老和尚答:"还没有名字呢!请首长赐个名字吧!"陈毅推辞道:"我是俗人、俗口、俗语,登不得大雅之堂。"

经老和尚再三请求,陈毅高兴地说:"我看这茶形似竹叶,青秀悦目,就叫'竹叶青'吧!"

3. 蒙顶甘露

"琴里知闻唯渌水,茶中故旧是蒙山",蒙顶甘露是中国最古老的名茶,被尊为"名茶先驱",产于四川雅安蒙顶山。蒙顶甘露在每年春分时节,苞叶初开时采摘,沿用明朝的"三炒三揉"制法,工艺程序包括采摘、摊晾、杀青。蒙顶甘露条索卷曲,多白毫,色泽嫩绿油润,冲泡后汤色微黄明亮,滋味鲜爽回甘,具有嫩嫩的栗香味。该茶具有清热解毒、抗衰老、防辐射、降血脂等功效。蒙顶甘露如图6-1-4所示。

图6-1-4　蒙顶甘露

图6-1-5　太平猴魁

4. 太平猴魁

太平猴魁是中国十大名茶之一。产于安徽省黄山市黄山区,每片茶都是两叶抱一芽,芽藏而不露,有"猴魁猴魁两头尖,不散不翘不卷边"的美誉。由于该茶的品质位于尖茶的魁首,首创人又名叫魁成,产于原太平县猴坑、猴岗一带,故此茶称为"太平猴魁"。太平猴魁的制作步骤分为:采摘、杀青、揉捻、捏尖整型、毛烘、足烘、复焙。叶色苍绿匀润,叶脉绿中隐红,俗称"红丝线"。太平猴魁成品茶挺直,两端略尖,扁平匀整,肥厚壮实,全身白毫,茂盛而不显,含而不露,色泽苍绿,叶主脉呈猪肝色,宛如橄榄;冲泡后茶汤清绿明亮,兰香高爽。饮用后有提神解倦、解毒降火、清新口气、消炎、利尿等功效。太平猴魁如图6-1-5所示。

5. 六安瓜片

六安瓜片是中国十大名茶之一,产于安徽六安。它是中国烘青绿茶的典型代表,在所有茶叶中,六安瓜片是唯一无芽无梗的单叶茶,它的"单片叶"的选料以及"拉老火"的工艺,在中国茶叶中独树一帜。由于此茶的干茶外形像葵花籽,俗称"瓜子片",因此被称为"六安瓜片"。六安瓜片的采摘,通常在谷雨前后,采摘时只取第二、三叶,求"壮"不求"嫩",这样的叶片光合作用充分,生长时间长,因而它相对芽尖的茶叶来说,茶香更浓郁,味道更醇厚,营养也更加丰富。对于爱喝茶的人来说,这种浓厚的口感,特别受欢迎。六安瓜片的制作工艺非常复杂,过去有七道大的工序,即采摘、扳片、炒生锅、炒熟锅、拉毛火、拉小火、拉老火。现在取消了"扳片"这个环节,仍有六道工序。特别是拉老火,需要反复进行几十次的抬篮烘烤,不仅过程复杂,而且对技术的要求也非常高。目前,六安瓜片的制作技艺,已经列入联合国教科文组织"人类非物质文化遗产"代表名录。六安瓜片饮用后,具有提神醒脑、清热解毒、抗衰老等功效。六安瓜片如图6-1-6所示。

图6-1-6　六安瓜片

6

（五）绿茶品饮功效

绿茶被誉为"国饮"。现代大量科学研究证实,绿茶含有与人体健康密切相关的生化成分,有提神醒脑、清热解暑、消食化痰、去腻减肥、清心除烦、解毒醒酒、生津止渴、降火明目、止痢除湿等作用,还对现代疾病,如辐射病、心脑血管病、癌症等,有一定的药理功效。绿茶具有药理作用的主要成分是茶多酚、咖啡碱、茶多糖、茶氨酸等。

二、绿茶冲泡准备工作

（一）备茶

在泡茶前,先要观察所泡绿茶的干茶外形、色泽,闻干茶香气,有无异味,并判断选用泡茶器具、水及水温等。并根据茶杯容量 1：50 来量取茶叶,一般每泡茶为 3～4 克。

（二）看人

在泡茶前,要根据客人的品饮习惯,决定投茶量,若是老茶客,可按标准投茶量投茶,若是平时不饮茶的客人,可减少投茶量;还要询问客人是否有胃病等,是否适合品饮绿茶;同时也要了解客人是否空腹,若空腹饮用绿茶,也会造成不适。

（三）备器

根据茶客的需要或茶叶的特性,选择玻璃杯或瓷（玻璃）盖碗来冲泡,也可选用玻璃壶来冲泡。

玻璃杯冲泡所需茶具：直身玻璃杯 3 只（也可根据品茶人数决定）、煮水壶、茶盘或干泡席、茶荷、茶匙、水盂、茶巾等。

盖碗冲泡所需茶具：瓷（玻璃）盖碗 1 只、公道杯、降温壶、品茗杯 3 只、煮水壶、茶盘或干泡席、茶荷、茶匙、水盂、茶巾等。

玻璃壶冲泡所需茶具：玻璃壶 1 只、公道杯、品茗杯 3 只、煮水壶、茶盘或干泡席、茶荷、茶匙、水盂、茶巾等。

碗泡法所需茶具：泡茶碗 1 只、分茶勺、品茗杯 3 只、煮水壶、茶盘或干泡席、茶荷、茶匙、水盂、茶巾等。

（四）备水

古人云"水为茶之母,器为茶之父",想要泡出一杯好茶,用什么水冲泡,使用什么器皿冲泡,都十分重要。茶圣陆羽在《茶经》中论述："其水,用山水上,江水中,井水下。"明代张大复在《梅花草堂笔谈·试茶》中说："茶性必发于水,八分之茶,遇十分之水,茶亦十分矣;八分之水,试十分之茶,茶只八分耳。"可见,寻找上好的泡茶用水,是古往今来每一位茶友孜孜不倦的追求。如今,我们常用的泡茶用水,有纯净水、山泉水、软水、净化水等,若没有这些水,自来水也可用来泡茶,只是滋味差些。

三、绿茶冲泡

绿茶大多是比较细嫩的芽茶。绿茶的冲泡方法,根据茶叶细嫩程度的不同、茶客和茶艺师的个人喜好,可选用不同的茶具进行冲泡,一般有玻璃杯冲泡法、盖碗冲泡法、玻璃壶冲泡法和碗泡法四种。

（一）玻璃杯冲泡法

玻璃杯冲泡法即用直身玻璃杯冲泡绿茶的方法。玻璃杯冲泡绿茶,因没有做到茶水分离,所以在品茶过程中,茶艺师应留意客人茶杯中的茶水量,当杯中只有三分之一杯左右的茶汤时应及时续水。尽量使续水后茶汤仍保持在较高的温度,同时保证第二泡茶的浓度与第一泡茶较接近,一般情况下,一杯茶可续水两三次。

1.下投法

下投法冲泡绿茶是生活中最常用的一种方法,身骨较轻,不易下沉的茶叶,一般采用下投法。此处以西湖龙井茶为例介绍下投法。

绿茶玻璃杯
泡法
（下投法）

（1）备茶。根据客人所点茶品,准备茶叶置于茶荷中。茶水比一般为1∶50。

（2）备具。玻璃杯(根据人数确定玻璃杯子数量,一般准备3个杯子,并采用直线、斜线或品字形来摆放)、茶盘或茶席、茶荷、茶巾、茶匙、煮水器。若是干泡茶席,则应准备一个水盂。

（3）备水。选用山泉水、软水或净化水,旺火煮沸。

（4）烫杯。将玻璃杯用刚煮好的沸水烫洗一次,一是可以提升杯子的温度,有利于茶叶中可溶物质的浸出和茶叶香气的激发;二是当着客人的面再次清洗杯子,让客人饮用得更放心。

（5）赏茶。双手将茶荷奉给客人欣赏干茶的外形、色泽及香气,赏完并双手收回。也可茶艺师双手持茶荷缓慢展示给客人欣赏。

（6）投茶。用茶匙将茶荷中的茶叶置入杯子,一般每杯3克左右。

（7）润茶。逆时针方向向玻璃杯内注入少量的开水,水量为杯子容量的三分之一或四分之一。目的是使茶叶充分浸润,促使茶叶中的可溶物质浸出。

（8）摇香。左手托住杯底,右手持杯,运用腕力逆时针方向轻轻转动茶杯,使杯中茶叶充分浸润,并激发出茶香。

（9）冲泡。采用凤凰三点头的手法来冲水,一般水温在85℃～90℃比较适合,使茶叶在杯中上下翻动,注水量控制在杯子的七八分满。

（10）赏汤。双手捧杯,鉴赏茶汤,欣赏茶舞。

（11）敬茶。双手将泡好的茶敬给来宾,这是一个主宾交流的过程,并行伸掌礼,请客人用茶。

（12）品饮。品饮前应先观察汤色,闻其香气,并观赏茶叶在杯中的动态美。然后小啜一口,品饮并回味。

（13）谢茶。行礼谢茶,收杯净具,每次冲泡完毕,应将所用器具清洗干净、消毒,放回原位。

课堂讨论

如果你是此次茶品冲泡的茶艺师,你将如何引导顾客品饮此茶?如何引导顾客消费?如何推广中国名茶?

要点:

1.干茶、茶汤、香气、滋味、叶底。

2.根据客人的身体状况、客人品茶的习惯、客人买茶的目的、客人的消费水平。

3.向客人介绍茶名、产地、历史文化、制作工艺、茶性特点、冲泡要点、品饮功效。

绿茶玻璃杯
泡法
（中投法）

2. 中投法

中投法冲泡绿茶，相对下投法而言，茶叶外形具有很强的观赏性。此处以峨眉竹叶青为例介绍中投法。

中投法冲泡绿茶步骤与下投法基本一致，不同之处在于烫杯之后多一道凉汤，凉汤即用吊水的方法注水，吊水 1/4～1/3 杯，吊水是为了让水温尽快降至 80℃～85℃，这样泡出来的绿茶，就会少些苦涩味，增加茶汤的鲜爽度。

绿茶玻璃杯
泡法
（上投法）

3. 上投法

上投法冲泡适合叶片较重实，且非常细嫩的茶叶。此处以蒙顶甘露为例介绍上投法。

上投法冲泡绿茶步骤与下投法有一点区别就是烫杯之后先凉汤，吊水 2/3 杯，吊水是为了让水温尽快降下来，一般水温控制在 75℃～80℃ 比较适合，这样泡出来的绿茶，茶汤的鲜爽度更强。

课堂讨论

如果你是此次茶品冲泡的茶艺师，你将如何引导顾客品饮此茶？如何引导顾客消费？如何推广中国名茶？

要点：

1. 干茶、茶汤、香气、滋味、叶底。

2. 根据客人的身体状况、客人品茶的习惯、客人买茶的目的、客人的消费水平。

3. 向客人介绍茶名、产地、历史文化、制作工艺、茶性特点、冲泡要点、品饮功效。

（二）盖碗冲泡法

用盖碗冲泡绿茶，在很多茶艺馆中用得较多。具体流程是：备茶、备水、备器、温碗洁具、凉汤、赏茶、投茶、摇干茶香、润茶、冲泡、搅茶（手持茶碗盖钮在碗中搅动三次）、敬茶、引导品茗、谢茶。

绿茶盖碗
冲泡法

（三）玻璃壶冲泡法

玻璃壶冲泡法的具体流程是：备茶、备水、备器、温壶洁具、凉汤、赏茶、投茶、润茶、冲泡、分茶（均匀地将茶汤分给每位茶客）、敬茶、引导品茗、谢茶。

绿茶碗泡法

（四）碗泡法

碗泡法的具体流程是：备茶、备水、备器、温碗洁具、赏茶、投茶、润茶、冲泡、搅茶（使用长柄茶勺在碗中搅动三下）、分茶、敬茶、引导品茗、谢茶。

课堂讨论

请以绿茶为例，讨论一下怎样冲泡才能泡出一泡好喝的绿茶？

要点：

1. 泡茶三要素。

2. 茶水比。

3. 泡茶器具的选择。

4. 根据茶叶特性，看茶泡茶。

赛 证 直 通

基础知识部分

一、单项选择题

1. 按发酵程度分,绿茶是(　　)的茶类。

A. 不发酵 　　　　　B. 轻发酵 　　　　　C. 半发酵 　　　　　D. 全发酵

2. 绿茶冲泡的茶水的比例为(　　)。

A. 1∶20 　　　　　B. 1∶30 　　　　　C. 1∶40 　　　　　D. 1∶50

3. 下列属于绿茶制作工艺的是(　　)。

A. 杀青→揉捻→干燥 　　　　　　　　　B. 萎凋→揉捻→干燥

D. 发酵→揉捻→干燥 　　　　　　　　　D. 闷堆→揉捻→干燥

4. 制作花茶主要选用(　　)来作茶坯。

A. 炒青绿茶 　　　　　B. 烘青绿茶 　　　　　C. 蒸青绿茶 　　　　　D. 晒青绿茶

5. 我国绿茶大多采用(　　)方法杀青。

A. 炒青 　　　　　B. 烘青 　　　　　C. 蒸青 　　　　　D. 晒青

二、多项选择题

1. 我国绿茶主要采用的杀青方法有(　　　　)。

A. 炒青 　　　　　B. 烘青 　　　　　C. 蒸青 　　　　　D. 晒青

2. 下列属于绿茶的有(　　　　)。

A. 信阳毛尖 　　　　　B. 安吉白茶 　　　　　C. 太平猴魁 　　　　　D. 君山银针

三、判断题

1. 我国茶叶生产,以绿茶为最早。　　　　　　　　　　　　　　　　　　　　(　　)

2. 中投法,用吊水的方法凉汤,吊水 1/3 杯。　　　　　　　　　　　　　　　(　　)

操作技能部分

一、操作技能考核内容

考 核 项 目	考 核 标 准
玻璃杯冲泡绿茶	准确掌握用玻璃杯冲泡绿茶的方法,要求动作规范熟练,投茶量把握准确
盖碗冲泡绿茶	准确掌握用盖碗冲泡绿茶的方法,要求动作规范熟练,投茶量把握准确,凉汤水温适宜

二、任务分析

1. 玻璃杯冲泡绿茶:以西湖龙井、峨眉竹叶青、蒙顶甘露三种茶叶进行绿茶的三种冲泡方法的实训(下投法、中投法和上投法)。

2. 盖碗冲泡绿茶:任选一种绿茶用盖碗冲泡方法进行实训。

三、考核方式

1. 在实训室用玻璃杯和盖碗冲泡绿茶。

6

2. 评分标准：

（1）玻璃杯冲泡绿茶。

考核内容	操作分值	实际得分	备　注
1. 备具	10		面带微笑，神情自然，根据客人点茶备具
2. 洁具	10		按照操作流程认真烫洗每一件茶具
3. 备水降温	10		吊水动作正确
4. 茶品介绍	10		介绍茶叶的名字、产地、制作工艺、茶性特点、茶文化、品饮功效等
5. 投茶	5		动作准确、茶量标准
6. 温润泡	15		动作标准
7. 赏茶舞	10		动作优雅、拿杯位置正确
8. 敬茶	10		操作动作正确
9. 引导品茗	10		能激发起客人的品茶欲望，并教会客人品茶
10. 收杯谢客	10		按正确的方法收杯，行礼谢茶
总　分	100		

（2）盖碗冲泡绿茶。

6

考核内容	操作分值	实际得分	备　注
1. 备具	10		面带微笑，神情自然，根据客人点茶备具
2. 洁具	10		按照操作流程认真烫洗每一件茶具
3. 备水降温	10		吊水动作正确
4. 茶品介绍	10		介绍茶叶的名字、产地、制作工艺、茶性特点、茶文化、品饮功效等
5. 投茶	5		动作准确、茶量标准
6. 温润泡	10		动作标准
7. 搅茶	10		动作优雅、达到茶水融合
8. 出汤、分茶	10		不滴不洒，动作优美
9. 敬茶	10		捧杯敬茶、伸手礼、语言表达准确
10. 引导品茗	10		能激发起客人的品茶欲望，并教会客人品茶
11. 收杯谢客	5		按正确的方法收杯，行礼谢茶
总　分	100		

任务二 白茶冲泡

一、基础知识

（一）白茶概述

白茶属于微发酵茶，是我国六大茶类之一，因其干茶外观灰白或披满白毫，茶汤相对清雅而得名。白茶国家标准（GB/T 22291—2017）中指出该标准适用于：以茶树的芽、叶、嫩茎为原料，经萎凋、干燥、拣剔等特定工艺过程制成的白茶。白茶主要产于福建省的福鼎、政和、松溪和建阳等地。我国云南省也产白茶，主产于云南思茅地区，被称为月光白，又名月光美人。根据中国茶叶流通协会《2023 年中国茶叶产销形势报告》中的数据，2023 年我国白茶产量 10.0 万吨，占总产量的 3.0%；白茶产值 87.0 亿元，占总产值的 2.6%；白茶内销 8.3 万吨，占总内销量的 3.4%；白茶内销总额 107.5 亿元，占内销总额的 3.2%。

（二）白茶生产史

明末清初，我国的六大茶类体系逐渐形成。明代田艺衡《煮泉小品》中这样描述："芽茶，以火作者为次，生晒者为上。亦更近自然，且断烟火气耳，况作人手、器不洁，火候失宜，皆能损其香色也。生晒茶，瀹之瓯中，则旗枪舒畅，清翠鲜明，尤为可爱。"说明当时制茶工艺以日晒芽茶为最佳。这与当代白茶的制作技艺十分相似，开启了制造当代意义的"白茶"的源头。

而当代意义的"白茶"加工技术正式形成约在清朝前期，据清代学者刘源长的《茶史》[成书于清康熙八年（1669）前后]中记载：清代的名茶有 40 余种，包括政和白毫银针、闽北水仙。据《福建白茶的调查研究》记载，清嘉庆初年（1796），福鼎当地以福鼎菜茶的壮芽为原料制成银针，"白毫银针"后来被誉为世界名茶。之后，人们陆续研制出白牡丹、贡眉等。后来，福鼎还开发了新的产品——新工艺白茶。至此，当代意义的"白茶"的茶品种类日趋齐全。茶界泰斗张天福先生在《福建茶史考》一文中提出："白茶的制造历史先由福鼎开始，之后传到建阳的水吉，再传到政和。以制茶种类说，先有银针，后有白牡丹、贡眉、寿眉、新工艺白茶；先有小白，后有大白，再有水仙白。"

（三）白茶制作工艺

白茶的初制工艺为：鲜叶采摘→萎凋→干燥→拣剔。

1. 鲜叶采摘

白毫银针的采摘，以春茶的头茬品质最佳，只在新梢上采下肥壮的单芽，有的采下一芽一、二叶，采回后再进行"抽针"。采摘时不采病芽、雨水芽、虫蛀芽、空心芽、紫色芽等。

高级白牡丹的采摘，要求采得早、采得嫩，一般采芽茶和一芽一叶初展以及一芽二叶初展的细嫩芽叶。普通白牡丹，一般以采一芽二叶为主，兼采一芽三叶和幼嫩的对

6

夹叶。

2. 萎凋

萎凋是白茶的核心工艺,白茶的香味、汤色和叶底的品质特征主要是在萎凋过程中形成的。萎凋的过程是鲜叶的内含物质发生适度的物理和化学变化的过程:茶叶缓慢失水、散失青草味,叶色从嫩绿、翠绿向暗绿色转化,叶茎萎蔫变软,细胞液浓度升高,鲜叶中酶的活性提高,多酚类缓慢氧化。采摘后的芽叶,需要马上进行萎凋。

萎凋的方法有室内自然萎凋、加温萎凋、复式萎凋,需要根据不同气候、不同芽叶、不同地点,灵活应用。芽叶萎凋最适宜的气温是 20℃～30℃,相对湿度以 60%～80%为宜。室内通风条件好,无日光直射的条件较为适合室内自然萎凋;春秋季节晴天一般是复式萎凋,即自然萎凋结合日光萎凋;阴雨天多采用加温萎凋。室内自然萎凋一般需要 48～60 小时,最多不超过 72 小时;热风萎凋一般需要 20～36 小时。

3. 干燥

干燥对固定白茶品质、提升香气有重要作用,并使之达到一定的含水量要求。干燥分为炭火烘焙干燥和烘干机干燥,烘干机干燥又有慢盘干燥和快盘干燥之分。高级白茶用焙笼炭火烘焙,中低级白茶用烘干机烘焙。

(四) 白茶名优茶品

1. 根据茶树品种的不同分类

白茶根据茶树品种的不同,可以分为小白、大白和水仙白。一般而言,选用当地菜茶群体种鲜叶制成的称为"小白",毫心较短、有毫香,滋味鲜醇。选用政和大白茶茶树品种鲜叶制成的称为"大白",毫心肥壮、毫香特显,滋味鲜醇。选用水仙茶树品种鲜叶制成的称为"水仙白",叶张肥大且厚,毫心长而肥壮,毫香比小白品种重,滋味的醇厚度超过了大白,曾多被应用于拼配其他白茶,以提升滋味和香气。

2. 根据原料嫩度和适制性的不同分类

白茶根据原料嫩度和适制性的不同,可以分为白毫银针、白牡丹、贡眉、寿眉。

白毫银针属于芽形白茶,是白茶品类中等级最高的白茶。采用大白茶肥壮芽头制成,满披白毫,形状如针。白毫银针又可分为北路银针和南路银针。北路银针产于福鼎,采用福鼎大白茶为原料,香气以毫香为主,汤色呈浅杏黄,滋味清鲜爽口。南路银针产于政和,采用政和大白茶为原料,香气清纯、带花香,汤色呈浅杏黄,滋味清鲜醇爽。白毫银针如图 6-2-1 所示。

白牡丹芽叶连枝,以绿叶夹银白毫心,冲泡后宛若蓓蕾、形似花朵而得名;又因面绿背白,有"青天白地"之称。干茶色泽灰绿,由于兼具芽毫和嫩叶,故汤色杏黄明亮深于银针,香气纯爽有毫香,滋味清甜醇爽有毫味,叶底嫩匀成朵,叶脉微泛红。被划分为特级、一级、二级和三级四个等级。白牡丹如图 6-2-2 所示。

图 6-2-1 白毫银针

图 6-2-2　白牡丹

图 6-2-3　贡眉

贡眉以采摘群体种茶树嫩梢（一般标准为一芽二、三叶）为原料制成，与白牡丹相似，但形体偏瘦小，叶色灰绿带黄，品质次于白牡丹。香气鲜嫩，滋味浓厚有甜感，汤色橙黄，叶底软亮。贡眉如图 6-2-3 所示。

寿眉以大白、水仙或群体种茶树的嫩梢或叶片为原料制作而成。叶片成熟，色泽灰绿稍深，香气较浓醇、稍带粗老气，滋味醇厚尚爽、有甜感，汤色深橙黄，叶底多单张、红张。寿眉如图 6-2-4 所示。

（五）白茶品饮功效

白茶素有"一年茶，三年药，七年宝"之称，清代周亮工的《闽小记》记载："白毫银针，产太姥山鸿雪洞，其性寒凉，功同犀角，是治麻疹之圣药。"白茶性清凉、退热降火，尤以银针最为珍贵。在福鼎民间，白茶常常用来治疗咽喉肿痛、感冒发热、肠胃不适等，是当地民间百姓的"良药"。

白茶的主要功能性成分，有咖啡碱、茶多酚、茶多糖、茶黄素、茶氨酸、黄酮类物质、矿物质元素、"活性酶"等。随着对白茶保健功效研究的深入，人

图 6-2-4　寿眉

们发现其在抗氧化、消炎解毒、提升免疫力、调理血糖、降血压、抗突变、保护心血管系统、抗过敏、消臭助消化等方面有一定的预防和辅助治疗作用。

二、白茶冲泡准备工作

白茶冲泡的方式方法较为多样，杯泡法，方便快捷；盖碗或者壶泡法，仪式感强烈。白茶的清甜醇爽对于快节奏生活下的当代人来说，是很好的补给，滋养身体、抚慰心灵。

（一）备茶

在冲泡之前，需要确保茶品具备应有的品质特征。一般而言，白茶的投茶量以 5 克左右

为宜,也可根据实际情况酌情适当增减。

(二)看人

在与客人的交谈过程中,适当了解客人的身体状况,如喉咙发炎的客人可针对性地推荐白毫银针;适当了解客人日常的饮茶习惯,老茶客参照标准量投茶,新茶客和小朋友酌情减少投茶量。

(三)备器

结合环境条件、客人实际,灵活选择所用的器具。强调方便快捷,可用杯子冲泡,玻璃杯、马克杯、同心杯皆可;强调仪式感,盖碗与壶皆可使用;也可以用保温杯闷泡,随身携带;还可以采取玻璃壶或者瓷壶煮的方式,获得一杯温润又健康的白茶茶饮。

(四)备水

一般以纯净水、山泉水、净化水、软水等为主,经旺火煮沸后备用。

三、白茶的冲泡

白茶盖碗
冲泡法
(散茶白牡丹)

(一)白茶盖碗冲泡法

以散的白牡丹为例,冲泡流程如下:

(1)备茶。参照投茶量为 5 克,可根据实际情况酌情增减。

(2)备水。采用纯净水、山泉水、净化水、软水等,经旺火煮沸后备用。

(3)备器。准备盖碗 1 只,盖置、壶承、公道杯及杯垫各 1 个,品茗杯及杯托各 3 个,煮水壶、水盂、茶巾、茶则、茶匙、茶匙架各 1 个,还宜准备插花、盆栽或绿植以及茶席。

(4)赏茶。将适量干茶置于茶荷中,双手持赏茶荷,将干茶呈递至客人面前,观赏干茶的外形、色泽、香气。

(5)温具。温热盖碗、公道杯、品茗杯。

白茶盖碗
冲泡法
(紧压寿眉)

(6)投茶。将干茶用茶匙缓缓拨入盖碗中,继而用手掌轻拍盖碗,帮助理顺盖碗中的茶叶。

(7)冲泡。第一泡,用定点注水熏蒸的方法进行冲泡,30 秒~1 分钟出汤。第二泡,用定点注水的方法进行冲泡,约 45 秒出汤。第三泡,用定点注水的方法进行冲泡,约 45 秒出汤。

(8)分汤敬茶。将冲泡好的茶汤,用公道杯均匀地分至客人的品茗杯中,每杯 7 分满。注意不要将茶渣分入客人的杯中。

(9)品饮。先观汤色,后闻香气,再品茶汤。

(10)谢茶。行礼谢茶,收杯净具,每次冲泡完毕,应将所用器具清洗干净、消毒,放回原位。

(二)白茶焖泡法

焖泡法方便快捷,是居家旅行的优选泡法。以 3 年以上的老白茶为例,冲泡流程如下:

白茶焖泡法

(1)备器。准备大容量焖壶 1 只、品茗杯 2 个、保温杯、烧水壶、茶则、茶匙、茶匙架各 1 个。

(2)备水。采用纯净水、山泉水、净化水、软水等,经旺火煮沸后备用。

（3）备茶。参照 1∶100 的比例量取茶叶,也可据实际情况酌情增减。

（4）投茶。将干茶用茶匙缓缓拨入装满热水的焖壶中,盖上壶盖静静等待。

（5）出汤分茶。一般而言,焖两小时之后就可以出汤饮用了。

（三）白茶煮茶法

白茶煮茶法

以 3 年以上的老白茶为例,煮茶法冲泡流程如下:

（1）备器。准备玻璃壶或陶瓷壶 1 只、品茗杯 2 个、煮水壶、茶荷、茶匙、茶匙架各 1 个。

（2）备水。采用纯净水、山泉水、净化水、软水等,经旺火煮沸后备用。

（3）备茶。根据实际情况参照 1∶100 的比例量取茶叶,也可据实际情况酌情增减。

（4）投茶。将干茶用盖碗温润一遍之后,揉入一沸的水中。

（5）煮茶。当水烧至三沸时,将水壶取下离火,静置壶内茶汤至平静。

（6）出汤分茶。将壶中茶汤倒出至公道杯中,持公道杯分茶敬客。

 课堂讨论

如果你是此次茶品冲泡的茶艺师,你将如何引导顾客品饮此茶?如何引导顾客消费?如何推广中国名茶?

要点:

1. 干茶、茶汤、香气、滋味、叶底。

2. 根据客人的身体状况、客人品茶的习惯、客人买茶的目的、客人的消费水平推荐茶叶。

3. 向客人介绍茶名、产地、历史文化、制作工艺、茶性特点、冲泡要点、品饮功效。

6

赛 证 直 通

基础知识部分

一、单项选择题

1. 按发酵程度分,白茶是(　　)的茶类。

A. 不发酵　　　　　　B. 轻(微)发酵　　　　C. 半发酵　　　　　　D. 全发酵

2. 我国白茶的产区主要是(　　)。

A. 福建　　　　　　　B. 新疆　　　　　　　C. 甘肃　　　　　　　D. 西藏

3. 下列各项中,属于白茶制作工艺的是(　　)。

A. 揉捻→闷黄→干燥　　　　　　　　　B. 做青→揉捻→干燥

C. 萎凋→干燥　　　　　　　　　　　　D. 杀青→揉捻→干燥

4. 白牡丹有(　　)之称。

A. 青天白地　　　　　　　　　　　　　B. 绿叶红镶边

C. 松烟香,桂圆汤　　　　　　　　　　D. 色泽乌润、苗峰秀丽,有宝光

5. (　　)是白茶的核心工艺。

A. 萎凋　　　　　　　B. 干燥　　　　　　　C. 发酵　　　　　　　D. 杀青

二、多项选择题

1. 下列不属于白茶的有（　　　　　）。

A. 安吉白茶　　　　B. 福鼎大白　　　　　C. 月光白　　　　　D. 宋种

2. 依据原料嫩度和适制性的不同，白茶可以分为（　　　　　）。

A. 白毫银针　　　　B. 白牡丹　　　　　C. 贡眉　　　　　D. 寿眉

三、判断题

1. 白茶只能用盖碗冲泡。　　　　　　　　　　　　　　　　　　　（　　）

2. 我国福建和云南都产白茶。　　　　　　　　　　　　　　　　　（　　）

操作技能部分

一、操作技能考核内容

考 核 项 目	考 核 标 准
盖碗冲泡白牡丹	准确掌握用盖碗冲泡白牡丹的方法，要求动作规范熟练，投茶量把握准确，茶汤体现白牡丹的品质特征
白茶煮茶法	准确掌握白茶煮饮的方法，要求动作规范熟练，投茶量把握准确，煮饮时间把控准确，茶汤体现白茶的品质特征

二、任务分析

1. 白牡丹的盖碗冲泡方法实训。

2. 选一种老白茶，茶具选用玻璃水壶、电陶炉，用煮的方法进行实训。

三、考核方式

1. 在实训室用盖碗冲泡白牡丹，用玻璃壶和电陶炉煮老白茶。

2. 评分标准：

（1）盖碗冲泡白牡丹。

考核内容	操作分值	实际得分	备　注
1. 备具	10		面带微笑，神情自然，根据客人点茶备具
2. 茶品介绍	15		准确介绍茶叶的名称、产地、制作工艺、茶性特点、茶文化、品饮功效等
3. 温具	10		按照操作流程认真温烫每一件茶具
4. 投茶	5		动作准确、茶量标准
5. 冲泡	20		动作优雅、注水方式与茶性相宜
6. 敬茶	5		茶汤均匀、敬茶礼仪到位

6

续 表

考核内容	操作分值	实际得分	备 注
7. 引导品茗	30		能准确讲述茶汤的香气、汤色、滋味,并能引导客人关注茶汤特质
8. 收杯谢客	5		按合理的方法和步骤收杯,行礼谢茶
总 分	100		

(2)煮老白茶。

考核内容	操作分值	实际得分	备 注
1. 备具	10		面带微笑,神情自然,根据客人点茶备具
2. 茶品介绍	20		准确介绍茶叶的名称、产地、制作工艺、茶性特点、茶文化、品饮功效等
3. 投茶	10		茶水比例符合实际情况
4. 煮茶	15		火候掌握得恰当
5. 敬茶	10		茶汤均匀、敬茶礼仪到位
6. 引导品茗	30		能准确讲述茶汤的香气、汤色、滋味,并能引导客人关注茶汤特质
7. 收杯谢客	5		按合理的方法和步骤收杯,行礼谢茶
总 分	100		

任务三　黄 茶 冲 泡

一、基础知识

黄茶

(一) 黄茶概述

　　黄茶是一种轻微发酵的茶,性凉而微寒。虽然黄茶在茶叶大类中的产量和品种不如绿茶丰富,但它却以其独特的制茶工艺和风味特点在茶文化中占有一席之地。在我国的一些主要产茶地区,如安徽、四川、湖南、湖北、浙江和广东,都有黄茶的生产。黄茶黄叶黄汤、滋味甘醇鲜爽。近年来,随着人们对茶叶品质多样化的追求,黄茶也逐渐受到了更多消费者的青睐。根据中华人民共和国国家标准 GB/T 21726—2018(代替 GB/T 21726—2008)《黄茶》中的规定,可以根据鲜叶原料和加工工艺的不同,将黄茶产品分为芽型(单芽或一芽一叶初展）、芽叶型（一芽一叶、一芽二叶初展），多叶型（一芽多叶和对尖叶）和紧压型（采用上述原料经蒸压成型）四种。

（二）黄茶生产史

我国茶叶品类繁多，黄茶的制作历史亦源远流长。自唐代开始，我国茶叶制作技术逐渐发展，黄茶便是其中之一。唐朝颇负盛名的安徽寿州黄茶与四川蒙顶黄芽均因芽叶自然发黄而得名。其独特的闷黄工艺，使得茶叶在氧化过程中呈现出独特的黄绿色泽、清香醇和的口感。宋代，黄茶的制作技术得到了进一步的发展和完善。到了明清时期，黄茶的制作工艺又有了新的突破。炒青、烘青等制法的出现，使得黄茶的品质得到了进一步提升。这些新工艺不仅保留了黄茶原有的独特风味，还使得茶叶的口感更加醇厚，香气更加持久。从唐至清末，蒙顶黄芽一直是蜀地的知名贡茶。

（三）黄茶制作工艺

黄茶初制工艺为：杀青→揉捻→闷黄→干燥。

黄茶的鲜叶原料选择较为严格，以确保茶叶的品质和口感。黄大茶是采摘一芽二、三叶甚至一芽四、五叶为原料制作而成，比如霍山黄大茶、广东大叶青；黄小茶是采摘细嫩芽叶一芽一叶或一芽二叶加工而成，比如北港毛尖、平阳黄汤；黄芽茶是采摘细嫩的单芽或一芽一叶初展的芽头为原料制作而成，比如君山银针、蒙顶黄芽、霍山黄芽。

在黄茶的制作过程中，杀青是一个关键步骤。通过高温破坏鲜叶中的酶活性，制止氧化变化，保持茶叶的特有黄绿色泽。黄茶的杀青方法多采用炒青或烘青方式，以保留茶叶的鲜香和嫩度。

揉捻是黄茶加工中的另一个重要环节。通过揉捻，茶叶形成紧结的条索，同时破坏部分茶叶组织，使茶汁易于泡出，增加茶叶的耐泡性。揉捻过程可分为手工揉捻和机械揉捻两种方式，根据具体工艺需求进行选择。

闷黄是黄茶制作中特有的工序，也是形成黄茶"干茶黄、叶底黄、茶汤黄"独特品质的关键步骤。在揉捻后，茶叶需进行一定程度的堆积和覆盖，通过湿热作用促使茶叶内含物质发生非酶促氧化反应，产生独特的黄色和香气。闷黄的时间和程度需要根据茶叶品种和工艺要求来精确控制。

干燥是黄茶制作的最后一道工序，旨在去除茶叶中多余的水分，使茶叶达到一定的含水率，便于保存和运输。同时，干燥过程中茶叶的外形和内质也会发生进一步的变化，使黄茶呈现出独特的色泽、香气和口感。干燥方法包括炒干、烘干等，根据茶叶特点和工艺需求进行选择。

（四）黄茶名优茶品

黄茶的种类和品质可能会因产地、采摘季节、制作工艺等因素而有所差异。蒙顶黄芽、君山银针、霍山黄芽是黄茶中的优品，北港毛尖、平阳黄汤、广东大叶青在茶叶界同样享有盛誉，品质上乘。

1. 蒙顶黄芽

蒙顶黄芽产于四川省雅安市名山区蒙顶山，是一种优质的芽形黄茶，被认为是黄茶的鼻祖。自唐代开始，直到明、清都是作为贡品供历代皇帝享用，距今已有上千年的历史。蒙顶黄芽的采摘非常讲究，通常在春分时节开始采摘，当茶树上有 10% 的芽头鳞片展开时，即可开园采摘。采摘的芽头需选圆肥单芽和一芽一叶初展的，这样的芽头质量上乘，有利于后续的制作工艺。蒙顶黄芽的干茶外形匀整,扁平挺直,色泽黄润,金毫显露。汤色黄亮透碧,花香悠长,滋味鲜醇回甘,叶底全芽嫩黄。它的口感甜香鲜嫩,甘醇鲜爽,为黄茶之极品。蒙顶黄芽如图6-3-1所示。

图6-3-1 蒙顶黄芽

2.君山银针

君山银针产于湖南岳阳洞庭湖中的君山,形细如针,故名君山银针。君山茶历史悠久,唐代就已生产、出名,清朝时被列为"贡茶"。它的采摘和制作都相当讲究,每年清明前7~10天开采,其采摘标准为春茶的首轮嫩芽,且须选肥壮、多毫、长25~30毫米的芽头,芽身金黄发亮。君山银针的特点在于其冲泡后的形态与口感。茶芽悬空竖立,文人誉为"雨后春笋",极为美观,汤色橙黄明亮,茶味甘爽醇和,香气清鲜,似嫩玉米香,叶底明亮,黄绿匀齐。君山银针如图6-3-2所示。

图6-3-2 君山银针

图6-3-3 霍山黄芽

3.霍山黄芽

霍山黄芽产于安徽省霍山县,在古代被誉为"仙芽",明代的《群芳谱》称"寿州霍山黄芽之佳品也"。这反映了在明代,霍山黄芽已经因其独特的品质和口感而备受赞誉,被视为茶中的佳品,也反映了明代人们对茶叶品质和口感的鉴赏水平。霍山黄芽开采期一般在谷雨前、清明后,采摘一芽一叶、一芽二叶初展,霍山黄芽的外形挺直微展,色泽嫩绿,满身披毫,看起来就令人赏心悦目。而它的香气更是清香持久,有熟板栗香,冲泡后汤色黄绿清澈,口感浓厚鲜醇,回甘无穷,叶底嫩黄明亮。2006年12月,霍山黄芽成功获批国家地理标志保护产品称号。霍山黄芽如图6-3-3所示。

4.平阳黄汤

平阳黄汤产于浙江平阳、泰顺、瑞安等地,品质以平阳北港朝阳山所产最佳,故得名。每年惊蛰前后,以省级茶树良种平阳特早茶一芽一叶或一芽二叶初展鲜叶为原料,经摊青、杀青、揉捻、闷黄、毛火烘焙、复闷、复烘、干燥、成茶等九道工序,历时72小时而制成,谓之"九闷九烘"。平阳黄汤在黄茶中以闷黄次数多、时间长而著称,传统的闷黄工艺造就其独树一帜的品质特征。其外形条索细紧,色泽黄绿,汤色杏黄明亮,香气清芬高锐,滋味鲜醇爽口,叶底芽叶成朵匀齐。平阳黄汤,曾以"干茶显黄,汤色杏黄、叶底嫩黄"的"三黄"特征傲立茶业界。以"杏黄汤、玉米香""浓而不涩、厚而醇甜"艳绝茶界,得到茶业专家和消费者的一致好评。2012年12月,黄汤茶制作技艺列入温州市非物质文化遗产保护名录。平阳黄汤如图6-3-4所示。

图6-3-4　平阳黄汤　　　　　　　图6-3-5　霍山黄大茶

5.霍山黄大茶

霍山黄大茶属于黄茶,又称皖西黄大茶,产于安徽霍山。黄大茶创制于明代隆庆年间,距今已有四百多年历史。霍山黄大茶采用萎凋、杀青、揉捻、闷堆、干燥工艺而制成。成品茶外形梗壮叶肥,叶片成条,梗叶相连形似钓鱼钩,梗叶金黄显褐,色泽油润,汤色深黄显褐,叶底黄中显褐,滋味浓厚醇和,具有高嫩的焦香(俗称锅巴香)。黄大茶香高耐泡,大枝大叶的外形在中国诸多茶类中少见,已成为消费者判定黄大茶品质好坏的标准。霍山黄大茶如图6-3-5所示。

(五)黄茶品饮功效

黄茶中含有的茶多酚、咖啡碱、脂多糖、茶氨酸等成分,具有抗氧化、抗炎、抗肿瘤等多种生物活性,能够保护细胞、预防疾病。

品饮黄茶,能感受到其独特的清香和甘甜,这得益于黄茶中丰富的茶多酚和氨基酸。这些成分有助于提神醒脑,清心除烦,有助于改善精神状态,提高工作效率。黄茶还具有清热解暑、消食化痰的功效,对于夏季消暑、改善消化不良等问题有着显著的效果。此外,黄茶还能去腻减肥、生津止渴,对于调节身体机能、保持健康体重具有积极作用。

二、黄茶冲泡准备工作

(一)备茶

在泡茶前,先要观察所泡黄茶的干茶外形、色泽,闻干茶香气,有无异味,并判断选用泡茶器具、水及水温等。并根据茶叶的种类量取茶叶,一般茶水比为 1∶30～1∶50,即 150 毫升的茶器一般投茶量在 3～5 克。

(二)看人

在泡茶前,根据客人的品饮习惯,决定投茶量,若是老茶客,可按标准投茶量投茶,若是平时不饮茶的客人,可减少投茶量;还要询问客人是否有胃溃疡,黄茶的制作工艺与绿茶相似,茶性较为刺激,胃溃疡患者饮用过多可能会加重病情。对于便秘患者来说,黄茶中的鞣酸可能会减慢胃肠道蠕动,从而加重便秘症状。

(三)备器

根据茶客的需要或茶叶的特性,判断选择玻璃杯或白瓷盖碗来冲泡。

玻璃杯冲泡所需茶具:直身玻璃杯 3 只(也可根据品茶人数决定)、煮水器、茶盘或干泡席、茶荷、茶匙、水盂、茶巾等。

盖碗冲泡所需茶具:白瓷盖碗 1 只、公道杯、品茗杯 3 只、煮水器、茶盘或干泡席、茶荷、茶匙、水盂、茶巾等。

(四)备水

黄茶作为高品质的茶类,对水质的要求相对较高。为了充分发挥黄茶的香气和口感,建议选择清洁、无杂质的纯净水或矿泉水。尽量避免使用自来水,因为自来水中可能含有氯气和其他杂质,这些都可能影响茶叶的口感和品质。

三、黄茶冲泡

根据茶叶细嫩程度的不同、茶客和茶艺师的个人喜好,可选用不同的茶具进行冲泡,黄茶一般有玻璃杯冲泡法、盖碗冲泡法两种。由于泡黄茶需要用气密性和保温性俱佳的茶器,因此推荐用白瓷盖碗,既可以衬托茶汤的色泽,也可以感受黄茶特殊的香气。

(一)黄茶盖碗冲泡法

用白瓷盖碗冲泡黄茶,既容易观察汤色,更容易品香。具体流程如下所示。

(1)备茶。根据客人的需求选择,确保茶叶的新鲜度和品质。

(2)备水。黄茶对水质的要求较高,建议使用纯净水或矿泉水。水温控制在 85℃～95℃左右,一般黄芽茶 85℃,黄大茶、黄小茶 95℃,这个温度有助于充分释放茶叶的香气和滋味。

(3)备器。除了盖碗,还需要准备茶巾、茶匙、茶荷、煮水器、水盂、公道杯、品茗杯等基本茶具。

(4)温杯涤器。用开水冲洗盖碗、公道杯、品茗杯,提高茶具的温度,更好地去激发茶香,同时清洁茶具。

(5)赏茶。取黄茶于茶荷中,双手平举茶荷缓慢展示,供客人欣赏茶叶的色泽和形状。

(6)投茶。用茶匙将茶荷中的茶叶拨入盖碗中。

(7)摇干茶香。在热茶碗的作用下摇香,激发茶香。

(8)闻干茶香。将盖碗盖子外低内高留一条缝隙,托于鼻前,闻干茶香。

(9)润茶。注水三分之一杯,逆时针轻轻摇动盖碗,使茶叶在碗中旋转,以激发茶叶的

6

香气。

（10）注水冲泡。用85℃～95℃的开水，可采用定点平冲的方式冲泡，15—20秒左右可以出汤。

（11）出汤分茶。将冲泡好的茶汤倒入公道杯中，再分入品茗杯中。

（12）敬茶。双手将泡好的茶敬给客人，并行伸掌礼，表达敬意和友谊。

（13）引导品茗。引导客人观茶汤、闻茶香、品滋味。

（14）谢茶。行礼谢茶。通过谢礼，可以传达对他人的感谢之情，让大家感受到友好和温馨的氛围。

（15）收具。冲泡完毕后，清洗、消毒，放回原位。

在冲泡过程中，可以根据个人口味和茶叶品质来调整投茶量、水温以及浸泡时间。同时，注意保持茶具的清洁和卫生，以确保茶汤的品质和安全。

黄茶盖碗
泡法

（二）黄茶玻璃杯冲泡法

黄茶玻璃杯冲泡法，可根据茶叶特性，采用绿茶玻璃杯冲泡法来进行冲泡。黄芽茶可采用中投法进行冲泡，叶茶类可采用下投法进行冲泡。

课堂讨论

请以黄茶为例，讨论一下怎样冲泡才能泡出一泡好喝的黄茶？

要点：

1. 茶水比。

2. 泡茶器具的选择。

3. 水温。

6

赛 证 直 通

基础知识部分

一、单项选择题

1. 按发酵程度分，黄茶是（　　）的茶类。

A. 不发酵　　　　　B. 轻发酵　　　　　C. 半发酵　　　　　D. 全发酵

2. 黄茶的主要产区不包括（　　）。

A. 湖南　　　　　　B. 安徽　　　　　　C. 四川　　　　　　D. 福建

3. 黄茶的制作工艺中特有的工序是（　　）。

A. 杀青　　　　　　　　　　　　　　　　B. 闷黄

C. 揉捻　　　　　　　　　　　　　　　　D. 干燥

二、多项选择题

1. 黄芽茶的主要特点有（　　）。

A. 芽叶细嫩　　　　　　　　　　　　　　B. 色泽金黄

C. 汤色红浓　　　　　　　　　　　　　　D. 香气清鲜

2.下列属于黄茶的有( )。

A. 信阳毛尖　　　　　B. 北港毛尖　　　　　C. 君山银针　　　　　D. 广东大叶青

三、判断题

1.黄茶是中国特产,其品质特点是黄叶黄汤,不经过发酵过程。 （　　　）

2.黄茶的制作过程中,杀青是必不可少的工序。 （　　　）

操作技能部分

一、操作技能考核内容

考核项目	考核标准
盖碗冲泡黄茶	准确掌握用盖碗冲泡黄茶的方法,要求动作规范熟练,投茶量把握准确,凉汤水温适宜

二、任务分析

任选一种黄茶用白瓷盖碗冲泡方法进行实训。

三、考核方式

1.在实训室用盖碗冲泡黄茶。

2.评分标准:

考核内容	操作分值	实际得分	备　　注
1.备具	10		面带微笑,神情自然,根据客人点茶备具
2.洁具	10		按照操作流程认真烫洗每一件茶具
3.茶品介绍	10		介绍茶叶的名字、产地、制作工艺、茶性特点、茶文化、品饮功效等
4.投茶	10		动作规范、中投法
5.温润泡	10		耐心、周到、手法规范
6.冲泡	10		动作优雅、达到茶水融合
7.出汤、分茶	10		不滴不洒,动作优美
8.敬茶	10		捧杯敬茶、伸手礼、语言表达准确
9.引导品茗	10		教会客人三步法品茶:观茶汤、闻茶香、品滋味
10.收杯谢客	10		按正确的方法收杯,行礼谢茶
总　　分	100		

6

任务四　青茶冲泡

青茶

一、基础知识

(一)青茶概述

青茶也称"乌龙茶",是半发酵茶,是我国特有的一种茶类。近年来青茶得到快速发展,成为我国茶产业的一大重要组成部分。青茶品类众多,品质特征优势明显,很多品类有其独特的香气与滋味。我国福建、广东、台湾等省份青茶产量高,其中福建为青茶的发源地和最大的产区。

(二)青茶生产史

青茶为中国特有的茶类,起源于福建,它的形成与发展,首先要溯源北苑茶。北苑茶是福建最早的贡茶,北苑茶重要成品属于龙团凤饼,其采制工艺如皇甫冉送陆羽的采茶诗里所说:"远远上层崖,布叶春风暖,盈筐白日斜。"茶叶原料经过一天时间的酶促氧化,已部分变为紫色或褐色,究其实质已属于半发酵了,也就是所谓青茶的范畴。现如今全国青茶最大产地当属福建安溪,安溪也于1995被国家农业部和中国农学会等单位命名为"中国乌龙茶之乡"。

(三)青茶制作工艺

青茶制作工艺为:萎凋→做青→杀青→揉捻→干燥。

制作青茶的鲜叶是具有适宜成熟度的茶树新梢,通常要求顶芽形成驻芽,采摘小开面和大开面的嫩梢原料。采好鲜茶后需要进行适度萎凋。

做青全程由摇青和静置(或晾青)两个过程的反复交替组成,也称之为"走水还阳"。做青是青茶特有的制作工艺,也是形成青茶品质风格的关键工艺。所谓做青,就是通过多次的摇青使茶叶叶片不断受到震动、摩擦和碰撞作用,叶组织被破坏,叶缘细胞发生损害,从而促进酶促氧化作用的进行,产生三红七绿的叶面效果,也可以称为绿叶红镶边。

杀青就是用高温破坏茶中酶的活性,阻止酶促氧化作用,防止做青继续氧化,巩固做青形成的品质:低沸点青气挥发和转化,形成馥郁芬芳的茶香,通过湿热的作用破坏叶绿素,使叶片黄绿而亮。

揉捻是乌龙茶初制的塑形工序,通过揉捻形成其紧结弯曲的外形,并对内质改善也有所提高。包揉是球形和半球形的加工造型工艺。

干燥可以抑制酶促氧化,蒸发水分和软化叶子,并起到热化作用,消除苦涩味,促进滋味醇厚。

(四)青茶名优茶品

青茶名优茶品有安溪铁观音、武夷岩茶、大红袍、凤凰单枞、漳平水仙、冻顶乌龙、东方美人、文山包种等。以下重点介绍安溪铁观音、大红袍、凤凰单枞和冻顶乌龙。

1. 安溪铁观音

安溪铁观音产于福建闽南地区的安溪县，是中国十大名茶之一。其起源可以追溯到唐末宋初，但真正的命名和发展是在明清时期。清代雍正、乾隆年间，安溪所产茶因其品质特异，如乌润结实、沉重似铁、香韵形美，似观音，因此得名。其品质兼顾红茶之甘醇，绿茶之清香，冲泡后有"青蒂、绿腹、红镶边"的特征。铁观音也分为清香型、浓香型、陈香型三大种类。具有增强免疫力、抗衰老、抗突变、抗辐射的功效。安溪铁观音如图6-4-1所示。

图6-4-1　安溪铁观音

2. 大红袍

大红袍产自福建闽北地区的武夷山，有着"茶中状元、武夷茶王"的美誉。大红袍既是茶树名又是茶叶商品名，其外形条索紧结，色泽绿褐鲜润，冲泡后汤色橙黄明亮，叶片红绿相间。品质最突出之处是香气馥郁，有兰花香，香高而持久，"岩韵"明显。大红袍很耐冲泡，冲泡七八次仍有香味。品饮大红袍茶，需按"工夫茶"小壶小杯细品慢饮的程式，才能真正品尝到岩茶之巅的禅茶韵味。大红袍有母树大红袍、纯种大红袍、拼配大红袍三种类别。其有增强免疫力、抗衰老、抗突变、抗辐射的功效。大红袍如图6-4-2所示。

图6-4-2　大红袍

图6-4-3　凤凰单枞

3. 凤凰单枞

凤凰单枞产自广东省潮州市的凤凰镇，因凤凰山而得名。它是从国家级良种凤凰水仙群体品种中选育出的优异单株，其成品茶品质极佳，被誉为"茶中香水"。其以香型众多、韵味独特而闻名，是中国茶树品种中自然花香清高、花香类型多样、滋味醇厚甘爽、韵味特殊的珍稀高香型名茶品种资源，被誉为"茶香之王"。素以香、醇、韵、甘、耐泡、耐藏六大特色而负盛名。凤凰单枞里有一种比较奇特的香型——鸭屎香，是目前较受欢迎的香型。"鸭屎香"乃是俗名，名虽不雅，但作为凤凰单枞的名种，可谓"大俗即大雅"。其具有减轻压力、提神醒脑、抵抗衰老、美容减肥、解暑杀菌、生津解渴等功效。凤凰单枞如图6-4-3所示。

4. 冻顶乌龙

冻顶乌龙主产于中国台湾南投县鹿谷乡的冻顶山，是一款有名的包种茶。冻顶乌龙外观紧结呈半球形，墨绿色带有光泽；茶汤清澈，呈蜜黄色，香气清纯，具有花香，滋味甘醇浓

6

图 6-4-4　冻顶乌龙

厚,汤色黄绿明亮,耐冲泡。冻顶乌龙茶采制工艺十分讲究,鲜叶为青心乌龙等良种芽叶,经晒青、凉青、摇青、炒青、揉捻、初烘、多次反复团揉(包揉)、复烘、焙火而制成。冻顶乌龙茶除了具有抗肿瘤、预防老化等功效之外,还有瘦身、改善皮肤过敏、消除危害美容与健康的活性氧、预防蛀牙等功效。冻顶乌龙如图 6-4-4 所示。

(五)青茶品饮功效

青茶作为既拥有绿茶的鲜浓之味,又拥有红茶甜醇特色的中国特色茶叶,含有与人体健康密切相关的生化成分,有消食去腻、预防蛀牙、生津止渴、清肠通便、减脂瘦身、温胃清肺、提神益思、消除疲劳、解热防暑的作用,还对现代疾病有一定的功效。茶叶具有药理作用的主要成分是儿茶素、茶多酚、咖啡碱、维生素、脂多糖、茶氨酸等。

二、青茶冲泡准备工作

(一)备茶

在泡茶前,先要识别所泡青茶的种类,观察干茶外形、色泽。闻干茶香气,有无异味,并思考与分析选用泡茶器具、水及水温等。并根据茶杯容量 1∶22 来量取茶叶,一般每泡茶为 5~7 克。

(二)看人

青茶分为清香型和浓香型,青茶的品类繁多,香气和滋味特色鲜明,在泡茶之前应根据客人喜好,推荐适合的茶品。

(三)备器

根据茶客的需要或茶叶的特性,判断选择用紫砂壶还是瓷盖碗来冲泡,也可选用陶壶来冲泡。

(四)备水

茶叶冲泡对水质、水温、水量的要求都特别高,青茶需要以高温沸水冲泡。在备水的时候,要注意,最好是能够运用煮水器,随时能够提供新鲜的沸水。

三、青茶冲泡

(一)紫砂壶冲泡法

泡茶前,准备好茶、好器、好心情,向茶客及来宾行礼表示欢迎。

(1)备茶。根据客人所点茶品,准备茶叶置于茶荷中,茶水比一般为 1∶22。

(2)备水。选用山泉水、软水或净化水,旺火煮沸。保持 100℃,青茶需要以刚开的水来冲泡,才能充分展示其韵味。

(3)备器。紫砂壶、品茗杯 4 个(根据客人定数量)、闻香杯 4 个(根据客人数量定)、公道杯、茶船、茶荷、茶巾、茶匙、煮水器。若是干泡茶席,则可准备一个水盂。紫砂壶双杯冲泡茶具如图 6-4-5 所示。

图 6-4-5 紫砂壶双杯冲泡茶具

（4）温壶洁具。将紫砂壶用刚煮好的沸水烫洗一次,提升紫砂壶的温度,有利于茶叶中可溶物质的浸出和茶叶香气的激发,采用滚杯的形式将品茗杯洗净。

（5）赏茶。双手将茶荷奉给客人欣赏干茶的外形、色泽及香气,赏完并双手收回。也可双手持茶荷缓慢展示给客人欣赏。赏茶也可在温壶洁具之前进行。

（6）投茶。用茶匙将茶荷中的茶叶置入茶壶,一般为5～7克。

（7）温润泡。逆时针方向向紫砂壶内注满开水,水量为紫砂壶的容量。目的是使茶叶充分浸润并醒茶,同时也方便刮沫。

乌龙茶
紫砂壶泡法
（无公道杯）

（8）冲泡。将开水注入紫砂壶中,颗粒型茶可用高冲,条索型茶可用低冲或平冲,促使茶叶中的可溶物质浸出。

（9）壶外追温。将闻香杯中的水淋在紫砂壶上。

（10）出汤。根据茶叶特性决定浸泡时间,再将壶中茶水倒入公道杯中。若汤色漂亮,可展示茶汤给客人鉴赏。

（11）分茶。采用"韩信点兵"的方式将茶汤倒入闻香杯中,采用三步分茶,首先每个闻香杯倒三分之一,再低斟至七分满,最后将剩余茶水依次滴入闻香杯中。其目的是使每一杯茶汤浓度尽量保持一致。

（12）翻杯。它有一个好听的名字叫"倒转乾坤",即将品茗杯倒扣在闻香杯上,紧紧地将闻香杯和品茗杯扣住,由外向内翻转180°,而后将品茗杯和闻香杯放在茶托上。

（13）敬茶。双手将泡好的茶敬给来宾,这是一个主宾交流的过程,并行伸掌礼,请客人用茶。

乌龙茶
紫砂壶泡法
（有公道杯）

（14）引导品茶。品饮前应先观察汤色,再闻其香气,然后小啜一口,品饮并回味。并将自己的品茶感受传递给客人,引导客人品饮和消费。

（15）谢茶。行礼谢茶。

 **课堂讨论**

　　如果你是此次茶品冲泡的茶艺师,你将如何引导顾客品饮此茶？如何引导顾客消费？如何推广中国名茶？

　　要点：

　　1. 干茶、茶汤、香气、滋味、叶底。

　　2. 了解客人的身体状况、客人品茶的习惯、客人买茶的目的、客人的消费水平。

　　3. 向客人介绍茶名、产地、历史文化、制作工艺、茶性特点、冲泡要点、品饮功效。

（二）盖碗冲泡法

盖碗是一种运用度很广的主泡器，在很多茶艺馆中，用盖碗冲泡青茶较多。具体流程是：备茶、备水、备器、煮水、赏茶、温碗洁具、投茶、摇干茶香、闻干茶香、温润泡、冲泡、出汤、分茶、敬茶、引导品茗、谢茶。

盖碗冲泡法，以武夷大红袍为例：

（1）备茶。根据客人所点茶品，准备茶叶置于茶荷中，茶水比一般为1：22。

（2）备水。选用山泉水、软水或净化水，旺火煮沸。

图6-4-6　盖碗泡茶具

（3）备器。瓷盖碗一套、品茗杯3个（根据客人定数量）、公道杯、茶盘或茶席、茶荷、茶巾、茶匙、煮水器。若是干泡茶席，则可准备一个水盂。盖碗泡茶具如图6-4-6所示。

（4）煮水。将水烧开，保持100℃，青茶需要以刚开的水来冲泡，才能体现其韵味。

（5）赏茶。双手将茶荷奉给客人欣赏干茶的外形、色泽及香气，赏完并双手收回。也可茶艺师双手持茶荷缓慢展示给客人欣赏。

（6）温碗洁具。将瓷盖碗用刚煮好的沸水烫洗一次，提升盖碗的温度，有利于茶叶中可溶物质的浸出和茶叶香气的激发。

（7）投茶。用茶匙从赏茶荷中按杯子的容量置入相应的茶叶，一般为5～8克。

（8）摇干茶香。左手托住杯底，右手持碗，上下轻轻转动茶杯，使盖碗的温热激发出茶香。

（9）闻干茶香。掀开盖碗的一侧，并留出一条缝隙，举至鼻下闻香，闻香前先浅呼吸，再深呼吸，感受每一泡茶的不同的香气。然后可递给客人闻香，在客人闻香时候可以简单地介绍一下此款茶的香气。

（10）温润泡。温润泡也叫醒茶，有的也叫洗茶。逆时针方向向盖碗内注入七八成的开水，水量为盖碗容量的四分之三。目的是使茶叶充分浸润，并快速倒掉或出汤。好的岩茶有喝"还魂汤"的习惯，是将第一泡茶留下，品饮到最后再来品饮第一泡的茶汤。不好的茶，可将第一泡茶水弃掉。

（11）冲泡。向碗中注入七八分满的开水，保持水温100℃，是泡好青茶的关键。

（12）出汤。干净利落地将茶水倒入公道杯（可选用玻璃的）中，通过玻璃公道杯可以观察其颜色，注意不要将茶叶倒入公道杯里。

（13）分茶。将公道杯中的茶汤分给客人（根据人数而定），要留一杯给自己，切记分茶时不能将茶汤洒落在茶桌上，茶汤斟七分满。

（14）敬茶。双手将泡好的茶敬给来宾，并行伸掌礼，请客人用茶。

（15）引导品茗。品饮前应先观察汤色，再闻其香气，然后小啜一口，品饮并回味，再带着客人感受这杯茶带给大家的美好。

（16）谢茶。行礼谢茶。

（三）壶泡法

青茶冲泡的要领为高温沸水。壶的材质很多,比如紫砂壶、黑砂壶、陶壶、瓷壶等。将壶作为主泡器,采用分杯泡法。具体流程是:备茶、备水、备器、温壶洁具、赏茶、投茶、温润泡、冲泡、出汤、赏汤、分茶、敬茶、引导品茗、谢茶。

青茶壶泡法

赛证直通

基础知识部分

一、单项选择题

1. 按发酵程度分,青茶是( )的茶类。

A. 不发酵　　　　B. 轻发酵　　　　C. 半发酵　　　　D. 全发酵

2. 青茶冲泡的茶水的比例为( )。

A. 1∶20　　　　B. 1∶30　　　　C. 1∶40　　　　D. 1∶50

3. 下列属于青茶制作工艺的是( )。

A. 杀青→揉捻→干燥　　　　　　　B. 萎凋→揉捻→干燥

B. 发酵→揉捻→干燥　　　　　　　D. 做青→揉捻→干燥

二、多项选择题

下列不属于青茶的有( )。

A. 信阳毛尖　　　　　　　　　　　B. 安吉白茶

C. 太平猴魁　　　　　　　　　　　D. 凤凰单枞

三、判断题

1. 青茶的生产主要是在我国的江浙一带。　　　　　　　　　　　　　（　　）

2. 青茶冲泡的水温为 90℃ 左右。　　　　　　　　　　　　　　　　（　　）

操作技能部分

一、操作技能考核内容

考 核 项 目	考 核 标 准
紫砂壶冲泡青茶	准确掌握用紫砂壶冲泡青茶的方法,要求动作规范熟练,投茶量把握准确
盖碗冲泡青茶	准确掌握用盖碗冲泡青茶的方法,要求动作规范熟练,投茶量把握准确

二、任务分析

1. 用铁观音、大红袍、冻顶乌龙茶叶进行青茶的两种冲泡方法的实训。

2. 任选一种青茶用盖碗冲泡方法进行实训。

三、考核方式

1. 在实训室用紫砂壶和盖碗冲泡青茶。

2. 评分标准:

6

（1）紫砂壶冲泡青茶

考 核 内 容	操作分值	实际得分	备 注
1. 备茶备水备器	10		面带微笑,神情自然,根据客人点茶准备相应茶水器
2. 煮水	5		严格按照青茶冲泡所需水温煮水
3. 赏茶	10		介绍茶叶的名字、产地、制作工艺、茶性特点、茶文化、品饮功效等
4. 温壶洁具	10		按照操作流程认真烫洗每一件茶具
5. 投茶	5		动作准确、茶量标准
6. 温润泡	5		动作准确、迅速
7. 冲泡	10		动作准确
8. 温品茗杯和闻香杯	10		动作优雅、拿杯位置正确
9. 分茶	5		水位一致
10. 倒转乾坤	5		动作优雅、台面整洁
11. 敬茶	5		操作动作正确
12. 引导品茗	10		能激发起客人的品茶欲望,并教会客人品茶
13. 收杯谢客	10		按正确的方法收杯,行礼谢茶
总 分	100		

（2）盖碗冲泡青茶。

考 核 内 容	操作分值	实际得分	备 注
1. 备茶备水备器	10		面带微笑,神情自然,根据客人点茶准备相应茶水器
2. 煮水	5		严格按照青茶冲泡所需水温煮水
3. 赏茶	10		介绍茶叶的名字、产地、制作工艺、茶性特点、茶文化、品饮功效等
4. 温碗洁具	5		按照操作流程认真烫洗每一件茶具
5. 投茶	5		动作准确、茶量标准
6. 摇干茶香	5		动作优雅
7. 嗅闻干茶香	10		描述干茶香

6

续　表

考核内容	操作分值	实际得分	备　注
8.温润泡	5		动作准确、迅速
9.冲泡	10		动作准确
10.出汤	5		动作优雅、保持台面整洁
11.分茶	5		水位一致
12.敬茶	5		操作动作正确
13.引导品茗	10		能激发起客人的品茶欲望,并教会客人品茶
14.收杯谢客	10		按正确的方法收杯,行礼谢茶
总　分	100		

任务五　红茶冲泡

一、基础知识

(一) 红茶概述

红茶是一种经过发酵烘制而成的茶叶,其茶多酚在氧化酶的作用下发生酶促氧化反应,含量减少,对胃部的刺激性也随之减小,从而养胃。经常饮用加糖、加牛奶的红茶,能消炎、保护胃黏膜,对治疗胃溃疡也有一定效果。

红茶是目前世界上消费区域最广、生产量最多、国际贸易量最大的茶类。2023 年我国红茶产量 49.1 万吨,比上年增加 0.9 万吨,增幅 1.9%,占总产量的 14.7%;红茶产值 519.7 亿元,占总产值的 15.8%;红茶内销 37.9 万吨,占总内销量的 15.7%;红茶内销额 560.9 亿元,占内销总额的 16.8%。根据联合国粮农组织的预测,世界红茶产量年增长率预计为 3.7%。红茶贸易量在国际茶贸易量中的占比相当显著,通常占 75% 以上。红茶消费的区域主要是欧洲、美洲和亚洲,其次是非洲、大洋洲。中国的红茶主要分布在福建、云南、广东等地,东北、华东、华南、西北等地区,也有一些传统的消费区域。

随着东西方文化的交融和人们生活节奏的改变,红茶的消费地区和饮用人群也在增加,红茶市场将会继续扩大。

(二) 红茶生产史

红茶制法的发明地是福建省崇安县(今武夷山市)桐木关,该地也被称为红茶的发源地。红茶制作工艺的成熟和生产的兴盛应在 1840 年前后。这里诞生了世界上最早的红茶正山小种,距今已有几百年的历史。尽管红茶的根源在中国,但大放异彩却在欧洲,如荷兰、英国

红茶

6

人对中国的红茶特别喜爱。随着时间的推移,红茶的影响不仅限于中国和欧洲,它逐渐传播到其他国家,包括印度、斯里兰卡、肯尼亚等,这些国家也成为红茶的重要生产国。

红茶制作起源传说

历史上有一个有趣的传说:清朝道光二十年(1840 年)前后,因时局动荡,过路军队进驻桐木关。桐木关茶行众多,茶商和当地百姓纷纷逃离。军队士兵就在茶行休息住宿,将仅有七八成干度的茶包铺在地上当床垫。第二天退兵后,茶庄老板回行处理湿坯茶,发现袋中湿坯茶全部变红,并产生特殊气味。要处理当日收购的湿坯,原有的烘干设备不够用,老板又不愿将变红的茶丢弃,只得将茶置于铁锅中炒和用松柴烘烤。烘干后,茶外表变成乌色。松烟被茶叶吸收,形成一种松烟香的风味。稍经筛分整理后出售与外商,不料引起外商的兴趣,以后年年都要购买这种茶叶。由于生意大好,刺激了红茶的生产,并迅速传播到各地。

(三) 红茶的制作工艺与分类

1. 红茶的制作工艺

红茶制作工艺为:萎凋→揉捻→发酵→干燥。

红茶制作原理与其他茶类的区别在于,制作中利用鲜叶中的多酚类活性酶和空气中氧的共同作用,使茶叶中的多酚类物质氧化缩合形成红茶的品质特色。红茶制作的工艺技术十分讲究,各种红茶制作程序基本一致。

萎凋。萎凋方法通常是室内自然萎凋和萎凋槽(自然或通风加温)萎凋。在萎凋技术上,严格掌握室温、叶温、摊叶厚度和时间、失水量。一般叶温控制在 35℃ 以下,鲜叶含水量60% 左右。萎凋时翻拌鲜叶的动作要轻。

揉捻。制工夫红茶,要掌握嫩叶轻揉,老叶重揉;要求叶组织破碎率在 80% 以上,成条率90% 左右,茶汁不外溢。

发酵。发酵是制的关键环节,发酵室要求空气流通,室温在 24℃~28℃,相对湿度在98% 以上;应严格掌握发酵程度,一般掌握在茶叶散发出浓厚的果香、叶色大部分变红时即可进入烘干工序。

干燥。第一次烘干的温度在 100℃~110℃,以较高的温度破坏酶的活性,去除大部分水分。小种红茶用松柴烘烤熏烟干燥。

红碎茶制造经过多年不断探索,技术日趋完善。对红碎茶的制造,广东英德茶场总结出了一套新工艺技术,就是"偏轻萎凋,强烈快速揉切,偏轻发酵,一次快速烘干"。全国红碎茶制造基本是借鉴这一工艺,因此红碎茶品质大大提高。红茶初制后,还要经过筛分、拣梗、拼配等精制环节,使产品规格一致,品质稳定。

2. 红茶的分类

红茶按制造工艺划分为小种红茶、工夫红茶和红碎茶三大品种。前两大品种又统称为红条茶。三大品种中又按茶树品种和生产地域分为若干品种,而三种红茶的制造程序和制造原理基本相同。在制造工艺上,三种红茶又有区别,因此三种红茶又有各自的品质特点。

（1）小种红茶。小种红茶是福建省特有品种，产于武夷山桐木关一带。依据原料产地和熏烟加工方法不同，分为正山小种和烟小种两种产品。与其他红茶制造方法的区别在于烘干阶段，小种红茶在烘干阶段采用松木柴边熏烟边干燥，形成香气有松烟香、滋味呈桂圆味的品质特点。

（2）工夫红茶。工夫红茶是条形茶，在制造中基本不破坏芽叶的完整性，经揉捻后形成条状。工夫红茶生产地域很广，产品甚多，一般以地名命名其产品。工夫红茶共同的品质特点是，外形条索细紧，汤色红艳，色泽乌润，香气芬芳鲜爽，滋味醇厚甘甜，叶底细嫩红亮。各地不同品种和等级的工夫红茶品质特点有所差异。

（3）红碎茶。红碎茶是在制造过程中，揉捻时将鲜茶叶切碎，形成颗粒状的碎茶。红碎茶产品分为叶茶、碎茶、片茶、末茶4种。其中，碎茶外形紧卷呈颗粒状，重实匀齐，色泽乌润，汤色红艳明亮，滋味浓强鲜爽，叶底棕红亮泽。中国红碎茶起初名称为分级红茶。

（四）红茶名优茶品

1. 正山小种——世界红茶的鼻祖

正山小种，原称"桐木关正山小种"，又称"拉普山小种"，是一种享有盛名的中国红茶，产于福建省武夷山市星村乡桐木关一带。其外形紧结匀整，色泽铁青带褐，香气浓郁，口感醇厚且滑爽，带有微妙的甘甜和轻微的焦糖味。正山小种茶是世界红茶的鼻祖，其独特的生长环境和制作工艺，使其具有不可复制的品质。

正山小种茶历史悠久，据传明朝年间即由茶农创制。在欧洲，尤其是英国，正山小种深受喜爱，被誉为中国茶的象征。其独特的口感和香气，赢得了全球消费者的青睐，成为红茶市场中的翘楚。无论是品茗还是收藏，正山小种都是不可多得的珍品。正山小种如图6-5-1所示。

图6-5-1　正山小种　　　　　　　图6-5-2　祁门红茶

2. 祁门红茶——中国红茶后起之秀

安徽祁门红茶简称祁红，祁门红茶国家标准的定义是"具有祁门香的工夫红茶"，产区包括安徽的祁门县、东至县、石台县、贵池区、黟县等，历史上还包括江西省浮梁县。这是一个自然经济区域概念，不是社会行政区域概念。祁红工夫茶是世界三大高香红茶之一，其外形条索紧细，色泽乌润。"清花果香"是它的韵味，"祁门香"是祁红风韵的称呼。这种香与绿茶的清花香不同，还有水果成熟时散发的甜香。祁门红茶如图6-5-2所示。

3. 滇红工夫茶——彩云之南的瑰宝

滇红工夫茶又称"滇红"，是指我国云南省生产的大叶种工夫红茶，该茶在我国10余种

图6-5-3　滇红工夫茶(滇针)

工夫红茶中品质独特,以外形肥硕、金毫满布、香高味浓著称。滇红工夫外形条索紧结、肥硕雄壮,干茶色泽乌润、金毫特显;汤色艳亮,香气鲜郁高长,滋味浓厚鲜爽,具刺激性;叶底红匀嫩亮。

滇红产于滇西和滇南两个茶区。滇南有西双版纳、思茅(现普洱)、红河等地区;滇西有临沧、保山、德宏、大理等地区。其中以临沧凤庆县为代表,被誉为"滇红之乡"。滇红工夫茶(滇针)如图6-5-3所示。

 知识拓展

为抗战而生的"英雄茶"

《顺宁县志》记载:"1938年,东南各省茶区接近战区,产制不易,中茶公司遵奉部命,积极开发西南茶区,以维持华茶在国际市场上的地位,于民国二十八年(1939年)三月八日正式成立顺宁茶厂。"这一举动激发了我国茶界先辈们爱国救民的民族精神和意志,纷纷投身于实业救国求复兴的活动中。冯绍裘首次用凤山大叶种茶制成红茶"云红",冯因而被誉为云南滇红茶创始人。

4. 川红工夫茶——香气鲜嫩橘子香

20世纪50年代诞生的川红工夫为工夫红茶后起之秀。川红工夫茶产于四川省宜宾、高县等地,以宜宾"早白尖"品种所制的产品最具特色,早白尖工夫红茶为川红珍品。早白尖工夫红茶,成品条索紧细,毫峰显露,色泽乌润,香气鲜嫩带橘子香,滋味醇爽,汤色红亮均匀。该茶为我国在国际市场上应市较早的一个茶叶品种。每年4月即可进入国际市场,以早、嫩、快、好的突出特点及优良品质,博得国内外茶界的赞誉。川红工夫茶如图6-5-4所示。

图6-5-4　川红工夫茶

5. 英德红茶——中国红茶新秀

英德红茶源自中国广东英德,"英红"是它的简称,1959年英红初次投放市场,就博得国内外茶界人士的推崇,堪与印度、斯里兰卡红茶媲美,以其卓越的品质和独特风味在茶界独树一帜。这款红茶具有外形色泽乌润细嫩,汤色红艳明亮,滋味醇厚甜润,具有祁红的鲜甜回味,香气浓郁醇正,叶底鲜艳,较之滇红别具风格。

英红之所以能驰名中外、饮誉世界,乃因其具有浓(厚)、强(烈)、鲜(爽)的品质特点,尤其那秋茶的自然花香更令人喜爱,特别是加奶、加糖后,汤色姜黄瑰丽,香鲜味浓,饮后令人心旷神怡,深受欧美市场青睐。英德红茶如图6-5-5所示。

图6-5-5　英德红茶

 **知识拓展**

南宋诗人杨万里与茶

对英德情有独钟的南宋诗人杨万里（1127—1206 年），字廷秀，号诚斋，江西吉州人（今江西省吉水县），是著名的文学家、爱国诗人，南宋四大家之一，被誉为一代诗宗。他一生为官清廉，爱茶如命，精于茶事，写下了很多精彩的茶诗，影响深远，堪称南宋文坛的代表茶人。其所著《澹庵坐上观显上人分茶》和《谢木韫之舍人分送讲筵赐茶》，可谓是描写宋代分茶的巅峰诗作。

澹庵坐上观显上人分茶

南宋　杨万里

分茶何似煎茶好，煎茶不似分茶巧。
蒸水老禅弄泉手，隆兴元春新玉爪。
二者相遭兔瓯面，怪怪奇奇真善幻。
纷如擘絮行太空，影落寒江能万变。
银瓶首下仍尻高，注汤作字势嫖姚。
不须更师屋漏法，只问此瓶当响答。
紫微仙人乌角巾，唤我起看清风生。
京尘满袖思一洗，病眼生花得再明。
叹鼎难调要公理，策勋茗碗非公事。
不如回施与寒儒，归续茶经传衲子。

谢木韫之舍人分送讲筵赐茶

南宋　杨万里

吴绫缝囊染菊水，蛮砂涂印题进字。
淳熙锡贡新水芽，天珍误落黄茅地。
故人鸾渚紫微郎，金华讲彻花草香。
宣赐龙焙第一纲，殿上走趋明月珰。
御前啜罢三危露，满袖香烟怀璧去。
归来拈出两蜿蜒，雷电晦冥惊破柱。
北苑龙芽内样新，铜围银范铸琼尘。
九天宝月霏五云，玉龙双舞黄金鳞。
老夫平生爱煮茗，十年烧穿折脚鼎。
下山汲井得甘冷，上山摘芽得苦梗。
何曾梦到龙游窠，何曾梦吃龙芽茶。
故人分送玉川子，春风来自玉皇家。
锻圭椎璧调冰水，烹龙庖凤搜肝髓。
石花紫笋可衔官，赤印白泥牛走尔。
故人气味茶样清，故人风骨茶样明。
开缄不但似见面，叩之咳唾金石声。
曲生劝人堕巾帻，睡魔遣我抛书册。

6

老夫七碗病未能，一啜犹堪坐秋夕。

此外，杨万里茶诗亦多名句，如《寄题萧邦怀少芳园》："幽人自煮蟹眼汤，茶瓯影里见山光"，《惠泉分茶示正孚长老》："须烦佛界三昧手，拈出茶经第二泉"，《以六一泉煮双井茶》："鹰爪新茶蟹眼汤，松风鸣雪兔毫霜。细参六一泉中味，故有涪翁句子香。日铸建溪当退舍，落霞秋水梦还乡。何时归上滕王阁，自看风炉自煮尝。"又如《题陆子泉上祠堂》："先生吃茶不吃肉，先生饮泉不饮酒。饥寒只忍七十年，万岁千秋名不朽。惠泉遂名陆子泉，泉与陆子名俱传。一瓣佛香炷遗像，几多衲子拜茶仙。"

6. 金骏眉茶——中国新品种名茶

图 6-5-6　金骏眉茶

金骏眉茶属于红茶中正山小种的分支，原产于福建省武夷山市桐木村。由正山小种红茶第二十四代传承人江元勋带领团队，在传承四百余年的红茶文化与传统技艺基础上，通过创新融合，于 2005 年研制出的新品种红茶。金骏眉之所以名贵，是因为全程都由制茶师傅手工制作，每 500 克金骏眉需要数万颗的茶叶鲜芽尖，采摘武夷山自然保护区内的高山原生态小种新鲜茶芽，然后经过一系列复杂的萎凋、摇青、发酵、揉捻等加工步骤而得以制成。金骏眉是难得的茶中珍品，外形细小紧密，伴有金黄色的茶绒茶毫，汤色金黄，入口甘爽。金骏眉茶如图 6-5-6 所示。

 知识拓展

金骏眉的名字由来

"金"是指原料金贵，价值堪比黄金，且它的茶汤颜色为金黄色。

"骏"是因其原料由全村人跑遍崇山峻岭采集而来，且参与制茶的江骏生、江骏发、梁骏德等茶师的名字中都有一个"骏"字，同时也希望此茶上市如同骏马奔腾、市场前景广阔。

"眉"指的是做出来的茶叶形状像眉毛，而且历史上单芽制作的茶类里有寿眉、珍眉等。

（五）红茶品饮功效

红茶经过发酵，内含物质发生了较大变化，但茶叶中的基本生化成分和有效物质与其他茶类仍然相近。其中变化较大的是茶多酚减少了 90% 以上，产生了茶黄素、茶红素等新成分。茶黄素、茶红素是抗氧化物质，对人体有保健功效。红茶性温，具有驱寒、化痰、开胃消食、益思醒脑、消除疲劳等作用，所以脾胃虚弱的人更适宜饮用红茶。红茶同样具有抗氧化、降血脂、抑制动脉硬化、杀菌消炎、利尿、消水肿、强壮心肌和增强毛细血管弹性、降低血糖和降低血压的功能。

二、红茶冲泡准备工作

（一）看人

在泡茶前，与茶客沟通识人，应着重了解茶客的口味偏好、体质状况及饮茶习惯。口味偏好决定了红茶的选择，是清淡还是浓郁；体质状况则关乎茶的温凉属性，避免不适宜的茶对身体造成负担；饮茶习惯则有助于茶艺师掌握冲泡的时长和技巧，是否加牛奶或糖等，以提供最符合茶客需求的茶饮体验，从而更精准地把握每位茶客的需求，展现茶的精髓与魅力。

（二）备茶

在泡茶前，先要观察所泡红茶的干茶外形、色泽，闻干茶香气，有无异味，并判断选用泡茶器具、水及水温等。根据茶杯容量，按 1∶50 的比例来量取茶叶，一般每泡茶为 3～4 克。

（三）备器

冲泡红茶可以用不同冲泡器具，盖碗、玻璃杯、紫砂壶等皆可，各种器具的大小不一、造型各异。红茶诱人的香气主要是借着热气散发出来，煮沸的水若直接注入冰冷的茶具，泡好后再倒入冰冷的茶杯，热度会因此大为降低，香味不能发挥出来，故在冲泡前，应先将茶具以热水烫过，并在茶杯中盛以热水，待茶叶快冲泡好时，将杯中的水倒掉，再注入泡好的茶汤。

（四）备水

红茶的香气和味道会因为水质的不同而有很大的差异，要冲泡出一壶香气袭人的美味红茶，可以选择软水、净化等。

同时还应关注水温，保证红茶香气和味道得到最佳的发挥。冲泡的水温为 90℃～100℃，水完全煮沸的前一刻"水花将成圆形"时的热水最适合泡红茶；或者可以让水沸腾后，熄火稍待片刻再行冲泡，等待时间需视室温而定；若难以控制时间，还可以采用"高冲法"，即将热水壶高举，如此热水注入壶中时会有一段缓冲，亦有降温效果。

冲泡红茶时每次投茶量为多少并无统一的标准，主要根据茶叶种类、茶具大小以及消费者的饮用习惯而确定。通常以 1∶50 的比例来投放茶叶，即一般中式冲泡需要 3～4 克红茶，150～200 毫升水。

 知识拓展

要泡美味好喝的红茶，矿泉水是首选吗？

这种说法其实是不科学的。因为市面上的矿泉水大部分都属硬水，拿硬水来泡红茶，茶色会比较黑，香气会比较淡，同时口感也会稍差一点。

（五）驭时

要冲泡出一泡好茶，泡好后茶叶需与茶汤分离，此时冲泡时间的掌握便成为关键。中式泡法，比如盖碗冲泡，同样的茶水比例，时间从第一泡到第四泡，依次为 10 秒、15 秒、20 秒、30 秒，之后根据浓淡需求增减时间。可以根据个人的饮茶习惯，延长或者缩短冲泡时间，来冲泡出最适宜自己的茶汤浓度。若茶叶细嫩，也可快入水，快出汤。

6

三、红茶冲泡

从红茶茶汤的调味与否,可分红茶清饮法和红茶调饮法。

(一) 清饮法

红茶清饮法是中国大多数地方饮用红茶的方法,工夫红茶饮法就属于清饮。清饮法即在红茶汤中不加任何调味品,使茶叶发挥固有的香味。在品饮时,先预备洁净的杯或壶,选适量红茶(一般3~5克/杯),先观其形,后放入杯中或壶中,用沸水注入已置有茶叶的杯或壶中,加盖静置3~5分钟。打开盖,先闻其香,再观其汤色,然后品其味。工夫红茶一般冲泡2~3次;红碎茶(以袋泡为宜,快速泡饮),冲泡一两次后茶味就很淡了。用壶冲泡的,即将冲泡好的茶汤倒入杯或盏中,然后细品其味,体会红茶之美,获得精神升华。

1. 盖碗泡法

(1) 茶艺师行礼。向在场的每一位宾客鞠躬行礼,表达敬意与欢迎。

图6-5-7　红茶盖碗泡法茶席

(2) 备茶、备水、备器。准备好茶具盖碗、煮水器、公道杯、品茗杯、茶荷、茶匙、茶巾、水盂等。红茶盖碗泡法茶席如图6-5-7所示。

(3) 烫杯。沏茶之前,将沸水注入盖碗温具,约10秒后,将水弃去,此法有助于提高盖碗的温度,以保证冲泡时的水温。温盖碗后再温公道杯和品茗杯。

(4) 赏茶。将备好的红茶置于茶荷中,供宾客们观赏,并详细解说红茶的条索、色泽等外观特征。

(5) 投茶。用盖碗冲泡,建议投茶3克。同时根据口感轻重程度、人数多少增加或减少投茶量。

(6) 摇干茶香。合上盖碗,轻轻地上下摇晃茶具3~4次,让茶叶与盖碗内壁充分接触,利用茶具的余温来激发茶叶的香气。

(7) 注水、出汤。红茶的冲泡水温以90℃为佳。浸泡时间视茶叶粗细老嫩、原料级别高低衡量。细嫩茶叶,如品质上乘的国礼、特级、一级红茶,建议冲泡10秒后即可出汤,冲泡次数增加一次,冲泡时间可适当延长5—10秒。每次冲泡都必须将盖碗中的茶汤倒干净。

(8) 分茶。将茶汤倒入公道杯,这样可以达到均匀茶汤的作用。再按从右向左的顺序将茶汤注入品茗杯中。

(9) 敬茶。双手捧着品茗杯,恭敬地递给宾客们,微笑地示意宾客品尝。

(10) 引导品茗。向宾客介绍品茗的技巧和注意事项,引导品味红茶的韵味,详细解说红茶的口感特点、香气层次以及品饮后的感受。

(11) 谢茶。当所有宾客都品尝完红茶后,再次向宾客鞠躬行礼,表达感谢之情。

2. 玻璃壶泡法

(1) 茶艺师行礼。向在场的每一位宾客鞠躬行礼,表达敬意与欢迎。

(2) 备茶、备水、备器。准备好茶具玻璃壶、煮水器、公道杯、品茗杯、茶荷、茶匙、茶巾、

红茶盖碗
泡法

水盂等。红茶玻璃壶泡法茶席如图6-5-8所示。

图6-5-8　红茶玻璃壶泡法茶席

（3）烫壶。将热水倒入玻璃壶中，摇晃几下后迅速倒出，从而清洁茶具并温壶。

（4）清洗品茗杯。轻轻旋转、清洗公道杯和品茗杯，确保杯子干净无异味。

（5）赏茶。将备好的红茶置于茶荷中，供宾客们观赏，并详细解说红茶的条索、色泽等外观特征。

（6）冲泡、出汤。将茶叶投入玻璃壶中，缓缓注入热水，控制注水的速度和节奏，让茶叶充分吸收水分并舒展开来，待茶汤色泽红亮时，迅速将茶汤倒入公道杯中。

（7）分茶。将公道杯中的茶汤依次倒入品茗杯中，确保每杯茶的茶汤量都恰到好处。

（8）敬茶。双手捧着品茗杯，恭敬地递给宾客们，微笑地示意宾客品尝。

（9）引导品茗。向宾客介绍品茗的技巧和注意事项，引导品味红茶的韵味，详细解说红茶的口感特点、香气层次以及品饮后的感受。

红茶玻璃壶
泡法

（10）谢茶。

3. 飘逸杯红茶冲泡

（1）投茶。取适量红茶置入飘逸杯内胆，建议投茶量茶水比为1∶50。

（2）注水冲泡。再次往飘逸杯中冲入沸水，水温控制参照盖碗冲泡的水温。

（3）静候茶汤。盖上盖子，静候茶汤片刻，红茶第一泡的浸泡时间约10秒，冲泡次数每增加一次，浸泡时间可适当延长5～10秒。

6

（4）出汤。按上方按钮使红茶的茶汤流入飘逸杯中。

（5）倒茶入杯。将飘逸杯中的茶汤倒入品茗杯。

（6）品饮。感受一杯红茶的甜醇与美好。

（二）调饮法

红茶的调饮法即在茶汤中加入调料，以佐茶味，此法在西方国家比较流行。在茶汤中加入的调料有牛奶、糖等，也有加入柠檬、咖啡、蜂蜜或香槟酒等，以增强刺激性、变换口感。现在调饮法也随着人们的需求和意愿加入各种调味品，花样在不断翻新。

1. 柠檬红茶冲泡

（1）冲泡。将红茶用热水冲泡，静置几分钟待其散发出浓郁的茶香。

（2）加柠檬。将柠檬切片或挤出柠檬汁，根据个人口味加入茶汤中。

（3）调味。根据喜好，加入适量蜂蜜或糖调味，搅拌均匀。

（4）调温。根据喜好加入冰块或温水调整温度。

（5）品饮。一杯清新爽口的柠檬红茶就冲泡完成了，品饮柠檬红茶，既具有红茶的醇厚口感，又带有柠檬的酸甜香气。

2. 牛奶红茶冲泡

（1）冲泡。将适量红茶放入茶壶中，用热水冲泡，让茶香充分释放。将冲泡好的红茶倒入杯中，待其稍微冷却。

（2）加奶。取新鲜牛奶加热至温热状态，根据个人口味，按一定比例将牛奶倒入红茶中。

（3）调味。可根据喜好加入适量的糖或蜂蜜调味，轻轻搅拌均匀即可。

（4）品饮。这样冲泡出的牛奶红茶，既有红茶的香醇，又融合了牛奶的丝滑口感，是一款温暖舒适的饮品。

3. 泡沫红茶冲泡

（1）冲泡。准备适量红茶，用热水冲泡至浓郁香醇，然后冷却至适宜温度。

（2）加奶精。取一个干净的杯子，加入适量的奶精粉或奶油，根据个人口味可适量加入糖浆或蜂蜜。

（3）起泡。用搅拌器将奶精和糖浆充分搅拌均匀，直至产生丰富的泡沫。

（4）混合。将冷却好的红茶缓缓倒入杯中，与泡沫混合。

（5）品饮。品饮一杯香醇可口的泡沫红茶。

 课堂讨论

　　如果你是此次茶品冲泡的茶艺师，你将如何引导顾客品饮此茶？如何引导顾客消费？如何推广中国名茶？

要点：

1. 干茶、茶汤、香气、滋味、叶底。

2. 熟悉客人的身体状况、客人品茶的习惯、客人买茶的目的、客人的消费水平。

3. 向客人介绍茶名、产地、历史文化、制作工艺、茶性特点、冲泡要点、品饮功效。

四、海外红茶

（一）海外红茶产地及品种

海外红茶的产地丰富多样，且各个产地都有自己独特的红茶品种和特色。

1. 印度

阿萨姆红茶。产自阿萨姆邦，是印度著名的红茶之一。其特点是茶色深红，带有浓郁的麦芽香和花果香，口感醇厚，略带甜润。大吉岭红茶。产于印度的大吉岭高原一带。当地年均温度 15℃，白天日照充足，但日夜温差大，谷地里常年弥漫云雾，是孕育此茶独特芳香的一大因素。此茶与中国的"祁门红茶"、斯里兰卡红茶，并称为世界三大高香红茶。

2. 斯里兰卡

锡兰高地红茶。以乌沃茶最为著名，产于斯里兰卡山岳地带的东侧。其茶色橙红明亮，香气芬芳高雅，带有独特的薄荷和铃兰香气，口感细腻，回甘悠长。

3. 肯尼亚

肯尼亚红茶。肯尼亚是非洲最大的红茶出口国之一，其红茶品种多样。肯尼亚红茶的特点是色泽鲜艳，香气浓郁，口感醇厚，带有一种独特的果香和花香。

（二）红茶奶茶

奶茶源自我国西北部。公元 5 世纪时，茶已经流传到我国北方游牧民族。那时的西北部,乳资源丰富,加之在牧区和高寒地区的少数民族食肉较多,需要茶来帮助消化和提供必需的维生素。在饮食习惯机缘巧合的推动之下,奶茶就此诞生。人们在冬季大量饮用奶茶,以驱除寒冷。在外出离家前喝足奶茶,可以耐渴耐饿。

随着盛唐时期丝绸之路的发展,中国茶辗转到达了英国皇室。此后,奶茶式的茶叶调饮方式开始普及欧洲各地,进而全世界,到现在还是阿拉伯人和英国人喝茶的主要形式。

在文化交流发展的过程中,每到一个地方都会根据当地的风俗习惯对外来文化加以修饰、补充,奶茶文化也不例外。正是因为如此,才衍生出了英式下午茶文化。

1. 做法

(1) 将新鲜的水注入水壶中,用大火加热至沸腾。

(2) 将约 8 克的茶叶放入茶壶中。

(3) 将约 350 毫升的沸水注入茶壶中。

(4) 盖上壶盖,焖约 3 分钟。

(5) 时间到后,轻轻搅拌,使茶汤浓度均匀。

(6) 将茶汤滤出,倒进准备好的容器中。

(7) 根据茶杯大小将茶汤注入至三分之一处,倒入与茶汤同样量的牛奶。

(8) 根据喜好添加白砂糖或蜂蜜,搅拌均匀后即可享用。

2. 诀窍

(1) 沸水冲入壶中时应稍微用力猛冲,以激发茶的香气。

(2) 注意茶汤不要完全出尽,留三分之一以保持续水后的茶汤浓度。

(3) 牛奶不宜加热,蜂蜜在倒入牛奶后再添加,以免温度极高的茶汤破坏蜂蜜的营养成分。

(4) 初次尝试,宜茶与牛奶的量各一半,之后根据自己的喜好有所增减。

中国的祁门红茶、正山小种等红茶,以及阿萨姆红茶、大吉岭红茶、锡兰红茶,内含物质浸出量大,适合奶茶的制作。

 知识拓展

英国奶茶究竟是先加奶(Milk-in First)还是先加茶(Milk-in After)?

奶茶是英国红茶最具代表性的喝法,然而英国人却为了 MIA(Milk-in After)和 MIF(Milk-in First)这个问题争论不休:在 19 世纪 40 年代,英国家庭版的杂志《家庭经济学人》中详细记载了冲泡美味红茶的心得,其中推荐的是"先放牛奶后加红茶"。但在约 100 年后,英国某作家写了一篇短文《一杯美味的红茶》(1946 年),其中对于如何冲泡出美味的红茶,他洋洋洒洒地写了十一条做法,并以"英国红茶权威的确定版"而闻名,主张是"先将红茶倒入杯中,之后再加入牛奶"。此后英国茶商川宁(Twining)公司也发表自己的见解,归纳出九条红茶冲泡法,并主张先加牛奶。两种观点各有其支持者。

最后只好请英国皇家化学学会来做裁决,该学会是一个世界性的、极具权威性的化学研究组织,它于 2003 年用"英国皇家化学学会十条",验证的"一杯完美红茶的冲泡法"是"先加牛奶",终于让茶杯中的红茶和牛奶都"各安其位"。

6

当然，实际品饮中，不同的人都有自由选择的权利。但从科学的角度来讲，奶茶美味的原因，是牛奶中含有可以抵消茶的苦涩味的蛋白质；因此，若将牛奶加入滚烫的热茶里，蛋白质会因过热而变性失效；反之，将热茶注入牛奶中，二者混合后的温度较低，蛋白质仍能有效作用，自然比较好喝。

赛 证 直 通

基础知识部分

一、单项选择题

1. (　　)被誉为"红茶之祖"。

A. 祁门红茶　　　　　　　　　　　B. 正山小种

C. 滇红　　　　　　　　　　　　　D. 英德红茶

2. 红茶的发酵程度是(　　)。

A. 5%～10%　　　　　　　　　　　B. 20%～30%

C. 70%～90%　　　　　　　　　　　D. 95%～100%

3. 红茶的主要产地不包括(　　)。

A. 中国　　　　　B. 印度　　　　　C. 斯里兰卡　　　　D. 越南

4. 下列关于红茶的描述中，错误的是(　　)。

A. 红茶是以适宜的茶树新芽叶为原料制作的。

B. 红茶的特点是色泽乌润，味厚而带有焦苦。

C. 红茶在发酵过程中，茶叶中的成分不会产生化学反应。

D. 红茶含有维生素、咖啡因、氨基酸等多种营养和功效成分。

5. 以下茶中，不是红茶的是(　　)。

A. 金骏眉　　　　　B. 铁观音　　　　　C. 正山小种　　　　D. 祁门红茶

二、多项选择题

1. 关于红茶的以下说法，正确的有(　　　)。

A. 红茶是在绿茶的基础上制成的

B. 红茶的制作过程包括萎凋、揉捻、发酵、干燥等步骤

C. 红茶的特点是色泽乌润，味厚而带有焦苦，有麦芽香

D. 红茶主要产于中国、印度、斯里兰卡等国

2. 以下茶中适合制作奶茶的有(　　　)。

A. 阿萨姆红茶　　　　　　　　　　B. 祁门红茶

C. 大吉岭红茶　　　　　　　　　　D. 碧螺春

三、判断题

1. 红茶的品饮方式只有热饮一种。　　　　　　　　　　　　　　　(　　)

2. 红茶的发酵过程是在茶叶采摘后立即进行的。　　　　　　　　　(　　)

3. 红茶中的茶多酚含量高于绿茶。　　　　　　　　　　　　　　　(　　)

操作技能部分

一、操作技能考核内容

考核项目	考核标准
盖碗冲泡红茶	准确掌握用盖碗冲泡红茶的方法,要求动作规范熟练,投茶量把握准确,凉汤水温适宜

二、任务分析

任选一种红茶用盖碗冲泡方法进行实训。

三、考核方式

1. 在实训室用盖碗冲泡红茶。

2. 评分标准:

考核内容	操作分值	实际得分	备注
1. 备水、备具	10		面带微笑,神情自然,备具适宜
2. 洁具	10		按照操作流程认真烫洗每一件茶具
3. 备茶	10		取茶动作正确
4. 茶品介绍	10		介绍茶叶的名字、产地、制作工艺、茶性特点、茶文化、品饮功效等准确
5. 投茶	5		动作准确、茶量标准
6. 温润泡	10		注水方法正确
7. 出汤	10		动作优雅、不滴不洒
8. 分茶	10		动作优美、茶量适中、汤温适中
9. 敬茶	10		捧杯敬茶,伸手礼,语言表达准确
10. 引导品茗	10		能激发起客人的品茶欲望,并教会客人品茶
11. 收杯谢客	5		按正确的方法收杯,行礼谢茶
总　分	100		

任务六　黑茶冲泡

一、基础知识

(一)黑茶概述

黑茶属于后发酵茶,性温和,是六大茶类中发酵程度最深的茶。2023 年,我国黑茶产量

黑茶

45.8 万吨,占总产量的 13.7%;黑茶产值 310.4 亿元,占总产值的 9.4%;黑茶内销 37.8 万吨,同比增长 3.7%,占总内销量的 15.7%;黑茶内销额 358.6 亿元,占内销总额的 10.7%。黑茶的主要品类有雅安藏茶(南路、西路);云南普洱茶;广西六堡茶;湖南茯砖茶;湖北老青砖茶。

(二)黑茶生产史

黑茶又被称为"马背上形成的茶""边销茶""少数民族的民生之茶"。据历史记载,"黑茶"二字最早见于明朝嘉靖三年(1524 年)《甘肃通志》,御史陈讲上奏:"以商茶低伪,征悉黑茶"。同时《明史·食货志》的记载表明黑茶的起源在四川,其年代可追溯到唐宋时茶马交易中早期。雅安藏茶是黑茶鼻祖。据《西藏政教史鉴》记载,"茶亦自文成公主入藏"。公元 641 年,文成公主和亲松赞干布,此后,藏地饮茶之风盛行,唐宋以来的历代王朝更是实行"以茶易马、以茶治边"的政策来维护国家统治。雅安作为当时茶马交易的主要集散地,所产茶叶被运往藏地,经长时间的日晒雨淋,在湿热条件下发生化学变化,颜色逐渐变黑,形成了与绿茶完全不同的品质风味,更适合藏地人民的生活习俗。久而久之,人们就在茶叶初制或精制过程中增加渥堆工序,于是黑茶就产生了。后来,云南、湖南、陕西、广西、湖北等地都有黑茶加工生产。

(三)黑茶制作工艺

黑茶初加工包括:杀青→初揉→渥堆→复揉→干燥。

黑茶的原料选用较粗老的鲜叶,外形粗大,叶老梗长,多在新梢形成驻芽时进行采割。

杀青是用高温短时间内破坏酶的活性,制止酶促多酚类化合物的氧化,保留较多的有效成分;同时,蒸发一部分水分,使叶质变软便于揉捻。

初揉是使叶片初步成条,为干茶的成形打下基础,并破坏茶叶组织让茶汁揉出从而附于叶的表面,为渥堆创造条件;复揉是为了更好的塑形,使渥堆后回松的茶条揉捻卷紧,同时使更多茶汁揉出,使制成的干茶更容易冲泡。

渥堆是制作黑茶重要的工序,它还是黑茶色、香、味品质形成的关键。渥堆的目的主要是使多酚类化合物氧化,去除部分涩味。黑茶渥堆应有适宜的条件,要在背窗、洁净的地面,避免阳光直射。由于加工工艺的特殊,黑茶香味醇而不涩,汤色橙红明亮,叶底呈现出黄褐色。

干燥与其他茶类相同。主要是散失水分,巩固已形成的品质特征,便于今后的保存。在干燥过程中,为了进一步发展和形成黑茶特有的品质风格,黑茶干燥方式因产地不同风格也不尽相同。到目前为止干燥方法有明火烘干、晒干、机械干燥等几种。

(四)黑茶名优茶品

黑茶的名优茶品有:安化黑茶、广西六堡茶、雅安藏茶、普洱熟茶等。

1. 安化黑茶

安化黑茶主要产于湖南益阳安化县,黑茶最好的原料产于马二溪,安化黑茶是由新鲜切好的茶叶经过杀青、第一次揉捻、渥堆、第二次揉捻和干燥五道工序制成的。安化黑茶条索卷折成泥状,色泽油黑,汤色橙黄,叶底黄褐,清香醇厚,松烟香缭绕。毛茶经蒸压装篓后称天尖,蒸压出黑砖、花砖或茯砖。安化黑茶如图 6-6-1 所示。

图 6-6-1 安化黑茶

2. 广西六堡茶

广西六堡茶的产地为广西壮族自治区梧州市苍梧县六堡镇,其茶性温和,采用当地大叶种茶树的鲜叶作为原料,鲜叶标准为成熟新梢的一芽二三叶或一芽三四叶,它的成品茶具有"红、浓、陈、醇"四绝的显著特征。其条索长整紧结,汤色红浓,香气陈厚,滋味甘醇可口,带松烟和槟榔味,叶底铜褐色。广西六堡茶如图6-6-2所示。

图6-6-2　广西六堡茶

3. 雅安藏茶

雅安藏茶指在雅安市辖行政区域内,以一芽五叶以内的茶树新梢(或同等嫩度对夹叶)为原料,采用南路边茶的核心制作技艺并结合现代制作工艺,经杀青、揉捻、渥堆、干燥、精制、拼配、蒸压(或不蒸压)等工艺制成的黑茶类产品,具有褐叶红汤、陈醇回甘的独特品质。雅安藏茶输入西藏,已有1 300多年历史,是藏族同胞的主要生活饮品,又称藏族同胞的"民生之茶"、藏汉团结的"友谊之茶"。藏茶含多酚类物质、纤维素、维生素、生物碱、茶多糖及微量元素硒,可为在高原生活的人们补充各种营养物质等。雅安藏茶如图6-6-3所示。

a.雅安芽细藏茶　　　　　　　b.雅安金花藏茶　　　　　　　c.雅安散装藏茶

图6-6-3　雅安藏茶

图6-6-4　普洱熟茶

4. 普洱熟茶

普洱熟茶,是指从云南普洱、临沧,西双版纳等地区大叶种茶树上采摘鲜叶,经过杀青、揉捻、晒干制成晒青毛茶,再采用渥堆(即人工发酵)快速发酵,使茶在短时间内就能达到存放多年的品质的一种茶,习惯上称为"熟茶"(熟茶的特点是需要人工渥堆)。冲泡后的汤色红浓明亮,具有陈香。普洱熟茶茶性温,适合中老年人及有"三高"的人群饮用。普洱熟茶如图6-6-4所示。

(五) 黑茶品饮功效

黑茶中含有较丰富的营养成分,主要是维生素、矿物质,还有氨基酸、糖类物质。黑茶属于后发酵茶,它的内含物质丰富,有促进消化、缓解油腻、健脾开胃、暖胃抗寒、提升免疫力、提神醒脑、抗氧化、降血压、防动脉硬化、补充微量元素等功效。

二、黑茶冲泡准备工作

(一) 备茶

选择黑茶时,应确保其品质上乘、保存良好。优质的黑茶色泽油润,香气浓郁,口感醇厚。根据个人口味和茶具容量来决定投茶量。一般来说,3～5克的黑茶适合一个中型的茶壶。

(二) 看人

在冲泡黑茶之前,了解饮茶者的口味偏好、健康状况和饮茶习惯,有助于选择适合的茶叶和冲泡方法,确保每个人都能享受到最佳的饮茶体验。

(三) 备器

根据茶客的需要或茶叶的特性,判断选择玻璃壶、盖碗或紫砂壶来冲泡,也可选用其他材质的壶泡法来冲泡。

(四) 备水

选择适宜的水质,可以更好地凸显出黑茶独特的香气与风味。

三、黑茶冲泡

黑茶是一种具有独特发酵工艺和含有丰富营养价值的茶叶。它具有"越陈越香"的特点,经过长时间的存放,茶叶中的物质会发生进一步的转化,使黑茶的口感和香气更加醇厚、甘甜。

在冲泡黑茶时,可以选择玻璃壶、盖碗或紫砂壶等器具,以充分展现黑茶的独特魅力。

(一)黑茶玻璃壶熏蒸法

玻璃壶熏蒸冲泡法,是用玻璃壶作为主泡器泡黑茶,便于观察黑茶红浓的茶汤,配以公道杯以及5个品茗杯(可根据客人数量做增减)。

(1)备茶。根据客人所点茶品,准备茶叶置于茶荷中,茶水比一般为1∶40。

(2)备具。玻璃壶、公道杯、品茗杯、茶盘或茶席、茶荷、茶巾、茶匙、煮水器。若是干泡茶席,可准备一个水盂。

(3)备水。水是冲泡茶叶的灵魂。冲泡黑茶时,选用软水,如纯净水或山泉水。水的温度也是关键,一般来说,黑茶需要较高的水温来激发茶叶的香气和滋味,通常选用刚沸腾的开水进行冲泡。

(4)温壶洁具。在正式冲泡前,需要用热水烫洗玻璃壶、公道杯、品茗杯,这样不仅能清洁茶具,还能提高杯子的温度,有利于茶叶香气的散发。

(5)注水煮水。向壶中注入开水,并煮水。

(6)赏茶。将备好的茶叶放入茶荷中,欣赏其色泽和形态,感受黑茶独特的韵味。

(7)投茶。将茶叶投入玻璃壶中。

(8)煮水熏蒸。打开电源煮水熏蒸。在熏蒸的同时清洗品茗杯。

（9）出汤。将玻璃壶中的茶汤倒出于公道杯中，起到匀汤的作用。冲泡完成后，欣赏茶汤的颜色和清澈度。黑茶的茶汤通常呈深褐色或红褐色，清澈透亮。

（10）分茶。将公道杯中的茶汤分到品茗杯中。注意斟茶只斟七分满，斟茶过满不易端取，容易烫手。

（11）敬茶。双手将泡好的茶敬给来宾，并行伸掌礼，请客人用茶。

（12）引导品茗。引导客人先闻其香，再品其味，细细感受黑茶带来的醇厚口感和独特韵味。在品饮过程中，可以根据个人口味适量调整茶叶的用量和冲泡次数。

（13）谢茶。行礼谢茶。

黑茶玻璃壶
熏蒸法

（二）黑茶盖碗泡法

（1）备茶。首先，准备大约3~5克的优质黑茶。根据个人口味和盖碗的大小，可以适量增减茶叶的用量。优质的黑茶能够确保茶汤的口感和香气。

（2）备具。准备一个盖碗、公道杯、品茗杯、茶荷、茶匙等茶具。盖碗是冲泡黑茶的主要工具，具有轻便易携、方便操作等特点，非常适合冲泡黑茶和品味茶汤的变化。盖碗冲泡黑茶茶具如图6-6-5所示。

（3）备水。选用优质的水源，如泉水、井水、矿泉水或纯净水等。

图6-6-5　盖碗冲泡黑茶茶具

（4）烫杯。在冲泡之前，用开水烫洗盖碗、公道杯和品茗杯，以提高它们的温度。这样不仅可以清洁茶具，还能确保茶汤的香气更好地散发。

（5）赏茶。将备好的黑茶放入茶荷中，仔细观察茶叶的色泽、形状和质地，感受其独特的魅力。这一步可以增加品茶的仪式感，提高品茶的乐趣。

（6）投茶。将茶荷中的茶叶投入盖碗中。

（7）摇干茶香。运用烫洗后盖碗的温热激发干茶的香气。

（8）嗅闻干茶香。盖碗的盖子揭开一个缝隙，靠近鼻翼，闻香。在客人闻香的时候可以简单地介绍一下茶叶的香气。

（9）温润茶。也称为"洗茶"或"醒茶"。用茶匙将茶叶有序地投入盖碗中，提起水壶，选择茶叶边缘的一点，定点注入沸水。让茶叶在盖碗中充分浸润，然后迅速倒出水。这一步的目的是唤醒茶叶，使茶叶更好地舒展开。

（10）冲泡。再次提起水壶，向盖碗中注入沸水至七八分满。注意控制水温和水流速度，保持冲泡水温适宜。

（11）出汤。将冲泡好的茶汤倒出于公道杯中，起到匀汤的作用。

（12）赏汤。在冲泡过程中，可以观察茶汤的变化。黑茶的茶汤通常呈现深褐色或红褐色，清澈透亮。欣赏茶汤的同时，也可以感受其独特的香气。

（13）分茶。将公道杯中的茶汤分到品茗杯中，注意品茗杯茶汤水位一致。

（14）敬茶。双手将泡好的茶敬给来宾，并行伸掌礼，客人可用叩指礼回敬。

（15）品饮。待茶汤浸泡至适当的时间后（根据茶叶的品质和个人口味调整），将茶汤滤入

黑茶盖碗
泡法

公道杯,再分入品茗杯中,细细品味黑茶的香气和口感。黑茶口感醇厚,香气深沉,回甘极好。

(16)谢茶。行礼谢茶。

(三)黑茶壶泡法

壶的材质很多,比如紫砂壶、黑砂壶、陶壶、瓷壶等。将壶作为主泡器,采用分杯泡法。具体流程是:备茶、备水、备器、煮水、赏茶、温壶洁具、投茶、摇干茶香、嗅闻干茶香、浸润泡、冲泡、出汤、分茶、敬茶、引导品茗、谢茶。紫砂壶冲泡黑茶如图6-6-6所示。

图6-6-6 紫砂壶冲泡黑茶

赛 证 直 通

基础知识部分

一、单项选择题

1. 按发酵程度分,黑茶是(   )的茶类。

A. 不发酵   B. 轻发酵   C. 后发酵   D. 全发酵

2. 黑茶冲泡的茶水的比例为(   )。

A. 1∶20   B. 1∶30   C. 1∶40   D. 1∶50

3. 下列属于黑茶制作工艺的是(   )。

A. 杀青→揉捻→渥堆→干燥   B. 萎凋→揉捻→干燥

C. 发酵→揉捻→干燥   D. 闷堆→揉捻→干燥

4. 四川边茶属于(   )茶类。

A. 黄茶   B. 青茶   C. 红茶   D. 黑茶

5. 与其他茶类相比,黑茶独有的工序是(   )。

A. 杀青   B. 渥堆   C. 萎凋   D. 晒青

二、多项选择题

1. 下列属于黑茶的有(   )。

A. 信阳毛尖   B. 雅安藏茶   C. 广西六堡茶   D. 君山银针

2. 黑茶的主要产地有(   )。

A. 云南   B. 湖南   C. 广西   D. 四川

三、判断题

1. 黑茶在我国被称为少数民族的民生之茶。 （ ）
2. 黑茶是我国产量最大出口量最多的茶。 （ ）

操作技能部分

一、操作技能考核内容

考 核 项 目	考 核 标 准
玻璃壶冲泡黑茶	准确掌握用玻璃壶冲泡黑茶的方法,要求动作规范熟练,投茶量把握准确
盖碗冲泡黑茶	准确掌握用盖碗冲泡黑茶的方法,要求动作规范熟练,投茶量把握准确,水温适宜

二、任务分析

1. 对雅安藏茶进行玻璃壶、黑茶冲泡方法的实训。
2. 任选一种黑茶进行盖碗冲泡方法的实训。

三、考核方式

1. 在实训室用玻璃壶和盖碗冲泡黑茶。
2. 评分标准:
（1）玻璃壶冲泡黑茶。

考 核 内 容	操作分值	实际得分	备 注
1. 备茶备水备器	10		面带微笑,神情自然,准备相应茶水器适宜
2. 烫杯温壶	10		按照操作流程认真烫洗每一件茶具
3. 赏茶	15		介绍茶叶的名字、产地、制作工艺、茶性特点、茶文化、品饮功效等准确
4. 投茶	5		动作准确、茶量标准
5. 温润泡	5		动作准确、迅速
6. 冲泡	10		动作准确
7. 出汤	5		动作优雅、保持台面整洁
8. 分茶	10		各杯水位一致
9. 敬茶	5		操作动作正确
10. 品饮	15		能激发起客人的品茶欲望,并教会客人品茶
11. 收杯谢客	10		按正确的方法收杯,行礼谢茶
总 分	100		

6

（2）盖碗冲泡黑茶。

考核内容	操作分值	实际得分	备　注
1. 备茶备水备器	10		面带微笑，神情自然，准备相应茶水器适宜
2. 温碗洁具	10		按照操作流程认真烫洗每一件茶具
3. 赏茶	10		介绍茶叶的名字、产地、制作工艺、茶性特点、茶文化、品饮功效等准确
4. 投茶	5		动作准确、茶量标准
5. 摇干茶香	5		动作优雅
6. 嗅闻干茶香	10		描述干茶香
7. 温润泡	5		动作准确、迅速
8. 冲泡	10		动作准确
9. 出汤	5		动作优雅、保持台面整洁
10. 分茶	5		各杯水位一致
11. 敬茶	5		操作动作正确
12. 品茗	10		能激发起客人的品茶欲望，并教会客人品茶
13. 谢茶	10		按正确的方法收杯，行礼谢茶
总　分	100		

任务七　花　茶　冲　泡

花茶

一、基础知识

（一）花茶概述

　　花茶属再加工茶类，在国际市场上泛指添加香料的茶，不管其香源来自鲜花还是化学合成香料。但在我国，花茶是指用绿茶、红茶、乌龙茶等与鲜花窨制而成的茶类。花茶用的鲜花有茉莉花、玫瑰花、珠兰花、玉兰花、栀子花、桂花、柚子花、金银花等，以茉莉花为多。窨制花茶的茶坯以绿茶为多，也有用红茶、乌龙茶和黑茶、白茶、黄茶等窨制而成的。

　　有人说，花茶融茶之味、花之香于一体，是诗一般的茶。

　　品饮花茶先看茶坯质地，好茶才有适口的茶味；其次看蕴含香气如何。其品质有三项质量指标：一是香气的鲜灵度（香气的新鲜灵活程度，与香气的陈、闷、不爽相对）、二是香气浓度、三是香气的纯度。

一般品饮花茶的茶具选用的是透明的有玻璃杯，或盖碗，如冲泡茶是特别细嫩的花茶，为提高茶艺欣赏价值，宜采用透明玻璃杯。

泡饮花茶，首先欣赏花茶外观，花茶有一些显眼的花干，那是为了"锦上添花"。人为加入的花干没有香气，因此不能看花干多少而论花茶香气、质量的高低。

花茶泡饮，以维护香气不致无效散失和显示茶坯特质美为原则。冲泡茶坯细嫩的高级花茶，宜用玻璃茶杯，水温在85℃左右，加盖，观察茶在水中舞动、沉浮，以及茶叶徐徐开展，复原叶形，渗出茶汁，汤色的变化过程，称之为"目品"。三分钟后，揭开杯盖，顿觉芬芳扑鼻而来，精神为之一振，称为"鼻品"。茶汤在舌面上往返流动一两次，品尝茶味和汤中香气后再咽下，此味令人神醉，此谓"口品"。

冲泡中低档花茶，不强调观赏茶坯形态，宜用白瓷杯或茶壶，以90℃～95℃沸水加盖冲泡。

（二）花茶生产史

花茶生产源于宋朝，始于明朝，成于清朝。明代是中国茶类大发展时期，将团茶改为散茶，并大量生产炒青、烘青、晒青绿茶，为花茶生产奠定了基础。同时花茶窨制方法也有很大的发展，出现"茶引花香，以益茶味"的制法。明朝顾元庆（1564—1639年）《茶谱》的"制茶诸法"中对花茶窨制技术记载比较详细："木樨、茉莉、玫瑰、蔷薇、兰蕙、桔花、栀子、木香、梅花皆可作茶。诸花开时，摘其半含半放蕊之香气全者。量其茶叶多少，摘花为茶。花多则太香，而脱茶韵，花少则不香，而不尽美。三停茶而一停花始称。假如木樨花须去其枝蒂及尘垢、虫蚁，用磁（瓷）罐一层茶一层花投间至满。纸箬扎固，入锅重汤煮之，取出待冷，用纸封裹，置火上焙干收用。"

据史料记载，清咸丰年间（1851—1861年），福州已有大规模茶作坊进行商品茉莉花茶的生产。当时福州的窨制茉莉花茶运销华北，特别是津、京地区，走海路由福州运至天津，转北京，深受北京人喜爱。因此，福州是中国茉莉花茶的发祥地。当时北京涌现出不少茶庄，"京味"指的就是福建茉莉花茶特有的韵味。

清雍正元年（1723年），苏州茉莉花茶批量远销东北、华北、西北市场。花茶较为大量的生产始于1851年至1861年的清咸丰年间。到1890年花茶生产已较普遍。1949年后，中国花茶生产有较大的发展，产销量逐年增加，主销东北、华北、山东等地，出口东南亚各国。1955年起，出口东南亚地区，以及东欧、西欧、非洲等地。

（三）花茶制作工艺

花茶制作工艺，以茉莉花茶为各类花茶之冠，其窨制工艺较复杂而细致，技术性要求较高。茉莉花茶窨制工艺流程为：茶坯与鲜花处理→窨花拌和→静置窨花（或堆窨）→通花散热→收堆续窨→起花→烘焙→冷却→复窨或提花→匀堆装箱。

茉莉花茶是将茶叶和茉莉鲜花进行拼和、窨制，使茶叶吸收花香而制成的一种花茶。外形秀美，毫峰显露，香气浓郁，鲜灵持久，冲泡后茶汤鲜醇爽口，汤色黄绿明亮，叶底匀、嫩、绿，经久耐泡。根据不同品种的茶坯命名不同，例如用龙井茶做茶坯，就叫龙井茉莉花茶，用毛峰做茶坯，就叫毛峰茉莉花茶。

（四）花茶名优茶品

花茶名优茶品有碧潭飘雪、苏州茉莉花茶、福建茉莉花茶、桂花红茶、桂花乌龙等。

图 6-7-1　碧潭飘雪

1. 碧潭飘雪

碧潭飘雪产于四川省峨眉山,由四川省成都市新津区人徐金华所创制。他被人尊称为"徐公",此茶也叫"徐公茶"。干茶外形紧细挺秀,白毫显露,香气持久,回味甘醇。冲泡后茶汤绿黄清亮。具有安神、解郁、散结、助消化、排毒、养颜等功效。碧潭飘雪的采花时间在晴日午后,采摘含苞待放的伏天茉莉花蕾,使茶叶趁鲜抢香,再以手工窨制而成。碧潭飘雪如图 6-7-1 所示。

 知识拓展

碧潭飘雪茶得名

据传,青年画家邓岱昆饮下此花茶后写下藏头诗:"碧岭拾毛尖,潭底汲清泉,飘飘何所似,雪梅散人间。"碧潭飘雪由此得名。书画名家黄纯尧教授饮此茶后也曾赋诗:"天生丽质明前芽,清香入骨窨制花,叶形汤色皆佳品,异军突起徐公茶。"

2. 苏州茉莉花茶

苏州茉莉花茶主要产于江苏省苏州茶厂。它的生产始于南宋,历史十分悠久,是我国传统名花茶。苏州茉莉花茶选用苏、浙、皖三省吸香性能好的烘青绿茶为茶坯,配以香型清新而又成熟粒大、洁白光润的茉莉鲜花精工窨制而成,其制作工艺精湛,工序达十余道之多。苏州茉莉花茶外观条索紧细匀整,白毫显露,干茶色泽油润;冲泡后的茶汤清澈透明,叶底匀嫩;香气鲜美、浓厚、纯正、清高,入口爽快,持续性能好。

3. 福建茉莉花茶

福建茉莉花茶主产于福建省福州市及闽东北地区,它选用优质的烘青绿茶,用茉莉花窨制而成。福建茉莉花茶的外形秀美,毫峰显露,香气浓郁,鲜灵持久,泡饮鲜醇爽口,汤色黄绿明亮,叶底匀嫩亮绿,经久耐泡。在福建茉莉花茶中,最为高档的要数茉莉大白毫,它采用多茸毛的茶树品种作为原料,使成品茶白毛覆盖。茉莉大白毫的制作工艺特别精细,生产出的成品外形毫多芽壮,色泽嫩黄,香气鲜浓、纯正持久,滋味醇厚爽口,是茉莉花茶中的精品。

4. 桂花红茶

桂花红茶,是采用优质红茶作为茶坯,加以新鲜的桂花,让红茶充分吸收桂花香气而混合窨制成的再加工茶,成品茶既有红茶的醇厚甜香,又有桂花的馥郁,滋味独特。在福建、四川、云南等地生产较多,茶坯一般选用正山小种、川红、滇红。桂花红茶如图 6-7-2 所示。

图 6-7-2　桂花红茶

5. 桂花乌龙

桂花乌龙采用高山乌龙茶为茶坯,用秋季新鲜的桂花窨制而成,常用茶坯有冻顶乌龙、铁观音、东方美人、漳平水仙等。成品茶有独特的乌龙茶香，与桂花香相得益彰。产地主要有台湾、福建等地。桂花乌龙如图6-7-3所示。

图6-7-3 桂花乌龙

图6-7-4 桂花白茶

6．桂花白茶

桂花白茶是采用福鼎白茶为茶坯，与秋季新鲜的桂花窨制而成，常用茶坯有白毫银针、白牡丹、秋白露等。成品茶有独特的桂花香，与白茶的毫香、甜香相得益彰。桂花白茶如图6-7-4所示。

花茶，除了桂花红茶、茉莉花茶，还有腊梅红茶、茉莉红茶、栀子白茶、兰花银针等，如图6-7-5至6-7-8所示。

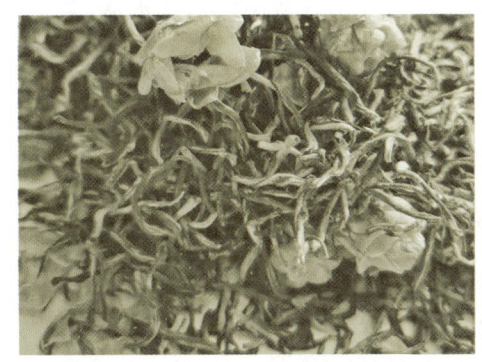

图6-7-5 腊梅红茶

图6-7-6 茉莉红茶

图6-7-7 栀子白茶

图6-7-8 兰花银针

6

（五）花茶品饮功效

花茶的功效，与它所窨制的茶坯与鲜花有关。它有生津止渴、调经解郁、清热解毒、减肥降脂等功效。

二、花茶冲泡准备工作

（一）备茶

在泡茶前，先要观察所泡花茶的干茶外形、色泽，闻干茶香气，有无异味，并判断选用泡茶器具、水及水温等。茶叶与茶杯容量之比一般为 1∶20 至 1∶50。一般每泡茶为 3～7 克。

（二）看人

在泡茶前，要根据客人的品饮习惯，决定投茶量，若是老茶客，可按标准投茶量投茶，若是平时不饮茶的客人，可减少投茶量；还要询问客人是否有胃病等，若有胃病，可推荐饮用桂花红茶；同时也要了解客人是否空腹，若空腹饮用绿茶茶坯窨制的花茶，则会造成不适。

（三）备器

根据茶客的需要或茶叶的特性，判断选择玻璃杯还是瓷（玻璃）盖碗来冲泡，也可选用玻璃壶来冲泡。

盖碗冲泡所需茶具：瓷（玻璃）盖碗 1 只、公道杯、品茗杯 3 只、煮水器、茶盘或干泡席、茶荷、茶匙、水盂、茶巾等。

玻璃杯冲泡所需茶具：直身玻璃杯 3 只（也可根据品茶人数决定）、煮水器、茶盘或干泡席、茶荷、茶匙、水盂、茶巾等。

（四）备水

常用的泡茶用水，有纯净水、山泉水、软水、净化水等。

三、花茶冲泡

花茶的冲泡方法可根据花茶茶坯细嫩程度的不同、茶客和茶艺师的个人喜好，选用不同的茶具进行冲泡，一般有盖碗泡法、玻璃杯泡法、玻璃壶泡法和碗泡法四种。此处主要介绍盖碗功夫泡法和玻璃杯泡法。

（一）盖碗功夫泡法

以茉莉花茶为例，盖碗泡法又分为盖碗单杯泡法和盖碗功夫泡法，此处主要讲盖碗功夫泡法。一般选用 100～150 毫升的中小盖碗来冲泡。也可根据所泡茶的叶形来确定盖碗类型。

（1）茶艺师行礼。茶艺师行礼恭迎嘉宾。

（2）备茶、备水、备器。根据客人所点茶品，准备茶叶置于茶荷中。茶水比一般为1∶50。选用山泉水、软水或净化水，旺火煮沸。准备玻璃杯（根据人数确定玻璃杯子数量，一般准备 3 个杯子，并采用直线、斜线或品字来摆放）、茶盘或茶席、茶荷、茶巾、茶匙、煮水器。若是干泡茶席，则可准备一个水盂。

（3）温碗。将盖碗用沸水烫洗一次，一是可以提升杯子的温度，有利于茶叶中可溶物质的浸出和茶叶香气的激发；二是当着客人的面再次清洗茶具，让客人饮用得更放心。

（4）赏茶。双手将茶荷奉给客人欣赏干茶的外形、色泽及香气，赏完后双手收回。也可

6

茶艺师双手持茶荷缓慢展示给客人欣赏。

（5）投茶。用茶匙将赏茶荷中的茶叶按杯子的容量置入相应的茶叶，一般投茶 3 克左右。

（6）摇干茶香。可采用传统的手法，双手持碗在胸前，上下颠动三次，使茉莉花茶的香气被激发。

（7）润茶。在碗内注入少量的开水，水量为杯子容量的 1/4 或刚好没过茶叶，目的是使茶叶充分浸润，促使茶叶中的可溶性物质浸出。

（8）摇香。左手托住杯底，右手持碗，运用腕力逆时针方向轻轻转动盖碗，使碗中茶叶充分浸润，并激发出茶香。

（9）注水冲泡。采用凤凰三点头的手法来冲水，一般水温在 85℃～90℃ 比较适合，使茶叶在碗中上下翻动，注水量控制在杯子的七八分满。

（10）分茶。茶分七分满，留下三分情，每杯茶汤量尽量控制在七分满，最少不能少于五分满。每杯茶茶汤量应均等。

（11）敬茶。双手将泡好的茶敬给来宾，这是一个主宾交流的过程，并行伸掌礼，请客人用茶。

（12）引导品茗。品饮前应先观察汤色，闻其香气，然后小啜一口品饮并回味。

（13）谢茶。行礼谢茶，收杯净具，每次冲泡完毕，应将所用器具清洗干净、消毒，放回原位。

 **课堂讨论**

如果你是此次茶品冲泡的茶艺师，你将如何引导顾客品饮花茶？如何引导顾客消费？如何推广中国名优花茶？

要点：

1. 干茶、茶汤、香气、滋味、叶底。

2. 根据客人的身体状况、客人品茶的习惯、客人买茶的目的、客人的消费水平。

3. 向客人介绍茶名、产地、历史文化、制作工艺、茶性特点、冲泡要点、品饮功效。

（二）玻璃杯泡法

玻璃杯泡法即用直身玻璃杯冲泡花茶，在很多茶楼里一般采用玻璃杯来冲泡花茶。方法可根据花茶的茶坯来决定采用上投法、中投法或下投法，玻璃杯冲泡花茶，因没有做到茶水分离，所以，在品茶过程中，茶艺师应留意客人茶杯中的茶水量，当杯中只有 1/3 杯左右的茶汤时则及时续水。尽量使续水后茶汤仍保持在较高的温度，同时保证第二泡茶的浓度与第一泡茶较接近，一般情况下，一杯茶可续水两三次。茶楼通常采用下投法进行冲泡。

 课堂讨论

请以碧潭飘雪为例，讨论一下怎样冲泡才能泡出好喝的花茶？

要点：

1. 泡茶三要素。

2. 茶水比。

3. 泡茶器具的选择。

4. 根据茶叶特性，看茶泡茶。

赛证直通

基础知识部分

一、单项选择题

1. 按制作工艺分,花茶属于( )类茶。

A. 不发酵　　　　　B. 轻发酵　　　　　C. 半发酵　　　　　D. 再加工

2. 茉莉花茶冲泡的茶水的比例为( )。

A. 1∶20　　　　　B. 1∶30　　　　　C. 1∶40　　　　　D. 1∶50

3. 下列茶中,( )不是花茶。

A. 桂花乌龙　　　　B. 茉莉花茶　　　　C. 白牡丹　　　　　D. 桂花黑茶

4. 以绿茶为茶坯制作花茶主要选用( )来作茶坯。

A. 炒青绿茶　　　　B. 烘青绿茶　　　　C. 蒸青绿茶　　　　D. 晒青绿茶

5. 盖碗功夫泡法,一般选用( )的中小盖碗来冲泡。

A. 100毫升以下　　B. 100～150毫升　　C. 150～200毫升　　D. 200毫升以上

二、多项选择题

下列属于花茶的有( )。

A. 茉莉花茶　　　　B. 碧潭飘雪　　　　C. 桂花乌龙　　　　D. 桂花红茶

三、判断题

1. 若客人有胃病,可推荐饮用茉莉花茶。 (　　)

2. 花茶生产源于宋朝,始于明朝,成于清朝。 (　　)

操作技能部分

一、操作技能考核内容

考核项目	考核标准
盖碗单杯泡饮法冲泡茉莉花茶	准确掌握盖碗单杯泡饮法冲泡茉莉花茶的方法,要求动作规范熟练,投茶量把握准确
盖碗功夫泡法冲泡茉莉花茶	准确掌握盖碗功夫泡法冲泡茉莉花茶的方法,要求动作规范熟练,投茶量把握准确

二、任务分析

1. 请以茉莉花茶为例,采用盖碗单杯泡饮法进行实训。

2. 任选一种花茶,用盖碗功夫泡法进行实训。

三、考核方式

1. 在实训室用盖碗冲泡茉莉花茶。

2. 评分标准:

（1）盖碗单杯泡饮法冲泡花茶。

考核内容	操作分值	实际得分	备注
1. 备具	10		面带微笑,神情自然,根据客人点茶备具
2. 洁具	10		按照操作流程认真烫洗每一件茶具
3. 茶品介绍	15		介绍茶叶的名字、产地、制作工艺、茶性特点、茶文化、品饮功效等
4. 投茶	5		动作准确、茶量标准
5. 摇干茶香	5		采用合适的摇香手法
6. 温润泡	15		润茶水量适宜,注水方法得当
7. 搅茶	10		动作优雅、拿杯位置正确
8. 敬茶	10		操作动作正确
9. 引导品茗	10		能激发起客人的品茶欲望,并教会客人品茶
10. 收杯谢客	10		按正确的方法收杯,行礼谢茶
总 分	100		

（2）盖碗功夫泡法冲泡花茶。

考核内容	操作分值	实际得分	备注
1. 备具	10		面带微笑,神情自然,根据客人点茶备具
2. 洁具	10		按照操作流程认真烫洗每一件茶具
3. 茶品介绍	15		介绍茶叶的名字、产地、制作工艺、茶性特点、茶文化、品饮功效等
4. 投茶	5		动作准确、茶量标准
5. 摇干茶香	5		采用合适的摇香手法
6. 温润泡	15		润茶水量适中,注水方法正确
7. 搅茶	5		动作优雅、达到茶水融合
8. 出汤、分茶	10		不滴不洒,动作优美
9. 敬茶	10		捧杯敬茶,伸手礼,语言表达
10. 引导品茗	10		能激发起客人的品茶欲望,并介绍此茶品饮感受
11. 收杯谢客	5		按正确的方法收杯,行礼谢茶
总 分	100		

6

项目小结

　　本项目主要讲解中国六大基本茶类及再加工茶类的名优茶品、发展史及不同茶类的基本泡茶的技法,以及每一种茶在冲泡时如何把握三要素的变化,学习不同的茶使用什么茶具来冲泡,如何向茶客介绍所泡茶品,当好茶艺大使,把中国茶传播到全世界。

6

项目七
茶艺传承与创新

学习目标

知识目标: 1. 了解民族茶艺、民俗茶艺。

2. 了解特色民族茶艺的饮茶风俗。

3. 掌握新式调饮茶的调饮技法。

能力目标: 1. 能为客人介绍少数民族的代表性茶艺。

2. 能为客人讲解地方民俗茶艺的冲泡技法。

3. 能为客人制作新茶饮,引导茶消费。

素养目标: 1. 强化对于民族、民俗茶饮文化的认同感和自豪感,增强文化自信。

2. 通过对茶饮文化的深入探究,培养执着专注、一丝不苟、追求卓越的工匠精神。

3. 通过多样茶饮文化的学习,提升创新创意能力和团队协作能力。

项目导读

　　我国拥有 56 个民族,很多民族都有自己独特的茶文化,表现在不同的历史渊源、饮茶方式和文化内涵,还包括各民族的与茶相关的传统节日、传统仪式等丰富多样的茶俗。从白茶、绿茶、青茶(乌龙茶)、红茶、黄茶、黑茶到再加工茶类,深受各民族人民的喜爱。不同的民族偏好不同的茶类和不同的茶饮方式,蒙古族的奶茶、客家擂茶、藏族酥油茶等等,共同组成了中华民族绚烂多彩的茶饮文化。

　　中国地大物博,在不同的地域,形成了不同的饮茶习俗,如四川盖碗茶,潮汕工夫茶,客家擂茶等。同时,传承和发扬是茶文化发展永恒的话题,当代以"调饮茶"为核心的"新中式茶饮"成为年轻人认识、了解、理解茶文化的重要途径和方式,随着新茶饮头部品牌的不断出海与上市,创意无限的新茶饮正在全球范围内快速地扩大我国茶文化的传播力和影响力。

2023 年 9 月 17 日,在联合国教科文组织第 45 届世界遗产大会上,"普洱景迈山古茶林文化景观"被正式列入《世界遗产名录》,成为全球首个茶文化世界遗产。景迈山古茶林的成功申遗,不仅为布朗族的茶艺传统带来了新的发展机遇,也为当地的文化保护和经济发展注入了新的活力,还为当地布朗族的茶艺传统和生活方式赢得了国际认可。2024 年 4 月 17 日,澜沧拉祜族自治县惠民镇芒景村迎来了申遗成功后的首个山康节,这一布朗族最盛大的节日,因为景迈山的特殊身份而备受瞩目。布朗族群众身着节日盛装,在岩冷寺广场载歌载舞,庆祝这一重要时刻。通过祭祀茶祖、展示茶艺、表演歌舞等形式,向游客展示了布朗族独特的茶文化和生活习俗。游客们不仅品尝到了正宗的普洱茶,还亲身参与到了布朗族的庆祝活动中,体验了这一古老民族的热情与魅力。通过山康节的庆祝活动,不仅展示了布朗族丰富的茶文化和传统习俗,还促进了茶艺的传承与创新,增强了当地社区的凝聚力,同时也为国际游客提供了一个深入了解中国茶文化的窗口。

(资料来源:云南省文化和旅游厅:世界遗产景迈山迎来申遗成功后首个山康节,经编者整理编写。)

任务一　　了解民族茶艺

一、回族八宝茶

（一）基础知识

回族是中国人口较多的一个少数民族，也是中国分布最广的民族之一，其总人口 1 138 万人（2021 年统计），分布在全国的 31 个省、自治区、直辖市。回族是"大分散，小聚居"的分布格局，由此也可以看出回族是中国 56 个民族中城市化程度最高的民族之一。八宝茶在回族文化中占有重要地位，"客人远至，盖碗先上"，体现着回族人民的热情好客，是待客的传统饮料。

据传，早期的回族先民是由一些信仰伊斯兰教的中亚各族人以及波斯人、阿拉伯人迁徙到中国来组成的。因受阿拉伯等地吃甜食习惯的影响，八宝盖碗茶成为一种别具民俗风情的甜口配料茶，它是将茶叶、冰糖、红枣、芝麻、桂圆、枸杞、葡萄干、核桃仁八种不同的营养配料一起放入三才盖碗中冲泡而成的茶饮，象征着生活的甜美和幸福。茶叶多用绿茶、乌龙茶和花茶。

（二）冲泡要点

回族八宝茶，因茶水不分离，所以在品饮过程中，喝完一盅后还想继续喝的话则需要留 1/3 的茶水于碗底，这时主人便会继续添水。如果喝完一盅后不想再喝了，则可以把茶汤饮干或者用勺子将盖碗里的配料舀起吃掉，主人也就不再继续倒茶了。回族八宝茶的冲泡要点依次为：备具→备茶→备水→行礼→温具→赏茶→投茶→投料→润茶→摇香→冲泡→敬茶→品饮→谢茶。回族八宝茶冲泡要点如图 7-1-1 所示。

（1）备具。三才盖碗 2 个、配料碟 7 个、提梁壶、水盂、茶巾、茶荷、茶匙、茶盘。

（2）备茶。准备茉莉花茶置于茶荷中，茶水比一般为 1∶50；准备其他配料冰糖、枸杞、核桃、桂圆、红枣、葡萄干、炒芝麻若干，另可准备馓子及油香作为茶点搭配食用。

（3）备水。选用山泉水、软水或净化水，旺火煮沸。

（4）行礼。表示对宾客的欢迎并表示开始冲泡过程。

（5）温具。一是提升杯子的温度，有利于茶叶中可溶物质的浸出和茶叶香气的激发；二是当着客人的面再次清洗杯子，让客人饮用得更放心。

（6）赏茶。双手将茶荷奉给客人欣赏干茶的外形、色泽及香气，赏完双手收回，也可茶艺师双手持茶荷缓慢展示给客人欣赏。

（7）投茶。用茶匙将赏茶荷中的茶叶按杯子的容量置入相应的茶叶，一般每杯 3 克左右。

（8）投料。将冰糖、枸杞、核桃、桂圆、红枣、葡萄干、炒芝麻按杯子的容量投入适量，也可根据客人口感喜好适当增添。

（9）润茶。逆时针方向向盖碗内注入少量的开水，水量没过茶叶即可。目的是使茶叶

民族茶艺

回族八宝茶
冲泡法

7

a.备具

b.备茶

c.备辅料

d.备茶点

图 7-1-1　回族八宝茶冲泡要点

和配料充分浸润,促使茶叶及配料中的可溶物质浸出。

（10）摇香。左手托住杯底,右手持杯,运用腕力逆时针方向轻轻转动茶杯,使杯中茶叶充分浸润,并激发出茶香。

（11）冲泡。采用凤凰三点头的手法来冲水,一般水温在 90℃～95℃比较适合,使茶叶在杯中上下翻动,可以充分激发出茶叶及配料的滋味,注水量控制在杯子的七八分满。

图 7-1-2　回族八宝茶成品

（12）敬茶。双手将泡好的茶敬给来宾,并行伸掌礼,请客人用茶。

（13）品饮。品饮时,左手拿起碗托,右手拿着盖子轻轻在盖碗上方"刮"2～3 次,将浮在盖碗上方的茶叶和配料撇到一边,并将盖子盖得稍有倾斜度,留出一小口子,慢慢品饮,感受茶香与果香的碰撞。回族八宝茶成品如图 7-1-2 所示。

（14）谢茶。行礼谢茶,收杯净具,每次冲泡完毕,应将所用器具清洗干净、消毒,放回原位。

二、藏族酥油茶

(一)基础知识

藏族,是最早起源于雅鲁藏布江流域的一个农业部落,主要居住在青藏高原等地区。由于茶叶所具有的助消化、解油腻的特殊功能,所以常年食肉饮乳的藏族人便将茶视为生命之饮。

藏族茶饮最具代表性的当属酥油茶。酥油茶在藏语中被叫作"恰苏玛",意为搅动的茶。其以砖茶(沱茶)熬煮的浓汁作为"汤底",加入酥油、炒熟并捣碎的核桃仁、芝麻、盐等配料,混合、搅拌,调制而成。酥油茶咸香的口感中透着丝丝甘甜,含有丰富的矿物质以及维生素。在农牧区,酥油茶是藏族人家中不可或缺的饮品。经过长期生活实践,藏族同胞创造性地实现了酥油和茶水的完美结合,打制酥油茶、敬奉酥油茶、品饮酥油茶……形成独具一格的藏区茶文化。

(二)制作要点

1.酥油的制作

酥油是从牛、羊奶中提炼出的脂肪,形似黄油。酥油不仅滋润肠胃,和脾温中,含有多种维生素,还可以用于治疗寒性和热性的疾病。传统提取酥油的方法要用到打浆桶。首先,鲜奶要加热至熟透,然后放置一旁慢慢冷却。随后,将鲜奶倒入打浆桶,紧握桶上特制的木柄,有规律地上下抽动,让鲜奶在桶内不断地撞击。最后,鲜奶中的油脂和水分逐渐分离,将浮出水面的油脂提取出,压于皮囊中,冷却后便制成。现在则更多使用手摇或者电动牛奶分离器打制酥油。

2.藏族酥油茶制作要点

藏族酥油茶的制作要点依次为:备具→备茶→备水→洁具→煮茶→滤茶→打茶→出茶→奉茶→品饮。

(1)备具。主要器具有酥油茶桶、烧水壶、酥油茶壶、茶碗及碗托、茶滤等。

(2)备茶。优质砖茶(沱茶)、鲜奶、酥油、盐,也可按需加入鸡蛋、核桃仁、芝麻等。

(3)备水。选用山泉水、软水或净化水,旺火煮沸。

(4)洁具。将酥油茶桶、酥油茶壶、茶碗逐一清洗。

(5)煮茶。先煮再熬,先在烧水壶中注入冷水,放入适量的砖茶或沱茶,等水沸腾后调至小火,慢慢熬煮,直至茶水的颜色变得深褐。这样的茶口感醇厚而不带苦涩。

(6)滤茶。将茶汤经茶滤滤去茶渣,倒入酥油茶桶中,如图7-1-3所示。

(7)打茶。在酥油茶桶中,投入适量准备好的酥油(如图7-1-4所示)、盐,此外,还可根据客人口感喜好适当增添鸡蛋、核桃仁、芝麻等,搅打融和。

图7-1-3　滤茶

图7-1-4　投酥油

7

（8）出茶。将酥油茶倒入酥油茶壶，再依次分到宾客的茶碗中。

（9）奉茶。将精心制作的酥油茶敬奉给宾客，并祝"扎西德勒"。

（10）品饮。喝酥油茶一般是边喝边添，不能一口气喝完。一般拿到茶后，先轻轻吹开茶上的浮油，轻啜一口，大声赞许主人打茶手艺不凡；主人会一直给宾客添茶，饮半则添，边喝边聊，其乐融融。如果宾客不想喝了，等茶添满之后，不再动碗，主人便会领意。告辞时可以连着多喝几口，记住要留一点漂着油花的茶底。

三、蒙古族奶茶

（一）基础知识

在辽阔的草原上，以放牧为主的蒙古族人民，长期过着逐水草而居的生活，黑茶与奶茶都是蒙古族人民日常喝的茶，但相较而言，最爱喝的饮品是奶茶"乌古台措"。不论迁徙如何频繁，他们都离不开熬制与饮用奶茶。在蒙古族人民聚居的某些地区，牧民一日三餐都会饮用奶茶。对于牧民来说茶饭相融，奶茶不仅是饮品，更是生活中不可缺少的食物之一。在蒙古语中，原本没有表示"早饭"和"午饭"的词汇，只有"早茶"和"午茶"之分。这是因为，蒙古族饮茶往往不是单纯的喝奶茶，而是在奶茶里配以炒米、奶制品、手把肉、牛肉等等食物一起吃喝，相当于以茶代饭，并且营养丰富。

熬煮蒙古族奶茶时，虽然早期茶料多样，有柞树叶、黄芩、文冠树叶、覆盆子等，现代有红茶、绿茶、花茶等，但更适合的依然是黑砖茶和青砖茶。究其原因，是因为紧压茶价格实惠，便于运输、存储；同时，黑砖茶和青砖茶可以提供维生素、茶多酚、膳食纤维等营养成分，具有助消化、去油解腻、利尿、提神、去火的效果，与当地人民多吃肉食的饮食习惯最相宜。

（二）制作要点

奶茶已经和蒙古族人民的生活融为一体，不可分割，在大多数生活场景下，蒙古族奶茶讲究的是茶器、茶叶、牛奶、调料、温度等几个方面。制作要点为：备具→备食→煮水→碾茶备料→投茶→去茶→加奶→扬茶→调味→待沸分茶→奉茶→品尝。

（1）备具。准备洁净煮茶锅（传统多为铁锅，也可用陶瓷或其他食品级金属材质锅代替）、水壶、奶壶、大茶勺、滤网、碾子、茶碗、茶则、茶巾等。

（2）备食。砖茶（黑砖茶或青砖茶）、鲜奶（倒入奶壶备用）、盐、糖、炒米、奶皮子、小牛肉粒、奶嚼口等。

（3）煮水。将1升水加入锅中旺火煮沸。

（4）碾茶备料。将砖茶撬开放入碾子中捣成小碎块后取约25克放入茶则备用，再将炒米、奶皮子、小牛肉粒、奶嚼口等按需分入茶碗中（也可不加）。

（5）投茶。用茶勺将锅中沸水搅拌旋转，然后将茶投入锅中。

（6）去茶。待锅中茶色煮出，茶汤呈红褐色时，再用滤网将茶叶捞出。

（7）加奶。将200毫升鲜奶倒入锅中。

（8）扬茶。用茶勺反复扬茶使奶茶均匀混合。

（9）调味。将盐和糖根据个人口味适量加入。

（10）待沸分茶。奶茶煮沸后，快速将茶分至茶碗中（不超过八分满），和配料拌匀。

（11）奉茶。双手端茶奉给客人，客人应欠身去接。

蒙古族奶茶
冲泡法

7

（12）品尝。和汉族的茶文化相比，蒙古族人喝茶一般不会小口品尝，而是大口地喝下，喝到身上发热发汗，才会觉得喝舒服了。但如果是招待第一次喝蒙古族奶茶的客人则另当别论，需要慢慢细品，还可以再取一些配料一起品尝，以便更好体会蒙古奶茶的美味。

四、白族三道茶

（一）基础知识

"苍山雪，洱海月，上关花，下关风"，生活在苍山脚下、洱海边的大理白族人民热情好客，逢年过节、婚丧嫁娶、日常生活等，都会用独具特色的"白族三道茶"来招待贵宾。早在 2014 年 11 月，经国务院批准，大理白族三道茶就被列入第四批国家级非物质文化遗产代表性项目名录。2022 年 11 月 29 日，茶俗（包含白族三道茶）作为"中国传统制茶技艺及其相关习俗"中的一个子项目，被成功列入联合国教科文组织新一批人类非物质文化遗产代表作名录。

"三道茶"又称"绍道兆"，讲究"一苦、二甜、三回味"，有上千年的历史，关系着白族人的方方面面，既有仪式感，也是日常生活，在白族人的整个社会运转、艺术构成、文化组成、经济发展等方面，发挥着重要功能。这一杯杯滋味各异、主要经由家庭传承的茶汤，自古以来就是白族人价值观、礼仪和审美的映照。

大理白族三道茶，在冲泡时所选之茶以云南普洱茶乡的茶品为主，选用的茶器具也主要以云南当地的土陶为主，"苍山茶、洱海水、上关花和下关风"都交融在这杯彰显民族特色、地域特色的茶汤里。

第一道茶为"苦茶"。将茶叶放入烤茶罐中，不断翻转抖动茶罐，烤至茶叶发黄、茶香四溢的时候，便可以注入热水，成就第一道"苦"茶。

第二道茶为"甜"茶。有时候需要重新烤茶注水（也可以用第一道的茶底再次加入热水），这道茶里加入了红糖、乳扇、核桃等，兼具茶汤的甜润和乳扇醇厚的油脂感，鲜香扑鼻，苦后回甘，滋味醇厚。

第三道茶为"回味"茶。茶汤与花椒、桂皮、生姜等结合，风味独特、回味悠长，米花与蜂蜜的加入，更加丰富了茶汤的口感，麻、辣、甜、香，多种滋味交织在一起，既特色明显，又相互协调。人生酸甜苦辣百般滋味，都体现在了这杯茶汤里。

（二）制作要点

常言道"人生如茶，茶如人生"，这一点在白族三道茶中体现得淋漓尽致。充满人生智慧的三道茶冲泡要点为：备具→备水→备茶备料→赏茶→温热烤茶罐→投茶与烤茶→冲泡第一道"苦"茶→分汤敬茶→冲泡第二道"甜"茶→分汤敬茶→冲泡第三道"回味"茶→分汤敬茶→谢茶。

（1）备具。烤茶罐 2 个（其中 1 个用来分茶汤）、酒精炉 1 个、隔热垫 2 个、勺子＋筷子＋托组合 1 组（用来投茶与辅料）、品茗杯 4 个、茶则 1 个、配料碟 8 个、水壶 1 把、水盂 1 个、茶巾 1 条、插花或盆栽或绿植 1 个、茶席 1 个。

（2）备水。采用纯净水、山泉水、净化水、软水等，旺火煮沸后备用。

（3）备茶备料。

7

第一道茶：苦茶。云南晒青毛茶（可根据茶客具体情况,酌情调整投茶量）。

第二道茶：甜茶。红糖、乳扇（可用奶酪丝代替）、核桃碎。

第三道茶：回味茶。生姜丝、花椒、桂皮、米花、蜂蜜。

（4）赏茶。双手持赏茶荷（则）,从右至左,将干茶呈递至客人面前,观赏干茶的外形、色泽,闻其香气。

（5）温热烤茶罐。点燃酒精灯,上置烤茶罐,烤热烤茶罐。

（6）投茶与烤茶。将干茶用筷子缓缓拨入烤茶罐中,烤茶。在此过程中,不断翻转、抖动烤茶罐,使茶叶受热均匀,避免把茶叶烤焦。等到茶叶颜色转黄,发出茶香时就可将烤茶罐取下。

（7）冲泡第一道"苦茶"。注入热水,冲泡第一道苦茶。

（8）分汤敬茶。将烤茶罐中的茶汤倒入匀杯中（另外一个烤茶罐）,依次分汤至客人的品茗杯中。

（9）冲泡第二道"甜茶"。烤茶罐中注入热水,放火上煮开;匀杯中放入红糖（另外一个烤茶罐）,将烤茶罐中的热茶冲入匀杯中,再将匀杯中的甜茶,依次分至放好了乳扇（奶酪丝）和核桃碎的品茗杯中。

（10）分汤敬茶。将第二道甜茶敬奉给客人。

（11）冲泡第三道"回味茶"。烤茶罐中注入热水,加入花椒、生姜、桂皮,放火上煮开;将烤茶罐中的热茶冲入匀杯中,再将匀杯中的茶汤,依次分至放好了米花品杯中,随后将每个品茗杯中加入适量蜂蜜。

（12）分汤敬茶。将第三道回味茶敬奉给客人。

（13）谢茶。行礼谢茶,收杯净具,将所用器具清洗干净、消毒,放回原位。

 课堂讨论

　　如果你是此次茶品冲泡的茶艺师,你将如何引导顾客品饮此茶？ 如何引导顾客消费？ 如何推广中国名茶？

　　要点：

　　1. 可以讲述此茶品的相关知识,如民族文化、历史渊源、传说故事、茶性特点、品饮功效等等。

　　2. 根据客人的民族喜忌、品饮习惯、消费目的、消费水准等来推荐。

赛 证 直 通

基础知识部分

一、单项选择题

1. 回族八宝茶的配料有桂圆、枸杞、（　　　）等。

A. 盐 　　　　　　　　　　　　　　B. 牛肉

C. 红枣 　　　　　　　　　　　　　D. 炒豆子

2.下列茶中,制作过程中加入酥油的是( )。

A. 藏族酥油茶　　　B. 回族八宝茶　　　C. 白族三道茶　　　D. 客家擂茶

3.藏族酥油茶最重要的工具是( )。

A. 盖碗　　　　　　B. 品茗杯　　　　　C. 紫砂壶　　　　　D. 打茶桶

4.下列茶中,属于蒙古族奶茶特有的配料的是( )。

A. 糌粑　　　　　　B. 牛肉　　　　　　C. 白酒　　　　　　D. 辣椒

5.白族三道茶的特点是( )。

A. 一苦二甜三回味　B. 可当主食　　　　C. 可以治疗感冒　　D. 滋味鲜咸

二、多项选择题

1.下列各项中,属于白族三道茶配料的有( )。

A. 乳扇　　　　　　B. 酥油　　　　　　C. 花椒　　　　　　D. 盐

2.回族八宝茶的配料有( )。

A. 冰糖　　　　　　B. 桂圆　　　　　　C. 酥油　　　　　　D. 枸杞

三、判断题

1.制作藏族酥油茶时,用的茶底以黄茶为主。　　　　　　　　　　( )

2.蒙古族奶茶适合用黑茶制作。　　　　　　　　　　　　　　　　( )

操作技能部分

一、操作技能考核内容

考 核 项 目	考 核 标 准
白族三道茶	准确掌握配料,冲泡的方法和冲泡顺序,要求动作规范熟练,茶与配料的量把握准确,茶汤的品质特征充分体现
回族八宝茶	准确掌握配料,冲泡的方法和冲泡顺序,要求动作规范熟练,茶与配料的量把握准确,茶汤的品质特征充分体现

7

二、任务分析

1.白族三道茶的冲泡实训。

2.回族八宝茶的冲泡实训。

三、考核方式

1.在实训室冲泡白族三道茶、回族八宝茶。

2.评分标准:

(1)白族三道茶的冲泡实训。

考核内容	操作分值	实际得分	备　　　注
1.备具	10		准确、完整准备所需要的器具
2.备料	10		准确、完整准备所需要的配料

考核内容	操作分值	实际得分	备　注
3.茶品介绍	10		准确介绍茶品的名称、产地、制作特点、历史人文、品饮功效等
4.第一道茶	15		正确烤茶,冲泡第一道茶,茶汤浓淡适宜
5.第二道茶	20		操作流程科学,冲泡第二道茶,正确添加配料,茶汤口感适宜
6.第三道茶	20		操作流程科学,冲泡第三道茶,正确添加配料,茶汤口感适宜
7.引导品茗	10		能准确讲述茶汤的人文寓意,能引导客人关注茶汤特质
8.收杯谢客	5		按合理的方法和步骤收好器具,行礼谢茶
总　分	100		

（2）回族八宝茶的冲泡实训。

考核内容	操作分值	实际得分	备　注
1.备具	10		准确、完整准备所需要的器具
2.备料	10		准确、完整准备所需要的配料
3.投茶、投料	15		投茶、投料量适宜
4.润茶	15		润茶操作准确、动作优雅
5.冲泡	20		操作科学,注入的水量和温度适宜
6.分汤敬茶	10		将茶汤均匀分于茶客,尤其注意汤水与细末的融合度,适宜
7.引导品茗	15		能准确讲述茶品的名称、产地、制作特点、历史人文、品饮功效
8.收杯谢客	5		按合理的方法和步骤收好器具,行礼谢茶
总　分	100		

任务二　　了解民俗茶艺

民俗茶艺

　　"千里不同风,百里不同俗",我国是一个有 56 个民族的多民族国家,由于各民族所处地理环境和历史文化的不同,以及生活风俗的差异,使得每个民族或地域的饮茶风俗也各不相同。在生活中,即使是同一民族,在不同地域,饮茶习俗也各有千秋。但他们都把饮茶看作是健康的饮料、纯洁的化身、友谊的桥梁、团结的纽带。

一、成都盖碗茶

（一）盖碗的发展历史

历史上，专用茶具总是略晚于某种饮茶风尚而出现。"茶具"一词最早在汉代就已出现，西汉辞赋家王褒的《僮约》有"武阳买茶，烹茶尽具"之说，这是我国最早提到"茶具"的一条史料。

茶具中的"盖碗"又称"三才杯"，暗含天地人和之意。盖碗是一种上有盖、下有托、中有碗的茶具。盖碗的茶托又称茶船。

 知识拓展

茶 托

唐李匡义《资暇集》卷下《茶托子》里记载："始建中蜀相崔宁之女，以茶盅无衬，病其熨指，取楪子承之。既啜而盅倾，乃以蜡环碟子之央，其盅遂定。即命匠以漆环代蜡，进于蜀相。蜀相奇之，为制名而话于宾亲，人人为便，用于代。是后传者更环其底，愈新其制，以至百状焉。"

宋朝的《演繁露》里记载："托盏始于唐，前世无所有也。崔宁女饮茶，病盏热熨指，取碟子融蜡像盏足大小而环结其中，置盏于蜡，无所倾侧，因命工髹漆为之。宁喜其为，名之曰托，遂行于世。"

根据李匡义的记载，盖碗是唐代德宗建中年间（780—783年）由西川节度使崔宁之女在成都发明的。因原来的茶杯没有衬底，为防烫手，于是崔宁之女取"楪子"放茶盅。为了防止喝茶时杯易倾倒，她又设法用蜡在木盘中央环上一圈，使杯子便于固定。这便是最早的茶船。后来茶船改用漆环来代替蜡环，人人称便。盏和托两器合一，盏托不仅款式造型丰富，从出土的实物来看，不论材质、形制均实用，且兼具赏玩之妙。

崔宁之女发明的盖碗是陶瓷杯配木盏托。考古发现最早的盖碗是琉璃材质盏托，它是中西文化交流下的产物。也有金属材质的盏托，1958年，陕西铜川耀县（今耀州区）柳林背阴村出土了银制的茶碗与茶托。关于金属盏托的记载则出现在南宋。周去非（1135—1189年，字直夫，浙江省温州人）《岭外代答》记载："雷州（辖境相当今广东雷州半岛大部地区）铁工甚巧，制茶碾、汤瓶、汤匮之属皆若铸就。"铜质和铝质的杯托如图7-2-1和图7-2-2所示。

图7-2-1 铜质杯托

图7-2-2 铝质杯托

7

　　根据制作的原料和工艺不同,常见的盖碗有:陶瓷盖碗(白瓷、青花瓷、釉下彩瓷、釉上彩瓷、汝窑瓷、定窑瓷、青瓷、裸坯柴烧陶瓷等)、玻璃盖碗、竹木盖碗、漆器盖碗、瓷胎竹编盖碗、金属盖碗、玉石盖碗等。

　　唐代崔宁之女的发明,让喝茶变得如此有趣,这也和成都人的性情是相符的。如今成都人使用的盖碗,即是崔宁之女发明的茶托的改良形式。在客来客往、人声鼎沸的茶馆里,瓷碟茶船因为较重又易碎,则常为轻便又结实的铜质、铝质茶船所取代。盖碗茶不讲究繁文缛节,无论是在人声嘈杂的茶铺,还是在装饰精致的雅室,捧一盏盖碗茶,用茶盖轻拨茶汤,总有馥郁的生活气息扑面而来。

(二) 成都老茶馆

　　成都老茶馆以鹤鸣茶社、彭镇老茶馆等为典型代表,它们虽年代久远,然至今茶客络绎不绝,最有成都的地方特色,传承了盖碗茶的经典感知。竹靠椅、小方桌、盖碗茶、老虎灶、紫铜壶、跑堂倌……这些几乎成了成都茶馆的标配。茶馆是个小社会,人们在这里喝茶、掏耳朵、摆龙门阵……成为一道特别的城市风景线,反映了成都市井生活的独特韵味。

 知识拓展

成都老茶馆盖碗茶暗语

　　成都老茶馆中,有着许多喝茶的规矩。茶客把盖子放在碗的不同位置,可以表示许多暗语。常见盖碗茶暗语如图 7-2-3 所示。

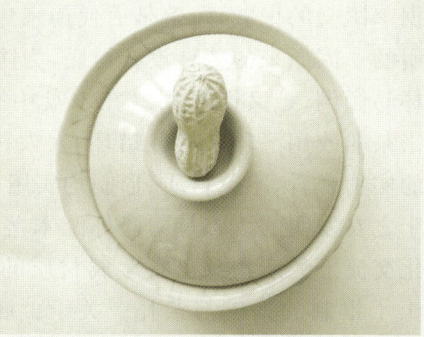

(1) 堂倌,我要添水了　　　　　　　　(2) 暂时离开,莫收盖碗

(3) 外地人,求帮忙　　　　　　　　　(4) 没带够钱,要赊账

(5) 无需掺水，请勿打扰　　　　　　(6) 已喝好，可以收拾茶具了

图7-2-3　常见盖碗茶暗语

（1）将茶盖朝下靠在茶杯边，表示客人要添水。添水一般只添两次，第三次要等到给大家统一添水的时候才能继续添。

（2）如果有事需要暂时离开且时间不长，一般茶客会在茶盖上放个小物件，比如打火机、烟盒，甚至牙签都可以，也有随手把面前盘中的小吃果放在茶盖上的，示意老板自己还要喝，不要将茶碗收走。

（3）把茶盖里朝外斜靠在茶杯上，意思是告诉堂倌，自己是外地人，想请求当地人帮忙，找人投靠。

（4）有时会有茶客忘了带茶钱，为了化解尴尬，茶客会把茶盖立起靠置在茶碗旁边。其意思是告诉老板先赊账，改天再补。老板也懂人难，不拆穿，会给客人留面子。不过，这种"暗号"是充满中式温情的，仅限于有信誉的老茶客。

（5）若茶客有重要的事情要谈，或不希望别人打扰，则需将茶碗盖上茶盖，表示无需掺水，请勿打扰。

（6）喝完茶要走，客人只需要把茶盖朝上放进茶碗中，告知老板可以收桌子了。切记不要直接把茶盖扣在桌子上，这有对人不敬、暴粗口之嫌。

（三）成都盖碗茶常泡茶品

1. 成都盖碗茶常泡茶品

成都盖碗茶常泡茶品主要有成都三花茶、峨眉毛峰、碧潭飘雪、蒙顶甘露、川红等茶品，其中最有特色的是成都三花茶。

成都三花茶是指20世纪70年代成都茶厂生产的三级茉莉花茶，人们称它为"三花"。当时，成都茶厂的茉莉花茶名气很大，茶叶按等级分有特花、一花、二花、三花、花末五种，最受茶客们喜爱的则是"三花"。那时，茶叶都是凭"号票"供给，一票二两（一袋）。价格太高的茶，如特花、一花、二花，大多数茶客们喝不起；等级太差的茶，如花末，茶客们又看不起。那时"三花"物美价廉，茶水香醇、耐冲泡，不论是茶客自己喝还是用来招待客人，"三花"茶都是最佳的选择。

提起老成都盖碗茶，茶客们首先想到的是三花茶，三花茶在成都人的脑海中记忆深刻。"三花茶泡起，龙门阵摆起"，成都人对三花茶十分熟悉。它有疏肝解郁、提神醒脑等功效。

7

盖碗单杯
泡饮法

图 7-2-4 青花瓷盖碗

2. 冲泡流程

成都盖碗冲泡花茶,一般选用中号(150毫升左右)青花瓷盖碗(如图7-2-4)单杯泡饮法。单杯泡饮法适合一个人品茶,将茶泡在盖碗里直接品饮。

(1)盖碗单杯泡饮法。

盖碗单杯泡饮法比较简单。先用准备好的煮水器将水烧开,温烫一下盖碗;然后根据碗的大小,向碗中投入适量的三花茶,润茶摇香;再用三点式注水法,将茶水冲至盖碗的七八分满;最后搅茶让茶水充分融合,就可以奉给客人品饮了。

具体冲泡流程:备茶、备水、备器、赏茶、温碗、投茶、润茶、摇香、冲水、搅茶、奉茶、品茶、续水、续品、观叶底。

课堂讨论

如果你是外地来成都的游客,你想怎样体验成都盖碗茶?你会体验哪些项目呢?
要点:

1. 老成都盖碗茶体验地点:人民公园鹤鸣茶社、彭镇老茶馆、顺兴老茶馆、宽窄巷子、锦里。

2. 根据客人的需要可选择喝盖碗茶、看戏、掏耳朵等。

3. 感受成都的慢生活,一碗盖碗茶、一份报纸、一缕阳光,便是一天。可以让忙碌的自己闲下来,享受生活,感受茶带给自己的美好与宁静。

(2)老成都非遗盖碗掺茶技艺。

成都老茶馆中的盖碗茶,一般是先将盖碗茶具清洗干净,再装上3克三花茶或绿毛峰,只要客人在茶馆中吃喝"来泡三花",跑堂倌便会一手持短嘴铜壶,一手拿上装好茶叶的茶具,到了客人点茶桌前,左手茶具一撒,右手三点头便把茶掺好了,紧随着便用左手手指把茶盖给勾上茶碗,一泡茶就泡成。老茶馆中掺茶技艺还有手托莲花、蟠龙过江等拿手绝活。现在在成都鹤鸣茶社还可以看到成都铜壶茶艺(老成都非遗盖碗掺茶技艺)。

7

成都铜壶
茶艺

课堂讨论

如果你是一名爱茶的学徒,你愿意学习中国茶艺的非遗项目吗?我们将怎样将非遗传承下去?
要点:

1. 老成都盖碗茶体验,体验非遗盖碗掺茶。

2. 下定决心学习非遗,并传承下去。

3. 学习非遗还能带动地方经济,提高民族、民俗文化自信。

二、四川长嘴壶茶艺

(一) 长嘴壶概述

长嘴壶也称长流壶,是我国所独有的茶器具,其由较长的壶嘴长度而得名。长嘴壶是指壶嘴出水口离壶腔 66 厘米(旧制约两尺)以上的泡茶壶,壶嘴长度多在 1 米(旧制约三尺)左右,现在常用的 1 米长壶即是由此而来。长嘴壶宜选用壶嘴长 66～120 厘米、壶腔容量为 1 000 毫升左右的铜制品。常见的长嘴壶多为铜制,少数地方有铁质和锡制品以及脱胎漆器制品。

在古代除了长流壶,还有无流壶、短流壶和中流壶。"无流壶"壶嘴很短,几乎没有,只有一个流口。"短流壶"通常指壶嘴出水口离壶腔 10 厘米(旧制约三寸)以内的泡茶壶或煮水壶;"中流壶"指壶的出水口离壶腔距离为 10～66 厘米的泡茶壶或煮水壶。

(二) 长嘴壶的来历

1. 长嘴壶的起源

很早以前没有专门的茶器,茶器与酒器通用,所以茶器很多源于酒器。关于长嘴壶的起源,有以下几种说法。

(1) 起源于东北说。长嘴壶最早用于饮酒。因东北寒冷,人们在火塘旁围坐或"席炕而坐"饮酒时,用长嘴酒壶可隔座掺酒而勿劳坐者起身,甚为方便。

(2) 起源于三国时期说。蜀国后主阿斗,生性多虑,怕人图谋不轨,借侍酒之机行刺。足智多谋的诸葛亮遂特设计出既是长嘴又是弯嘴的青铜酒壶,以防不测。

(3) 起源于巴蜀民俗说。传说重庆一带川江(沟通巴蜀与中东部的长江上游段)上的纤夫因劳动繁重,歇息时喜在船上饮酒解乏取乐。纤夫们彼此熟悉、性格豪爽、关系融洽,喝酒时常邀邻船的纤夫共饮。因要各守其船,而船与船之间总有一定间距,纤夫们便用打通了节的竹筒传送酒浆,后仿龙头古船的形状,打造出龙头铜壶,长长的龙尾即为壶嘴。

2. 长嘴壶在茶馆中广泛应用

随着清代茶馆业快速兴盛,为了方便在拥挤的茶馆里给客人添加茶水,长嘴壶逐渐出现在沱江、长江沿岸的茶馆里。晚清时期,长嘴壶在全国大部分地区都有流行,遂成中国茶馆一大风景。到了现代,长嘴壶从大部分茶馆消失,主要集中在四川地区的老茶馆、火锅店及餐饮店运用。

(三) 长嘴壶的命名

长嘴壶的命名,主要根据壶身的形状和壶柄上的图案,壶身像什么就叫什么壶;壶柄上有什么图案即据此来命名。或是根据铜壶是否抛光或做旧等来命名。常见的长嘴壶有梨形壶、浮云壶、龙壶、莲花壶等。

(1) 梨形壶,因其壶腔的外形像梨而得名。这种壶适合女性使用。

(2) 浮云壶,因其壶腔外绘有浮云的图案而得名。这种壶男女皆可使用。

(3) 龙壶,因其壶腔外有龙纹,或壶柄为龙头形而得名。这种壶适合男性使用。

(4) 莲花壶,因其壶腔外绘有莲花、茶叶等花纹而得名。这种壶适合女性使用。

(四) 长嘴铜壶的优缺点及适合冲泡的茶品

长嘴铜壶具有造型美观、传热性强、掺茶时壶嘴长散热快等优点。

但长嘴铜壶在表演高抛的过程中容易损坏,其具有耐用性较差、成本较高、保管不当易

7

生锈、损茶味等缺点。

　　长嘴铜壶掺茶适合冲泡的茶品为茉莉花茶、峨眉毛峰等，以及各种绿茶和以绿茶为茶坯窨制的花茶。因为长嘴壶的壶管很长，水流经过时会快速降温，所以适合用低水温的水来冲泡的茶品。

（五）长嘴壶茶艺的基本招式

　　长嘴壶茶艺在四川有很多门派，如蒙山派、龙门派、芙蓉门派、峨眉派、青城派等，各个门派有自己独有的掺茶动作和名字。这些名字都是根据典故、传说来命名的，如童子拜佛、苏秦背剑等，但归纳起来，最常用的招式有以下八种。这八种招式命名主要根据长嘴壶出水的支撑点位置来命名，部分为特例。长嘴壶茶艺的基本招式如图 7 - 2 - 5 所示。

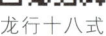

龙行十八式

(1) 传统单手式

(2) 头顶掺茶式

(3) 肩部掺茶式

(4) 后背掺茶式

(5) 胸前掺茶式 　　　　　　　　　　(6) 下腰掺茶式

(7) 膝上掺茶式 　　　　　　　　　　(8) 手臂掺茶式

图 7－2－5　长嘴壶茶艺的基本招式

（1）**传统单手式**：右手握壶高举，左手五指并拢，屈肘后背，手掌心向外贴于腰部，目视出水方向。

（2）**头顶掺茶式**：铜壶放置头顶，右手握壶把，左手四指并拢压住壶管，目视出水方向。

（3）**肩部掺茶式**：右手持壶略高于头顶，壶管放于后颈部，以肩为支撑点。左手五指并拢，屈肘后背，手掌心向外贴于腰部，目视出水方向。

（4）**后背掺茶式**：右手握壶经体侧向上举，壶管转至后背，从身体左侧伸出，目视出水方向。

长嘴壶茶艺
龙行十八式

龙行十八式
分解动作

凤舞十八式
分解动作

（5）胸前掺茶式：右手握壶放于身体右侧上方，左手手指微曲，于胸前位置压住壶管，目视出水方向。

（6）下腰掺茶式：双脚平行站立，比肩稍宽，后弯腰，双手握壶，举壶于正上方，壶管向后，目视出水方向。

（7）膝上掺茶式：右手握壶，右腿直立。左腿平抬，大小腿成90°角，壶管置于左腿膝上，左脚尖向下绷直。左手屈肘后背，手掌心向外置于腰部，右手持壶缓慢举右侧上方，目视出水方向。

（8）手臂掺茶式：右手握壶向右上高举，左手曲肘，四指并拢压壶管。身体前倾，壶管以左手臂为支撑，目视出水方向。

除上述招式外，也可根据安全、美观、优雅的原则，增加其他招式，如反手反后肩式等。

长嘴壶茶艺展示招式及技法无男女性别特别说明，则默认男女动作一致。由于长嘴壶茶艺门派太多，各个门派都有自己独特的招式名称，所以，对常用的招式进行了规范。

（六）长嘴壶茶艺的门派

随着社会经济的发展和人们审美需求增长，四川长嘴壶茶艺有了迅猛的发展，并先后形成了不同的流派，出了很多长嘴壶茶艺的代表性名人，轰动全国，走向国际。如蒙山派龙行十八式成先勤先生、青城派青城十六式刘绪敏先生、龙门派曾小龙先生、芙蓉门派刘昌伟先生和向春女士、二松堂派廖大松、廖小松兄弟等。各个长嘴壶门派的掺茶技艺动作大同小异，但在掺茶的过程中，每个门派的招式又略有不同。

 课堂讨论

如果你是长嘴壶茶艺的表演人员，你将如何引导旅客了解四川长嘴壶茶艺？如何给顾客掺茶？

要点：

1. 长嘴壶掺茶的优点，开水经过壶管，迅速降低水温，适合泡绿茶及花茶。

2. 长嘴壶的掺茶姿势，可根据客人周围的空间选择适合的招式为客人掺茶续水，以免秀壶的过程中伤到客人或自己。

3. 向客人介绍四川长嘴壶的知名门派及各门派的特色。

三、潮州工夫茶

（一）潮州工夫茶概述

潮州工夫茶，是明清时期开始流行于广东潮州府及周边地区的特有的传统饮茶习俗。潮州工夫茶艺是中国茶文化和地方民俗相结合，并形成了一套独特程式的泡茶技艺。在潮州，工夫茶几乎是家家户户的日常必备品，游走于潮州地区总能听到本地人"来食茶"的亲切呼唤。潮州工夫茶艺一般以凤凰单枞茶为代表的乌龙茶类为茶品，采用特定的泡茶器具和独特的技法程式来完成。工夫茶因用茶考究、茶器特别、程式复杂，茶艺师在行茶的过程中，还蕴含了"和、敬、精、乐"的精神内涵。2008年，潮州工夫茶艺入选第二批国家级非物质文化遗产名录。2022年，潮州工夫茶艺作为"中国传统制茶技艺及其相关习俗"项目的重要组成部分,成功入选联合国教科文组织人类非物质文化遗产代表作名录。

(二) 潮州工夫茶茶具

传统的潮州工夫茶茶具有 10 多种,有所谓"四宝、八宝、十二宝"之说。通常以红泥火炉、玉书碨、孟臣壶、若琛瓯(白令杯)为主件,称茶器"四宝"。此外,还有配套盛放"四宝"的器具,煮水配套器具,煮水配套材料,以及其他辅助物品。传统的潮州工夫茶茶具如图 7-2-6 所示。

图 7-2-6 传统的潮州工夫茶茶具

(三) 潮州工夫茶二十一式

在潮汕话中,"工夫"是考究、讲究的意思。顾名思义,工夫茶费工费时,讲究礼法,要求用心事茶,不吝时间,不吝精力。如苏辙诗曰:"闽中茶品天下高,倾身事茶不知劳。"潮州工夫茶茶艺标准,共有二十一道程序,又称潮州工夫茶二十一式。

第一式:备器(精心备器具)。将器具摆放在相应位置上,俗话"茶三酒四",茶杯呈"品"字形摆放。逐一讲解展示孟臣壶、若琛瓯(白令杯)、玉书碨、红泥炉等茶器,实用而有美感的高品质茶具,常常令人爱不释手,单是观赏把玩已能自得其乐。

第二式:生火(榄炭烹清泉)。泥炉生火,砂铫添水,添炭扇风。

第三式:净手(沐手事佳茗)。烹茶净具全在于手,洁手事茗,滚杯端茶。

第四式:候火(煽风催炭白)。炭火燃至表面呈现灰白,即表示炭火已燃烧充分,杂味散去,可供炙茶。

第五式:倾茶(佳茗倾素纸)。所使用的素纸为绵纸,柔韧且透气,适合炙茶提香。

第六式:炙茶(凤凰重修炼)。炙茶能使茶叶提香净味。炙茶时,茶叶在炉面上移动而不是停留,中间翻动茶叶一到两次至香清味纯即可。

第七式:温壶(孟臣淋身暖)。壶必净、洁而温。温壶可以提升壶体温度,有利于增发茶香。

第八式:温杯(热盏巧滚杯)。滚杯要快速轻巧,轻转一圈后,务必将杯中余水点尽,这是潮州工夫茶艺独特的温杯方法。

第九式:纳茶(朱壶纳乌龙)。纳茶时,将部分条状茶叶填于壶底,细茶末放置于中层,再将余下的条状茶叶置于上层,用茶量约占茶壶容量八成为宜。

第十式:润茶(甘泉润茶至)。将沸水沿壶口低注一圈后,提高砂铫,缘壶边注入沸水,

潮州工夫茶艺二十一式

7

至水满溢出。

　　第十一式：刮沫（移盖拂面沫）。提壶盖将茶沫轻轻旋刮，盖定，再用沸水淋于盖眉。

　　第十二式：烫杯（斟茶提杯温）。运壶至三个杯子之间，倾洒茶汤烫杯，然后将杯中茶汤弃于副洗，以此提高茶杯温度。

　　第十三式：高冲（高位注龙泉）。高注有利于起香，低泡有助于释韵，高低相配，茶韵更佳。

　　第十四式：滚杯（烫盏杯轮转）。用沸水依次烫洗茶杯。潮州工夫茶讲究茶汤温度，再次热杯必不可少。

　　第十五式：低斟（关公巡城池）。每1个茶杯如1个"城门"，斟茶过程中，每到1个"城门"，需稍稍停留，注意每杯茶汤的水量和色泽，3杯均匀斟上茶，称"关公巡城"。

　　第十六式：点茶（韩信点兵准）。点滴茶汤主要是调节每杯茶的浓淡程度，手法要稳、准、匀，使茶汤沥尽，称"韩信点兵"。

　　第十七式：请茶（恭敬请香茗）。行伸掌礼，敬请品茗者品茗。

　　第十八式：闻香（先闻寻其香）。用拇指和食指轻捏杯缘，顺势倾倒表面少许茶汤，中指托杯底端起，杯缘接唇，杯面迎鼻，香味齐到。

　　第十九式：啜味（再啜觅其味）。分三口啜品，第一口为喝，第二口为饮，第三口为品。芳香溢齿颊，甘泽润喉吻。

　　第二十式：审韵（三嗅审其韵）。将杯中余水倒入茶洗，点尽，轻扇茶杯后吸嗅杯底，赏杯中余韵。

　　第二十一式：谢宾（复恭谢嘉宾）。茶事毕，微笑并向品茗者鞠躬行礼以表谢意。

 课堂讨论

　　潮州工夫茶被定为国家级"非物质文化遗产"，你还知道哪些茶文化项目是"中国非遗"？作为一名茶艺师，你将如何把中国的茶文化及中国非遗茶项目传承下去？

　　要点：

　　1. 中国非遗茶文化项目有：潮州工夫茶艺、白族三道茶、浙江赶茶场、瑶族油茶习俗等。

　　2. 中国茶制作技艺有39项，包括六大基本茶类和花茶制作技艺。

　　3. 深入了解中国茶制作技艺和非遗茶文化项目，把中国的茶文化传承下去，传播到身边每一位爱茶的人，并深深地影响着身边的每一位人，让人们爱上中国茶，爱上茶文化。

四、客家擂茶

（一）基础知识

　　客家擂茶是一种药食两用茶，盛行于客家人间，广泛分布于闽、粤、湘、赣、港、台等客家人的聚居地，后随着客家人的迁居步伐走向了世界。客家擂茶在马来西亚、新加坡等地也十分盛行。其做法主要是在擂钵（盆）中盛有含茶或草药的原料，用擂棍（棒）捣碎，研磨加工成如膏似汤的饮料类食品。其功效集茶、药、食为一体。

　　擂茶，根据制作原料和茶体形态主要分为粥糊状擂茶和清水擂茶两大类。在我国，湖南安化县、桃源县，广东英德市、广西贺州市、江西黎川县等地的擂茶类别以粥糊状擂茶为主，主要原料为生姜、生米(或熟米)、生茶叶,别称"三生汤",亦可做主食饮用。清水擂茶以芝麻、茶叶、绿豆等为主料,辅以各种草药,制成汤茶。其茶汤似清水状,色泽莹润,作为饮料,主要有解渴、消暑、降火等功效。湖南益阳市与岳阳市、江西赣南市,广东揭西县、福建将乐县、宁化县、南靖县等地的擂茶类型以清水擂茶为主。擂茶常用原料如图7-2-7所示。

图7-2-7 擂茶常用原料

客家擂茶
冲泡法

(二)制作要点

擂茶的制作要点依次为:备具→备水→备茶备料→行礼→温具→投茶与擂茶→投料与擂料→冲浆→分汤敬茶→清洁擂钵与擂棍→行礼谢茶。

(1)备具。制作擂茶时,最重要的两种工具是擂钵和擂棍。擂钵材质大多为陶,钵的内壁粗糙,刻有许多大小不一的暗槽。擂茶时靠擂棍与粗糙的内壁不断摩擦粉碎原料。擂棍往往就地取材,品种多样。具体准备擂钵1个、擂棍1个、水勺1个、小木勺1个、木架1个、水壶1个、水盂1个、茶巾1个、配料杯碟6个、茶盘1个。

(2)备水。选用山泉水、纯净水或各类洁净软水,旺火煮沸。

(3)备茶备料。茶叶、生姜、花生、芝麻、炒米、盐等适量。

(4)行礼。对宾客表示欢迎并开始制作。

(5)温具。用热水浇淋擂棍,温热好擂棍后,用茶巾沾去水分;用热水温热一遍擂钵。

(6)投茶与擂茶。用小木勺将茶叶置入擂钵中,随后用擂棍将茶叶擂碎(擂棍沿着逆时针方向快速地在擂钵内侧旋转擂动,使擂钵内茶叶充分研磨成末)。

(7)投料与擂料。用木勺将生姜、花生、芝麻、炒米、盐等投入擂钵中(也可根据客人的口感喜好适当增添辅料品种),继而用擂棍擂碎(擂棍沿着逆时针方向快速地在擂钵内侧旋转擂动,使擂钵内茶叶充分研磨成末)。

(8)冲浆。提壶将擂棍上的碎末冲入擂钵,继而逆时针旋转式注水,一般水温在90℃～95℃较为适合。若水温过高,会使茶浆烫熟,茶汤出现豆腐花般的形态,影响口感;水温过低,则茶浆无法冲熟。茶艺师可根据经验,确定擂制的时长及是否二次擂制。

(9)分汤敬茶。将擂好的茶品,用水勺均匀分至杯中,双手将泡好的茶汤敬给来宾。

(10)清洁擂钵与擂棍。提壶注水清洁擂钵与擂棍。清洗干净后,用茶巾沾去水分。

(11)行礼谢茶。依次收好器具,行礼谢茶。

7

赛 证 直 通

基础知识部分

一、单项选择题

1.长嘴壶适合冲泡( )。

A.绿茶   B.红茶   C.黑茶   D.青茶

2. 四川泡茶所用的盖碗又叫（   ）。

    A. 三才杯　　　　　　B. 三大炮　　　　　　C. 茶船子　　　　　　D. 茶盏

3. "龙行十八式"属于（   ）门派。

    A. 龙门派　　　　　　B. 峨眉派　　　　　　C. 青城派　　　　　　D. 蒙山派

4. 在成都，老茶馆为客人掺茶的师傅叫（   ）。

    A. 堂倌　　　　　　　B. 茶老板　　　　　　C. 店小二　　　　　　D. 经理

5. 潮汕工夫茶煮水的茶具叫（   ）。

    A. 砂铫　　　　　　　B. 茶壶　　　　　　　C. 若琛瓯　　　　　　D. 随手泡

二、多项选择题

1. 潮州工夫茶泡茶的主要器具有（   　　）。

    A. 红泥炉　　　　　　B. 若琛瓯　　　　　　C. 玉书碨　　　　　　D. 孟臣罐

2. 下列选项中，属于中国非遗茶文化项目的有（   　　）。

    A. 潮州工夫茶艺　　B. 白族三道茶　　　C. 瑶族油茶习俗　　D. 君山银针制茶技艺

三、判断题

1. 盖碗茶具最早是在成都发明的。　　　　　　　　　　　　　　　　　　　　（   ）

2. 广东潮州工夫茶的第六式炙茶(凤凰重修炼)能使茶叶提香净味。炙茶时，茶叶在炉面上移动而不是停留，中间翻动茶叶一到两次至香清味纯即可。　　　　　　　　　（   ）

操作技能部分

一、操作技能考核内容

考 核 项 目	考 核 标 准
成都盖碗茶单杯泡饮法	准确掌握用盖碗冲泡成都三花茶的方法，要求动作规范熟练，投茶量把握准确

二、任务分析

选用成都三花茶用盖碗冲泡方法进行实训。

三、考核方式

1. 在实训室用盖碗冲泡成都三花茶。

2. 评分标准：

考核内容	操作分值	实际得分	备　　注
1. 备具	10		面带微笑，神情自然，根据客人所点茶品备齐茶具
2. 洁具	10		按照操作流程认真烫洗每一件茶具
3. 茶品介绍	20		介绍茶叶的名字、产地、制作工艺、茶性特点、茶文化、品饮功效等

7

续　表

考核内容	操作分值	实际得分	备　　注
4. 投茶	10		动作准确、茶量标准
5. 润茶	10		动作准确娴熟
6. 冲泡	20		凤凰三点头
7. 搅茶	10		动作优雅,达到茶水融合
8. 敬茶	10		伸手礼,语言表达清晰流畅
总　分	100		

任务三　熟悉新式茶饮

一、基础知识

(一) 新式茶饮概述

新式茶饮指用茶叶、奶制品、水果等多种原材料搭配组合而成的中式饮品,以奶茶、果茶为代表产品,深受年轻群体喜爱,强调创新地研发制作及品牌价值。

随着新式茶饮行业发展,2021 年人力资源社会保障部发布的新职业中就包括调饮师一职。调饮师指对茶叶、水果、奶及其制品等原辅料通过色彩搭配、造型和营养成分配比等完成口味多元化调制饮品的人员。

新式茶饮

(二) 新式茶饮发展史

不同于酒店业、电子竞技业等这些国外发展水平高于国内水平的行业,新式茶饮的出现虽然受国外咖啡业影响,起步较晚,但从产品到品牌均是本土产生、本土发展的。新式茶饮是传统茶艺的创新发展,国内新式茶饮业发展水平远超国外,是具有中国特色的行业。

通常认为,新式茶饮行业起步于 20 世纪 90 年代中国台湾,经过 1990 年至 1999 年粉调时期、2000 年至 2015 年的街饮时期、2016 年至今的新茶饮时期三个时期发展,新式茶饮业进入爆发期。

随着《调饮师国家职业技能标准》《现制饮料操作规范》《现制茶饮术语和分类》等标准的发布,新式茶饮进入快速且专业的发展之路。

(三) 新式茶饮制作流程

新式茶饮制作流程为:配茶→萃茶→加料→装饰。

配茶,指为新式茶饮选用适合的茶叶。新式茶饮的茶叶一般选用红茶、绿茶、乌龙茶、黑茶,白茶和黄茶用得较少,且较少使用单一的茶来萃取茶汤,多为拼配使用。如玫瑰红茶、茉莉绿茶、蜜桃乌龙茶、桂花普洱茶等均为花或果与茶的拼配,也就是常说的花果茶。

7

萃茶,指茶汤萃取。茶汤萃取是将茶叶或茶粉与热水接触,把茶中所含的物质融入热水的过程。需要说明的是,通常情况下用热水来萃取茶汤,但也有用冷水来萃取的,比如冷泡茶。茶汤萃取一般在正式制作茶饮之前,属于备料流程。常用的萃茶方法有四种,包括泡茶、拉茶、煮茶、萃茶机萃茶。目前,行业中大多通过泡茶和萃茶机萃取茶汤。茶汤萃取是决定新式茶饮口味好坏的关键。

加料,是指在茶汤基础上添加牛乳、水果、咖啡、酒类、蔬菜和他们的相关制品,还有各种果糖、方糖、蜂蜜等糖类调味剂,以及珍珠、芋圆、南瓜泥、红豆沙、坚果碎,饼干碎等各种小料。让传统茶饮在口味与形式上有所创新。加料是新式茶饮特色及创新点之一。

装饰,是新式茶饮的最后一道制作流程。随着大众消费喜好的不断变化,无论在外观还是风味上都追求与众不同,装饰就成了新式茶饮重要的一部分。新式茶饮的装饰主要体现在出品杯的选择及装饰原料的选择上,带有独特设计的出品杯增加了茶饮的文化内涵,装饰原料品种、大小、色彩等的搭配提高了茶饮的美观度和风味,能够刺激大众购买欲。

(四)新式茶饮常见饮品

常见的新式茶饮有花果茶、奶茶、奶盖茶等。选用的茶叶种类通常有红茶、绿茶、青茶、黑茶,以及在此基础上与干果、干花等搭配而成的果茶、花茶。

花果茶是新式茶饮基础的饮品,用茶汤与各种花、果或蔬菜的搭配,再加糖浆调制而成,具有茶香、果香、花香、甜香等特点。

奶茶是在传统茶饮基础上,加入奶制品,做成的具有茶香、奶香、甜香等特点的新式茶饮,口感丰富、形式多变。

奶盖茶是用淡奶油、牛奶、海盐、茶等原料做成的分层式新式茶饮。出品时会在茶饮顶层加一层厚厚的奶盖,奶盖茶口感浓郁、绵密顺滑、出品美观。

(五)新式茶饮评价方法

新式茶饮一般用感官评价法评价,即用耳朵、眼睛、鼻子、舌头与喉咙等感官去评价茶饮,一般流程为"一听二看三闻四尝"。

一听,听茶饮的名字及创意讲解。茶饮的名称无好坏之分,有创意的茶饮名称能够凸显品牌特色。茶饮产品的设计包括茶饮命名及创意的设计。

二看,看出品茶饮的颜色、层次是否美观。包括看茶汤是否清透,看颜色搭配是否协调等。

三闻,闻茶饮中的香味是否是正向的。正向气味是新式茶饮的消费者喜爱和追求的。以奶茶为例,茶香、奶香、果糖的甜香以及珍珠的糯香即正向气味,劣质香精的气味则非正向气味。

四尝,品尝三个度:平衡度、融合度、辨识度。平衡度是最基础的,以奶茶为例,奶茶里的茶、奶、糖比例是否合适至关重要,合适了才能做到平衡,太甜或茶味太重都会打破平衡;融合度是在平衡度的基础上,讲究茶、奶、糖、水或冰块等的融合,这也是冰的珍珠奶茶需要摇匀,热的珍珠奶茶需要充分搅匀的原因;辨识度是指达到平衡度和融合度后,做出有创意、让大众记得住的奶茶。通过配方设计做出有辨识度的茶饮,需要在设计上有更多想法和创意。例如茶汤可以由两种或三种茶叶拼配萃取而来,比如用川红搭配阿萨姆红茶,萃取出的茶汤就能带淡淡的麦香味。

二、新式茶饮制作准备工作

(一)萃取茶汤

1. 泡茶萃茶

常用工具:烧水机、电子秤、泡茶桶、量桶、吧勺、滤茶袋/滤茶网、盛茶桶、计时器等。

常用原料:各类茶叶(红茶、绿茶、乌龙茶、花果茶等)、冰块等。

泡茶萃茶工具及原料如图7-3-1所示。

(1)称茶。根据设计用电子秤称好茶叶备用,茶水比为1:10～1:30,称取茶叶时要注意装茶叶的容器需干净、无明显水渍,茶叶称取精确到克。

(2)取水。使用量桶量取对应量的热水,取热水时一定要注意防止烫伤。

(3)浸泡。把称好的茶叶倒入泡茶桶内,再将量好的热水倒进泡茶桶里,计时浸泡,浸泡时间为5—15分钟。倒水时快速倒入,让所有茶叶都能浸泡在热水中。

泡茶萃茶

图7-3-1　泡茶萃茶工具及原料

(4)取冰。盛茶桶称取冰块备用,热水冰块比为5:3～5:4,如茶称取10克,热水取300毫升,冰块取240克。冰块称重误差允许在±20克内。冰块应提前2～3分钟称好备用。

(5)滤茶。浸泡时间到就用滤茶网或过滤袋过滤茶汤,过滤后的茶叶不再留用。

(6)加冰。用吧勺将盛茶桶内的冰块搅至完全融化,如产生了泡沫,可捞出泡沫。

(7)保存。盛茶桶应带盖,常温或冷藏保存。

2. 萃茶机萃茶

萃茶机是一种通过高温高压来冲泡茶叶的电器,通过不同方向的扰流,增加对原料的冲泡次数,从而实现高效萃取。萃茶机还会根据不同种类的茶叶,自动调节温度和时间,使茶汤质量更为出色。

常用工具:烧水机、电子秤、萃茶机、量桶、吧勺、滤茶袋/滤茶网、盛茶桶等

常用原料:各类茶叶(红茶、绿茶、乌龙茶、花果茶等)、冰块等。

萃茶机萃茶工具及原料如图7-3-2所示。

图7-3-2　萃茶机萃茶工具及原料

(1)称茶。根据设计称好茶叶备用,取茶包放入萃茶杯中。茶水比为1:40。

(2)取水。使用量器称取对应量的热水,把热水快速倒入萃茶杯中,取热水时注意防止烫伤。

(3)萃茶机萃取。打开萃茶机开关,按萃茶按键。让萃茶机开始萃取工作。可以根据需要,自行设定萃取时间及转速。

(4)取冰。盛茶桶称取冰块备用,热水冰块比为5:3～5:4,如茶叶称取5克,热

萃茶机萃茶

7

水取 200 毫升,冰块取 160 克。冰块不宜过早称好,提前 1～2 分钟称好备用就行。

(5)倒茶。萃茶机工作结束,取下萃茶机,打开盖子,把茶汤倒入装有冰块的盛茶桶。

(6)加冰。用吧勺将盛茶桶内的冰块搅至完全融化,如产生了泡沫,可打出泡沫。

(7)保存。盛茶桶应带盖,常温或冷藏保存。

(二)准备配料

1. 珍珠煮制

珍珠,也叫粉圆,主要成分是木薯粉,口感上天然具有嚼劲。珍珠是茶饮配料的重要组成部分,是奶茶的传统配料。珍珠在直径大小和口味上有较大的差异,能给茶饮创意设计更大的空间。

常用工具:烧水机、电磁炉、不锈钢锅、电子秤、过滤网、量桶、量杯等。

常用原料:珍珠、果糖、直饮水等。

图 7-3-3 珍珠煮制工具及原料

珍珠煮制

珍珠煮制工具及原料如图 7-3-3 所示。

(1)称取。根据设计好的配方,称取 100 克珍珠备用,装珍珠的容器要干净、没有明显水渍。

(2)取水。使用量桶取 600 毫升开水,取开水时注意防止烫伤。把开水倒入不锈钢锅中,用电磁炉把水再一次烧开。

(3)煮制。水烧开后,把称好的珍珠倒入锅中用中大火煮。注意是水烧开后把珍珠倒入锅中,不是冷水下锅。煮的过程中需不停搅拌,防止粘锅和粘连成块;如果发现水太黏了,煮制过程中可加适量开水。煮制时间根据各类珍珠确定。

(4)焖煮。煮到规定时间后,关火,盖上盖子焖煮,让珍珠的芯熟透。焖煮时间根据各类珍珠确定。

(5)冲洗。焖煮时间到,把珍珠倒入不锈钢过滤网中,用冷水冲洗。冲洗的时候可以用手翻动,确保冷水能冲洗到每一颗珍珠,珍珠清洗凉透后关水。

(6)保存。冲洗好的珍珠倒入容器内,加入调制的糖水没过珍珠。调制糖水的糖和水比例为 1∶1,如加 30 毫升果糖,再加 30 毫升直饮水,搅拌均匀即可。也可以在焖煮的时候将糖水预调好。

2. 奶盖打发

奶盖是将淡奶油、纯牛奶、海盐、糖等原料用搅拌器或奶盖机打发而成的一种食品,口感绵密浓郁、咸甜适宜。

常用工具:电子秤、奶盖搅拌机、量杯、吧勺、密封容器等。

常用原料:纯牛奶、淡奶油、细砂糖、海盐。

奶盖打发工具及原料如图 7-3-4 所示。

(1)称取。根据设计好的配方,用电子秤称取

图 7-3-4 奶盖打发工具及原料

2 克细砂糖、3 克海盐、400 克淡奶油、100 毫升纯牛奶。淡奶油和牛奶冷藏后更容易打发,用完后需及时放回冰箱冷藏。

（2）打发。将称取好的细砂糖、海盐、淡奶油、纯牛奶倒入奶盖搅拌杯中,盖上盖子,放到搅拌机上,按电源开关,再按奶盖打发键,开始打发。搅拌杯中的淡奶油和牛奶呈漩涡状旋转,随着空气的注入,液体状慢慢变厚,搅拌至半固体状即可。搅拌的时间和转速可手动调整。

（3）保存。搅拌机打发好后的奶盖倒入容器中,容器外面贴上制作时间,密封冷藏保存。

3. 水果切配

新鲜水果或蔬菜是茶饮的重要构成部分,在口味、颜色搭配上均能直接影响茶饮的出品效果。水果切配属于备料岗,操作具有一定危险性,要求安全使用刀具。

常用工具：水果刀、菜板、夹子、手套、密封容器等。

常用原料：水果（柠檬、西瓜、草莓、青提、菠萝、芒果等）。

（1）清洗。水果用常温的水清洗,部分水果如西瓜、柠檬、芒果清洗表皮污渍后需擦干水渍后使用。

（2）去皮。大部分水果如西瓜、青提、菠萝、芒果等需去皮后使用。西瓜对半切开后去除西瓜皮时白色果皮需除尽,青提、葡萄、龙眼等需剥皮后使用。

（3）切配。根据设计的配方,把水果切成块或片,如一般将去皮后的西瓜果肉切成 3 厘米见方的小方块。切配时注意去蒂、去籽、去核。如清洗后的草莓需去蒂,切好的柠檬需去籽,芒果、龙眼需去核。

（4）保存。将切配好的水果放入容器中,写好效期贴,冷藏备用;同时未去皮使用的水果需封上保鲜膜,冷藏保存。

（三）设计装饰

1. 出品杯设计

（1）材质选择：常用的出品杯材质有纸杯、注塑杯、陶瓷杯、玻璃杯、陶土杯、金属杯等,如水果茶适合选用透明注塑杯或玻璃杯,热咖啡适合选用纸杯或陶瓷杯。

（2）杯型选择：常用的出品杯杯型有八角杯、方型注塑杯、高脚注塑杯、U 型杯等,杯型及口径不同,出品效果不同。

（3）图案选择：根据茶饮选择各类设计图案的出品杯,选择色彩和谐的创意图案能够提高食欲,提高品牌识别度。

2. 出品装饰设计

（1）原料选用：常用的出品装饰原料有水果类（含干果）,包括柠檬、橙子、西柚、无花果、奇异果等；花卉类（含干花）,包括三色堇、小雏菊、玫瑰花、桂花等；香草类,包括薄荷、迷迭香、百里香、七里香等；香料类,包括八角、丁香、肉桂、小米椒、花椒等；道具类,包括吸管、夹子、纸伞、装饰竹签等。

（2）形状设计：根据不同出品杯材质和杯型,装饰原料可选择不同形状和色彩的搭配。如饼干可选择饼干碎或长方形饼干片,柠檬可切成片状、块状、条状或卷成各种形状。

7

三、新式茶饮制作

（一）手打柠檬茶

手打柠檬茶是夏日非常受欢迎的茶饮，已经成为某些地区的新式茶饮名片。手打柠檬茶主要用纯天然的柠檬加上茶汤搭配而成，口感清爽，热量较低，具有抗氧化、补充维生素C、增强人体免疫力和促进新陈代谢的功能，再加上操作过程中的"锤打"乐趣，深受大众喜爱。

常用工具：菜板、水果刀、电子秤、雪克杯、出品杯、量杯、吧勺、手捣棒、盛茶桶等。

常用原料：果糖、香水柠檬、茉莉绿茶、冰块等。

（1）切柠檬。取一个清洗干净的香水柠檬，放到菜板上，用水果刀切头去尾后，从腰部切成两半，其中的一半横竖各一刀切成四块，剩下的另一半切成均匀的薄片。柠檬切块及切片后，需要去籽，去籽后的柠檬块、柠檬片装在干净的容器中。菜板和刀清洗干净后放到安全的地方。

（2）打柠檬。取雪克杯，打开盖子，先将切好的4块（35～40克）柠檬放入杯中；再倒入少许冰块（约90克），冰块铺在柠檬上，取手捣棒捶打冰块。将柠檬汁锤打出来，一般捶打次数在20次左右即可。

（3）加茶汤。用量杯取已经萃取好的200毫升茉莉花茶倒入雪克杯中。

（4）加糖。用量杯取40毫升果糖加入雪克杯。

（5）加冰块。加冰块至雪克杯八分满，取冰块时把冰块敲碎，避免取到整块冰。

（6）摇匀融合。盖上雪克杯盖子，双手持杯逆时针或顺时针摇匀，让雪克杯中的茶、香水柠檬、糖、冰块进行充分地融合。取出品杯，将雪克杯中的柠檬茶倒入出品杯，如果溢出的话可以用冰夹将多余冰块夹出，注意操作台面保持整洁。

（7）装饰出品。将切好的柠檬片（或者其他装饰物）放入出品杯中进行装饰，也可用黄色柠檬、薄荷叶、青瓜片、三色堇等其他装饰物，装饰完成即出品。手打柠檬茶成品如图7-3-5所示。

图7-3-5　手打柠檬茶成品

（二）珍珠奶茶

珍珠奶茶是新式茶饮的代表产品，不仅在国内流行，在国外的街头珍珠奶茶的身影也愈发常见，珍珠奶茶的茶饮文化在不断发展。

常用工具：电子秤、雪克杯、出品杯、量杯、吧勺、盛茶桶等。

常用原料：纯牛奶、咖奶、珍珠、果糖、茶汤、冰块、直饮水等。

1. 热珍珠奶茶制作

（1）加糖。根据设计好的配方，取雪克杯，打开盖子，将25毫升果糖倒入杯中。

（2）加奶。用量杯取20毫升咖奶、70毫升纯牛奶倒入雪克杯中。

（3）加茶汤。用量杯取250毫升萃取好的川红茶茶汤，倒入雪克杯中。

（4）补热水。补热水到雪克杯的450毫升刻度。

（5）搅匀融合。用吧勺充分搅拌，让雪克杯中的茶、糖、奶、水进行充分融合。

（6）取珍珠。取出品杯，用电子秤称取 50 克煮好的珍珠放入出品杯中。

（7）出品。把雪克杯中的奶茶倒入出品杯，即可出品。

2. 冰珍珠奶茶制作

冰珍珠奶茶的制作除了第（4）步需要补冰块到雪克杯的 450 毫升刻度外，第（1）～（3）步和第（5）～（7）步均与热珍珠奶茶制作相同。

冰珍珠奶茶成品如图 7-3-6 所示。

图 7-3-6　冰珍珠奶茶成品

珍珠奶茶
制作

 课堂讨论

请以珍珠奶茶为例，讨论一下创意奶茶的设计可以从哪些方面进行创新？

要点：

1. 茶叶、糖、奶、配料的选择。
2. 出品杯选择。
3. 顶料装饰选择。

 知识拓展

市场中流行奶茶的分类

根据地域特色及制作工艺标准划分，市场中流行的奶茶可分为台式奶茶、港式奶茶、英式奶茶。三种奶茶在制作工艺、口感上截然不同。

台式奶茶，又称珍珠奶茶，是泡沫红茶的一种延伸，主要由茶、奶和粉圆（珍珠）组成，口感层次分明，深受消费者喜爱。其制作工艺相对简单，原料常见，且口味多样，方便商家研发新产品，因此在市场上广受欢迎。

港式奶茶，茶味重偏苦涩，口感爽滑且香醇浓厚。其制作方法复杂，需要经过多道工序，如捞茶、冲茶、焗茶、撞茶等，以保证奶茶中保留茶叶的浓厚。港式奶茶冲制技艺已被列入"非物质文化遗产"。

英式奶茶，是英国下午茶文化的重要组成部分。在冲泡时，英式奶茶会先将红茶泡好，再加入适量的牛奶和糖，以保持茶汤的清澈与口感的平衡。英式奶茶的口感相对较为清淡，茶香与奶香交织，既保留了红茶的优雅，又融入了牛奶的柔和。

（三）奶盖茶

奶盖茶是新式茶饮继奶茶后又一经典产品，特别之处是在茶上有一层厚厚的奶盖，其口感醇厚、略带咸味，层次分明，促进了茶饮的新革命。

奶盖茶的喝法可分三种，一是吸一口最底层的茶汤，品尝茶香；二是打开上盖直接饮用，让茶汤透过奶盖进入口中，奶香混合着茶香，又是另一番滋味；三是直接将奶盖与茶汤搅拌

7

混合,入口呈现咸中带甜的独特滋味。

常用工具:电子秤、雪克杯、出品杯、量杯、吧勺、盛茶桶、沙冰机等。

常用原料:果糖、茶汤、冰块、果酱、脆波波(口感比珍珠更脆)、直饮水等。

草莓奶盖茶制作方法如下:

(1)称料。根据设计好的配方,称取 30 克草莓酱、20 克果糖、50 克草莓果肉、185 克冰块,倒入搅拌机杯中。

图 7-3-7　草莓奶盖茶成品

(2)加茶汤。用量杯取 200 毫升萃取好的茉莉花茶茶汤倒入搅拌机杯中。

(3)搅拌。把搅拌机杯放到搅拌机上,按沙冰按键,搅拌至细腻均匀的沙冰状。

(4)加配料。取出品杯,加入 50 克脆波波配料,再加一层新鲜草莓粒。

(5)加奶盖。把搅拌好的草莓沙冰倒入装有脆波波的出品杯中,再将出品杯顶部铺满奶盖。

(6)装饰出品。出品杯奶盖上撒上新鲜草莓粒或其他装饰品即可出品。草莓奶盖茶成品如图 7-3-7 所示。

 课堂讨论

奶盖茶为什么能迅速成为新式茶饮的代表产品?其创新点有哪些?

要点:

1. 口味的创新。

2. 形式的创新。

7

赛 证 直 通

基础知识部分

一、单项选择题

1.(　　　)即在茶汤中加入各种配料,以佐汤味的一种饮用方法。

A. 摄泡法　　　　　B. 清饮法　　　　　C. 煮饮法　　　　　D. 调饮法

2. 花茶属于再加工茶类,以(　　　)最出名。

A. 茉莉花茶　　　　B. 玫瑰花茶　　　　C. 桂花茶　　　　　D. 菊花茶

3. 奶茶中珍珠的主要成分是(　　　)。

A. 红薯粉　　　　　B. 木薯粉　　　　　C. 面粉　　　　　　D. 玉米粉

4. 藏族人喝茶,最常用的调味品是(　　　)。

A. 糖　　　　　　　B. 盐　　　　　　　C. 花椒　　　　　　D. 酱油

5. 调饮红茶就是在泡好的茶汤中加入(　　　)。

A. 面粉　　　　　　B. 鸡蛋　　　　　　C. 调味品　　　　　　D. 甜品

6. 在红茶茶汤中加入糖、牛奶、柠檬、咖啡、蜂蜜或香槟酒等的泡茶法是（　　　　）。

A. 清饮　　　　　　B. 调饮　　　　　　C. 煮饮　　　　　　D. 以上都不对

7. 夏天制作泡沫红茶的原料是（　　　　）。

A. 红茶　　　　　　B. 绿茶　　　　　　C. 乌龙茶　　　　　　D. 花茶

二、多项选择题

1. 调饮师要把握时机进行导购推销，下列选项中，属于适宜时机的是（　　　　　　）。

A. 顾客产生兴趣时　　　　　　　　B. 顾客提出要求时

C. 来客较多时　　　　　　　　　　D. 顾客消费后，准备离开时

2. 使用搅拌机时，以下说法不正确的有（　　　　　　）。

A. 应将水果等材料直接卷入容器里　　B. 应将水果等材料切成小块后再放入容器里

C. 应自始至终高速旋转　　　　　　D. 应敞开盛水果的容器盖

三、判断题

1. 调饮师是对茶叶、水果、奶及其制品等原辅料，通过色彩搭配、造型和营养成分配比等，完成口味多元化调制茶饮的人员。（　　　）

2. 茶饮料是指以茶叶的萃取液、茶粉、浓缩液为主要原料加工而成的含有一定量的天然茶多酚、咖啡碱等茶叶有效成分的软饮料。（　　　）

操作技能部分

一、操作技能考核内容

考 核 项 目	考 核 标 准
制作手打柠檬茶	准确掌握手打柠檬茶的制作方法，要求配方设计准确，动作规范熟练
制作珍珠奶茶	准确掌握珍珠奶茶的制作方法，要求配方设计准确，动作规范熟练

二、任务分析

1. 选择茉莉花茶茶汤用制作手打柠檬茶的方法进行实训。

2. 任选一种茶汤用制作珍珠奶茶的方法进行实训。

三、考核方式

1. 在茶饮实训室制作手打柠檬茶和珍珠奶茶。

2. 评分标准：

（1）制作手打柠檬茶。

考 核 内 容	操作分值	实际得分	备　　注
1. 工位准备	10		准备工位所需设备及工具、清洗干净后摆放整齐
2. 原料准备	10		按照设计配方准备所需原料

续　表

考 核 内 容	操作分值	实际得分	备　　注
3. 切柠檬	10		动作正确、注意安全及卫生
4. 打柠檬	15		动作正确、注意卫生
5. 加茶汤、加糖、加冰块	10		动作准确、取量标准、注意卫生
6. 摇匀融合	15		动作正确、注意卫生
7. 装饰出品	10		动作正确、出品美观
8. 产品推介	15		介绍产品的名字、制作流程、特点、茶文化、品饮功效等
9. 恢复工位	5		动作正确、注意卫生
总　　分	100		

（2）制作珍珠奶茶。

考 核 内 容	操作分值	实际得分	备　　注
1. 工位准备	10		准备工位所需设备及工具、清洗干净后摆放整齐
2. 原料准备	10		按照设计配方准备所需原料
3. 加糖、加奶、加茶汤	15		动作准确、取量标准、注意卫生
4. 补热水	10		动作准确、取量标准、注意卫生
5. 搅匀融合	10		动作正确、注意卫生
6. 取珍珠	10		动作准确、取量标准、注意卫生
7. 出品	10		动作准确、出品美观
8. 产品推介	15		介绍产品的名字、制作流程、特点、茶文化、品饮功效等
9. 恢复工位	10		动作正确、注意卫生
总　　分	100		

项目小结

　　通过民族茶艺、民俗茶艺及新式调饮茶的学习，我们了解和掌握中国少数民族和不同地域的饮茶习俗和技艺，同时对年轻人喜欢的新式调饮茶也有了进一步的了解和掌握，为以后的工作和创业打下良好的基础。

项目八
茶艺创作与设计

学习目标

知识目标：1. 掌握茶席设计的基本构成元素
2. 掌握茶席插花的设计原理。
3. 掌握主题茶艺的设计方法。
4. 掌握茶会活动的策划原则和设计流程。

能力目标：1. 能根据不同主题，为客人设计茶席。
2. 能根据主题茶艺的设计方法，编制并演示主题茶艺。
3. 能掌握茶会活动的策划原则和设计要点，策划本小组的茶会活动项目。

素养目标：1. 培养对茶艺创作与设计的创新意识。
2. 提高在茶席设计中的审美水平。
3. 培养良好的团队协作精神和沟通能力。
4. 培养对茶艺创作的组织策划能力。

项目导读

　　茶艺创作与设计包含了茶艺的技能、品茶的艺术以及茶人在行茶过程中以茶为载体感悟自然，清心自省、完善自我的心理体验。茶艺创作与设计以泡茶基本技法与茶叶冲泡技艺做基础，包含茶席设计、茶席插花、茶艺创作、茶会组织与策划。

　　茶席设计，是一种将茶文化、美学与实用性相结合的艺术创作。它旨在通过精心策划与布置，营造一个和谐、雅致、富有文化底蕴的品茗环境。在设计过程中，需注重茶具的选择与搭配，考虑茶席的布局与空间利用，以及灯光、音乐等氛围元素的融入。

　　茶席插花，作为茶席设计中的重要组成部分，是一种将自然之美与茶文化相融合的艺术表现形式。它通过在茶席上巧妙地布置花卉，增添茶席的生机与雅致，营造出一种宁静、舒适的品茗氛围。插花的选择需与茶席的整体风格相协调，注重花卉的色彩、形态与寓意的搭配，以体现出茶文化的精髓与品茶者的审美情趣。

　　茶艺创作通过多种形式进行呈现，通过表演来展示泡茶与品饮的过程，以茶汤的制备和饮用为内容和线索，用独特的感染力传播正能量，传承延续中国茶文化。其是一种集物质享受与精神追求于一体的文化创作活动，它融合了茶叶的冲泡技巧、茶具的使用以及茶文化的物化载体的选用技巧，通过艺术化的手法展现出茶文化的独特魅力。

　　茶会，作为一种集品茗、交流、分享于一体的文化活动，其组织与策划是确保活动顺利进行并达到预期效果的关键。茶会组织与策划概述涵盖了从前期筹备到活动执行，再到后期总结的整个过程，旨在通过精心设计与细致安排，为参与者营造出一个优雅、和谐、富有文化氛围的品茗空间。

茶发于神农,兴于唐朝,盛于宋代。中国茶文化糅合佛、儒、道诸派思想,独成一体,是中国文化中的一朵奇葩,其不但包含物质文化层面,还包含深厚的精神文化层面。唐代茶圣陆羽的"茶经"在历史上吹响了中华茶文化的号角,从此茶的精神渗透了宫廷和社会,深入中国的诗词、绘画、书法、宗教、医学,几千年来中国不但积累了大量关于茶叶种植、生产的物质文化,更积累了丰富的有关茶的精神文化。

近年来,喝茶爱茶的群体不断扩大,在年轻人圈层也流行开来,随着国潮风兴起,着汉服泡茶也被越来越多年轻人喜欢。2024 年 5 月 17 日至 21 日的第六届中国国际茶叶博览会在浙江杭州举行,这一届国际茶博会以"茶和世界　共享发展"为主题,聚焦乡村振兴、喜迎亚运、共同富裕,全面展示我国茶产业发展成就,推介新品种、新技术、新装备、新业态,塑造知名茶叶品牌,促进茶贸易合作,传承弘扬茶文化,助力做强茶产业,推动农民增收致富,打造中国同世界交流的重要平台。展示展销面积 5 万平方米,将设置成就展区、品牌展区、特色展区、推介活动区等 4 类展区。

(资料来源:农业农村部网站:第六届中国国际茶叶博览会在杭州举行,经编者整理编写。)

任务一　茶席设计

一、茶席设计基础知识

茶席设计

唐朝以前,人们就餐是席地而坐,在宴饮的时候,席是座位也是食物陈列摆放的平台,故而有酒席之称;茶席则是泡茶和喝茶的平台。根据场地、爱好、季节、功能等不同的条件,在布置茶席的时候应该发挥丰富的想象空间。茶席设计可以是办公桌上简洁实用的创意或者居家生活时休闲放松的一角,也可以是茶席比赛中精致周到的艺术品。

"茶席设计"是以茶为灵魂,以茶具为主体,在特定的空间形态中,与其他艺术形式相结合,所共同完成的一个有独立主题的茶道艺术组合整体。

茶席的设计一般由茶具组合、席面设计、配饰选择、茶点搭配、空间设计五大元素组成。其中茶具是不可或缺的主角。其余辅助元素对整个茶席的主题风格具有渲染、点缀和加强的作用,在设计时可以根据主题要求,选择全部或部分辅助元素与茶具组合配伍。此外,还可以添加音乐设计、表演者服饰设计、表演流程设计等元素,使静止的茶席动起来。

(1)茶具。这是整个茶席中的焦点,有时候某套茶具的特色有启发主题的作用。根据功能区分,有泡茶(碗、壶)、饮茶(杯、碗)、储茶(罐、盒)用具和辅助用具(茶则、茶匙、茶荷、茶船、茶炉等);根据材质选择,常见的有陶瓷、紫砂、玻璃器皿和金属、竹木类。

(2)席面设计。席面设计的色调通常奠定了整个茶席的主基调,布置时常用到的有各类桌布(布、丝、绸、缎、葛等)、竹草编织垫和布艺垫等。也有取法于自然的材料,如荷叶铺垫、沙石铺垫、落英铺垫等。还有不加铺垫,直接利用特殊台面自身的肌理表现特定的基调,如原木台的拙趣、红木台的高贵、大理石台面的典雅等。

(3)配饰选择。配饰选择的余地相当大,插花、盆景、香炉、茶宠、工艺品、日用品运用得当,都能起到非凡的效果,对主题起到画龙点睛的作用。一般来说,配饰的选用宜简不宜繁,选用同色系或互补色系的配饰不容易出错。属于跳跃或反差强烈色系的配饰虽然装饰效果好,但对布置者的美术水平要求比较高。

(4)茶点搭配。茶点搭配要根据主题、茶类、茶具的质感来定,一般的原则是红配酸、绿配甜、乌龙配瓜子。水果、干果、糖食、糕饼、瓜子等都可以酌情搭配。也可以试验新颖的配合,可中可西,如配手指三明治、小姜饼等。好的茶点搭配、做工精致的点心还能成为茶席布置的一个亮点。

(5)空间设计。空间设计是上述席面布置元素之外的装饰,主要是为了构建一个和谐的茶席微环境。目前常用到的素材有:大型盆栽、装饰画、传统风格字画挂轴、屏风、工艺美术品(竹匾、民族乐器、博古架、剪纸和软装饰布帘等),这些都能为茶席的空间营造出一份别致的韵味和闲趣。

二、茶席设计的基本构成因素

茶席设计是由不同的因素构成的。由于人们的生活和文化背景及思想、性格、情感等方面的差异,在进行茶席设计时可能会选择不同的构成因素。

(一)茶品

茶是茶席设计的灵魂,也是茶席设计的思想基础。因茶而有茶席,因茶而有茶席设计。茶在一切茶文化以及相关的艺术表现形式中,既是源头,又是目标。茶是茶席设计的首要选择。因茶而产生的设计理念,往往是设计的主要线索。

茶的色彩是异常丰富的,有绿茶、红茶、黄茶、白茶、青茶、黑茶等。绿色可让人联想到春天,红茶可让人联想到喜庆等。茶的香气也是复杂多样的,有的有果香,有的有花香等。茶的形状也是千姿百态的,未饮先迷人,如旗枪茶,叶片如旌旗迎风招展;六安瓜片,片片可人。

(二)茶具组合

茶具组合,是茶席设计的基础,也是茶席构成元素的主体。茶具组合的基本特征是实用性和艺术性相融合。实用性决定艺术性,艺术性又服务于实用性。因此,它的质地、造型、体积、色彩、内涵等方面,应作为茶席设计的重要部分加以考虑,并使其在整个茶席布局中处于最显著的位置,以便于对茶席进行动态的演示。

中国的茶具组合始于唐代,茶圣陆羽是茶具组合的集大成者。茶具组合既可按传统样式配置,也可创意配置;既可基本配置,也可齐全配置。其中创意配置、基本配置、齐全配置在个件的选择上随意性、变化性较大,而传统样式配置,在个件的选择上一般较为固定。主要有以下几种配置。

1. 古代传统样式配置

古代传统样式配置,一般多为现代茶人根据古代各时期留传下来的文字、绘画以及碑刻、青铜器铭文记载和部分出土茶具复制组合而成,如道家神仙茶道、佛家佛茶道、儒家文人茶道、唐代煎茶道、宋代点茶道、清代宫廷茶道等。

2. 近代传统样式配置

近代传统样式配置多体现地域特色,如潮州工夫茶、台式工夫茶、川式盖碗茶等,都有一套规定的传统茶具的配置。

3. 少数民族传统样式配置

我国少数民族众多,大多有自己与众不同的饮茶方式,有的一个民族还有多种不同的饮茶方式。有的是火塘烤茶;有的是放入多种配料制成调和茶;还有的是生吃当菜等。如藏族酥油茶、傣族竹筒茶、白族三道茶、侗族打油茶等。

(三)铺垫

铺垫,是指茶席整体或局部物件摆放下的铺垫物,也是铺垫茶席之下布艺类或其他质地物的统称。铺垫物的直接作用,一是使茶席中的器物不直接触及桌面或地面,以保持器物的清洁;二是以自身的特征辅助器物共同完成茶席设计的主题。

铺垫的质地、款式、大小、色彩、花纹,应根据茶席设计的主题与立意,运用对称、不对称、烘托、反差、渲染等手段的不同要求加以选择。或铺桌上,或摊地上,或搭一角,或垂一隅,既可作流水蜿蜒之意象,也可作绿草茵茵之意象。

在茶席设计中,铺垫与器物的关系,如同人与家的关系,使器物有一种归属感。铺垫虽是器外物,但对茶席器物的烘托和主题的体现却起着不可低估的作用。

1. 铺垫的类型

铺垫有织品类,如棉布、麻布、化纤、蜡染、印花、毛织、织锦、绸缎、手工纺织等;还有非织品类,如草编、树叶、纸铺、石铺等。

2. 铺垫的形状

铺垫的形状一般有正方形、长方形、三角形、圆形、椭圆形等几何型和不确定型。设计者可根据茶席主题来确定采用什么形状的铺垫,铺几层,铺哪个位置等,来更好的体现主题和表现茶席之美。

3. 铺垫的色彩

把握铺垫的色彩的基本原则是,单色为上,碎花为次,繁花为下。色彩学告诉我们,色相、明度、彩度是色彩的三个基本要素。色彩是表达情感的重要手段之一,它在茶席铺垫中,也能不知不觉地影响着人们的精神、情绪和行为。

4. 铺垫的方法

铺垫的材质、形状、色彩选定以后,铺垫的方法便是获得理想铺垫效果的关键所在。有的平铺,有的对角铺,有的三角铺,有的叠铺,有的立体铺,还有的帘下铺等。无论怎样铺,目的只有一个,使铺垫能更好地展现出它应有的效果。

（四）茶席插花

插花,是指人们以自然界的鲜花、叶、草与枝干为材料,通过艺术加工,在不同的线条和造型变化中,融入一定的思想和情感而完成的花卉再造型艺术。

插花的历史在我国十分悠久,早在汉代就在佛教的活动中出现。在宋代,插花已经和点茶、挂画、焚香一起,被人们作为生活的"四艺",同时摆在茶席之上。其后日本出现的"花道"即源于我国。

但茶席中的插花,与一般的宫廷插花、宗教插花、文人插花和生活插花又有所不同。茶席中的插花是为了体现茶的精神,追求崇尚自然、朴实秀雅的风格,并富含深刻的寓意。基本的特征是:简洁、淡雅、小巧、精致。花不求多,只插一两枝便能起到画龙点睛的效果;同时,追求线条构图的美和变化,以达到朴素大方、清雅绝俗的艺术效果。

1. 茶席插花的形式

一般可分为直立式、倾斜式、悬挂式和平卧式四种。

（1）直立式,是指鲜花的主枝基本呈直立状,其他插入的花卉,也都呈自然向上的势头。直立式插花,虽然花叶不多,但一花一叶都应有艺术构思。要注意衬托茶席的主题,力求层次分明,高低错落有致,这样才能充满生机勃发的意蕴。直立式插花的第一花枝必须插成直立状,第二枝比第一枝稍短,插在第一枝的一侧,并呈现一定的倾斜度。花朵的位置在主干的中间。花朵可在主枝上,也可在侧枝上。花叶不必太多,以一花二叶为宜。直立式的枝干,无论是单枝头还是多枝头,都应有一个分叉和弯曲度。但不可枝头太多,2~3个分枝即可。分枝及分枝头,可有单色小花蕾,也可无花。花蕾的色彩尽量和花朵形成反差,以求产生主次的效果。

（2）倾斜式,是指以第一主枝倾斜于花器一侧为标志的插花。倾斜式插花具有一定的自然状态,如同风雨过后那些被风吹得压弯的花枝,又重新伸腰向上生长,蕴含着不屈不挠的顽强精神,又有临水之花木那种疏影横斜的韵味。倾斜式的第一主枝位置变化范围较大,

8

可以在左右两个 90°以内,但花朵的位置不宜垂于花器水平线以下,这样会给人落花的感觉,使整体造型失去美感。第二、三枝应围绕主枝进行变化,不受第一主枝摆设范围的限制,既可成直立状,也可成下垂状,但要与第一主枝保持呼应。

(3)悬挂式,是指以主枝在花器上悬挂而下为造型特征的插花。悬挂式插花,形如高山流水,又似悬崖上的枝条垂挂,柔枝蔓条,自由飘洒。其线条简洁夸张,给人以格调高逸的感觉。悬挂式插花多使用有一定高位的花器,可临空悬挂,也可倚于墙面,嵌于柱梁。花器多见篮、竹筒等。若采用竹制,一节、两节均可。第一主枝从花器中弯曲向下 120°,使花型充满曲线变化的美感。主枝的部分枝叶可疏剪去,以减轻枝的压力,让其自然悬下,也可使线条更为清晰。花朵可在悬下枝条的中段位置,以一两朵为宜,其他悬下的分枝条可有零星的小花蕾,花头注意要保持较好的观赏角度。

(4)平卧式,是指全部的花卉在一个平面上的插花样式。茶席插花中,平卧式虽不常用,但在某些特定的茶席布局中,如移向式结构及平铺式结构,用平卧式插花可使整体茶席的点线结构起到明显的效果。平卧式插花的特点是,如同花枝匍匐生长,其间没有高低层次的变化,只有左右向的长短伸缩,给人以对生活的无限热爱和依恋的感觉。平卧式的两三个枝条都在同一平面上,但应有长短、远近的差别。在处理左右伸展时,也应注意前后稍短枝蔓的陪衬,这样既有稳重感,也可保持较好的形态。

2. 茶席插花的花材选择

茶席插花花材选择的限制较小,山间野地,田头屋角随处可得,也可在花店采购。茶席上忌用太香或太臭等刺激性很强的花。忌用大红大紫的大朵花。茶席上的插花尽量做到阴阳结合。所谓花开为阳,合而为阴,叶正面为阳,背面为阴。精心设计,使其保持阴阳兼具,阴阳互生之美。

3. 茶席插花的意境营造

由于茶席中的插花处于配合地位,因此,应根据茶席的主题来营造花的意境。营造得当,则可为丰富茶席的寓意起到其他饰物所不能代替的作用。茶席插花的意境营造,一般有具象和抽象两种表现方法。

具象表现一般不作十分夸张的设计,实实在在,不留一点矫揉造作的痕迹,便使营造的茶席意境清晰明了。抽象表现则是运用夸张和虚拟的手法来表现插花的主题,可以拟人,也可以拟物。

4. 茶席插花的花器选择

花器是茶席插花的基础和依托。插花造型的结构和变化,在很大程度上得益于花器的型与色。就花器的造型来说,它既限制了花体,也衬托了花体。茶席中的插花要求花体简约、精巧,花体决定了花器的大小。花器的质地,一般以竹、木、草、藤、陶、瓷、紫砂等为主,以体现原始、自然朴实之美。形状上以选择碗、盘、篮等花器为佳。色彩上,竹、木、草、藤花器基本利用其原色,原色方显其原纹原质;陶质可选素面不添色的;瓷质宜为青色、白色;紫砂最好选深色。另有部分金属质的花器,在某些特定寓意要求下使用,但多为铜质,如禅茶。

(五)焚香

焚香,是指人们将从动物和植物中获取的天然香料进行加工,使其成为各种不同的香型,并在不同的场合焚熏,以获得嗅觉上的美好享受。宋代时,我国的焚香艺术与点茶、插花、挂画被称为"四艺",出现在日常的生活当中。焚香发展到今天,已不单纯是品香、斗香,而是以天然芳香原料为载体,融自然科学和人文科学为一体,帮助感受和美化生活,实现人与自然的和谐,创造人的外在美与心灵美和谐统一的香文化。正如茶道一样,其含义已远远超越了制香和品香本身。

焚香不仅作为一种艺术形态融入整个茶席中,同时,它美好的气味弥漫于茶席四周的空间,使人在嗅觉上获得非常舒适的感受。也使品茶的内涵变得更加丰富多彩。

1. 茶席中自然香料的种类

茶席中香料的选择,应根据不同的茶席内容及表现风格来决定。如表现宗教和古代宫廷类茶艺的茶席,可选用香味相对浓烈一些的香料;而表现一般生活内容的茶席,则可选择相对淡雅的香料。因此,对不同的香料的香型特征应有基本了解,以便在茶席设计中正确地使用。香料主要的种类有檀香、沉香、龙脑香、紫藤香、甘松香、丁香、石蜜、茉莉等。

2. 茶席中香品的样式及使用

茶席中的香品,总体上分为熟香与生香,又称干香与湿香。熟香的样式有柱香、线香、盘香、条香等。茶席中熟香焚熏时,还可在香炉中添加其原生香料于香灰之中,如未经加工的香树木片,已干燥的香花粉末等,使其在受热的香灰中,无烟却又能散发出香味来;生香临时制作表演,既是种技术,又是一种艺术,具有可观赏性。对于香道文化的传播,起着非同寻常的作用。

3. 茶席中香炉的种类及摆放

茶席中焚香所用香炉,应根据茶席的题材和风格来选择。表现宗教题材和宫廷题材,一般选用铜质香炉;表现古代文人雅士生活题材,茶席中的茶具组合,多以白色瓷质为主,以选用白色瓷质直筒高腰山水图案的焚香炉为佳;表现一般生活题材的茶席,如泡青茶,可选紫砂香炉;泡绿茶、黄茶、白茶等,可选瓷质青花低腹阔口的焚香炉。

香炉在茶席设计中的摆置,即香炉在茶席中的位置,应把握以下几个原则:

(1) 不夺香。不能与茶香花香争香,显得喧宾夺主。

(2) 不抢风。不能对着风吹,容易使香四处乱飘。

(3) 不挡眼。不能放在正前方,挡住主泡器具及茶艺师的操作。

（六）挂画

挂画,又称挂轴,茶席中的挂画,是悬挂在茶席背景环境中的书与画的统称。书以汉字书法为主,画以中国画为主。

茶圣陆羽在《茶经》中就曾提倡将有关茶事内容写成书法挂在墙上,以"目击而存",希望用"绢素或四幅或大幅,分布写之,陈诸座偶"。至宋代,挂画作为生活"四艺"之一,同时出现在"茶肆"及社会生活之中。挂画在日本茶道中的地位甚高,被认为是茶道中第一重要的道具。

茶席中挂轴的内容,可以是书法,也可以是画,一般以书法为多,也可以书画结合。中国历来就有书画合一的传统,书中有画、画中有书。也可以是单纯的中国画,尤其是水墨画。

（七）相关工艺品

品茶,从根本上讲,是通过感官来获得感受。影响感觉系统的因素很多,视、听、味、触、嗅觉的综合感觉,都会直接影响品茶的感觉。综合感觉会生发某种心情。不同工艺品与主器具的巧妙搭配,往往会使茶席获得意想不到的效果。

1. 相关工艺品的种类

(1) 自然物类,如石类、植物盆景类、花草类、干枝类等;

(2) 生活用品类,如穿戴类、首饰类、化妆品类、厨用类、文具类、玩具类、体育用品类等;

(3) 艺术品类,如乐器类、民间艺术类、演艺用品类等;

(4) 宗教用品类,如佛教法器、道教法器等;

(5) 传统劳动用具类,如木工用具、纺织用具、铁匠用具、鞋匠用具、泥工用具等;

(6) 历史文化类,如古代兵器类、古代书籍类等。

2. 相关工艺品在茶席中的地位与作用

相关工艺品,不仅能有效地陪衬、烘托茶席的主题,还能在一定的条件下,对茶席的主题起到升华的作用。

在整体茶席设计的布局中,相关工艺品的数量不多,总是处于茶席的旁、边、侧、下及背景的位置,服务于主器物。它不像主器物那样不便移动,而是可由设计者作任意的位置变化。因此,相关工艺品成为最便于设计者利用的物件,可对它作多次换位调整,最终达到满意的设计效果。

3. 相关工艺品在茶席中的选择误区

相关工艺品选择、摆置得当,对茶席的主题、画面是一个有效的补充,反之,则会有损茶席的完美。常见选择误区:一是衬托不准确,二是与主器物相冲突,三是多而杂乱,四是小而不见等。

(八) 茶点茶果

茶点茶果,是对在饮茶过程中佐茶的茶点、茶果和茶食的统称。其主要特征是:分量较少、体积较小、制作精细、样式清雅。茶在被作为专门饮料之前,就是以茶点的形式出现的。在隋唐之前的相当长一段时间内,人们将茶制作成茶羹食用。饮茶佐以点心,在唐代开始盛行,唐代茶宴中的茶点十分丰富,其中的粽子与今做法相同。如今,茶点茶果则是茶馆的必备品。其品种之丰富,制作之精美,且色、香、味、形、器俱佳,已成为中华茶文化的又一大风景。

1. 茶点茶果的种类

茶点有干点与湿点之分,茶果有干果和鲜果之分,此外还有茶食,如瓜子、花生等。

2. 茶点茶果的选用方法

(1) 根据不同的茶来选择:"甜配绿,酸配红,瓜子配乌龙。"

(2) 根据不同的季节来选择:春季选果香味的;夏季选甜味的;秋季选瓜子类的;冬季选甜型的瓜果类的。

(3) 根据不同的日子来选择:如生日选蛋糕;重阳节选绿豆糕;端午节选粽子;中秋节选月饼等。

(4) 根据不同的人来选择:请老人品茶,选宜牙的软食;请领导品茶,选瓜子类;请情侣品茶,选甜食或开心果;请同学品茶,选话梅等。

3. 茶点茶果盛装器的配置与摆放

茶点茶果盛装器的选择,无论是质地,还是形状、色彩,都应服务于茶果茶点的需要。简而言之,就是什么样的茶点茶果,应配什么样的盛装器,若是小巧精致的,盛装器也应如此。茶点茶果盛装器的选择,还应在质地、形状、色彩上与茶具主器物相协调。摆放位置一般在茶席的前中位或茶边位。

(九) 背景

茶席的背景,是指为获得某种视觉效果,设定在茶席之后的艺术物态方式。茶席的价值是通过观众审美而体现的,因此,视觉空间的相对集中和视觉距离的相对稳定就显得特别重要。茶席背景还能使观赏者获得茶席主题所传递的思想内容。

茶席背景总体由室外背景和室内背景两种形式构成。室外可以假山、树木、竹子、街头屋前为背景;室内可以舞台、门窗、墙面、屏风、玄关、博古架、布艺、饰物等为背景。

三、茶席设计的一般结构方式

茶席,首先是物质形态,其次才是艺术形态,因此,茶席也必须拥有自身的结构方式。这种结构方式,主要表现在空间距离中,物与物的视觉联系与相互依存的关系。如桌面与铺垫之间,铺垫与器物之间,在空间距离上,都受着某种必然规律的支配,这种规律,就是茶席的结构。

由于茶席的表现形态不同,茶席的结构方式也会发生变化。但这种变化,始终根据茶席形态的变化而变化,即不同的茶席形态便有不同的茶席结构方式。结构在不同形态的茶席内部支配着各部位的相互联系与依存。

茶席由具体的器物构成,包括茶席器物储存的铺垫之外的器物,如背景、空中吊挂的相关工艺品等,只要属于茶席的构成部分,铺垫与器物之间,器物与器物之间,器物与背景之间及相关工艺品之间,都存在着空间距离的结构关系。

由此可见,结构还体现着和谐的美,结构美也影响着物质的美。结构美是以茶席各部位在大小、高低、多少、远近、前后、左右等比例中所呈现的总体和谐为追求的目标。其中,任何一个因素的残缺,都会破坏茶席完整美的结构形成。茶席设计的结构方式有两种,一是中心结构式,二是多元结构式。

(一) 中心结构式

所谓中心结构式,是指在茶席有限的铺垫或表现空间内,以空间中心为结构核心点,其他各因素均围绕结构核心来表现相互关系的结构方式。中心结构式属传统结构方式,结构的核心往往以主器物来体现。在茶席的诸多器物中,主器物一般都是茶具。茶具是茶席的主要构成因素,茶具中,又以茶杯、茶碗、茶盏等最终表现品茶行为的器物为主。但有时,因茶席的特定题材或特定表现要求,也可以其他茶具为结构核心。如道家神仙茶席,其表现的中心内容是炼茶。炼茶用的主茶器太极炉就理所当然地成了茶席的结构核心,置于铺垫的中心点上。

中心结构式主要表现在以下几种关照中:中心结构式的大、小关照;中心结构式的高、低关照;中心结构式的多、少关照;中心结构式的远、近关照;中心结构式的前、后、左、右关照。

(二) 多元结构式

多元结构式又称为非中心结构式。所谓多元,指的是茶席中心结构丧失,而由铺垫范围内任一结构形式自由组成。

8

多元结构的形态自由,不受束缚,在各个结构形态中可确定任一结构为核心。结构核心可以在空间距离中心,也可以不在空间距离中心。只要符合整体茶席的结构规律和呈现一定程度的结构美即可。多元结构式是目前普遍受到欢迎的一种结构方式,它的多姿多彩,轻松设计,随意摆放等特点,比较符合现代人的审美情趣。

多元结构式类型多样,其中具有代表性的有流线式,散落式,桌、地面组合式,器物反传统式,主体淹没式。

四、茶席设计的题材

席本是一种生活实用品,因为与茶结合,使其变得高雅起来,而且意境也变得更加宽广。凡与茶有关的天象地事,民风民俗等,都可在这方寸之设内展示。因此,茶席的题材可以说是无所不包。

茶席作为一种艺术形态,具有成教化的功能。因此,茶席的题材要积极、健康,有助于人的道德、情操的培养,并能给人以美的享受。

(一) 以茶品为题材

茶,因产地、形状、特性不同而有不同的品类和名称,并通过泡、饮而最终实现其价值。因此,以茶品为题材,可从三个方面来表现:

1. 茶品特征的表现

茶就其名称而言,已经包含了很多题材的内容。其产地不同,会给人以不同的地域文化风情的联想,如四川的蒙顶甘露,会让人联想到巴蜀茶文化;其外形特征也给人丰富的想象,如竹叶青,只听名字,就可以使人联想到此茶形似竹叶,翠绿欲滴,有强烈的饮茶欲望。

2. 茶品特性的表现

茶含有人体所需的多种营养物质,不同的茶的冲泡方式也给人不同的艺术感。特别是将茶的泡饮过程上升到精神享受之后,品茶常用来满足人的精神需求。于是,借茶表现不同的自然景观,以获得回归自然的感受;表现不同的时令季节,以获得某种生活的乐趣;表现不同的心境,以获得心灵的某种慰藉。这些无不都是借助于茶来满足人的某种精神需求。

3. 茶品特色的表现

茶有绿、红、黄、白、黑、青茶之分,这些构成了茶色彩的基色。若是画家拥有这六色,即可调制很多种颜色,何况茶之香、茶之味、茶之情、茶之意、茶之境等,各有特色。

(二) 以茶事为题材

茶席中表现的事件,应与茶有关,即茶事。陆羽在《茶经》中就曾用单独一个章节来叙述了以往的茶事,曰"七之事"。茶席表现事件,不可能像影视、戏剧那样,由人、物、景、声作动态和全景的再现,也不可能像摄像师那样,将事物真实反映在静态图片中。茶席表现事件,主要是通过物象和赋予物象的精神内容来体现。

茶事,提供了丰富的茶席题材,我们可以从广泛的茶文化事件中选择有影响的及自己喜爱的茶事为题材,在茶席中进行表现。

1. 重大的茶文化历史事件

一部中国茶文化史,是由一个个茶文化历史事件构成的。作为茶席,不可能在短时间内将这些事件一一表现,我们可以选取其中一些重要事件的一角在茶席中进行精心设计。

2.特别有影响的茶文化事件

特别有影响的茶文化事件,是指在茶史中虽不具有转折意义,但也是某个时期特别有代表性的茶事,而且影响至今。

3.自己喜爱的事件

茶席中不仅可以表现有影响的历史茶事,也可以反映生活中自己喜爱的现实茶事。如反映品茶赏乐,将茶艺与音乐相结合等。

(三)以茶人为题材

凡爱茶之人,茶事之人,对茶有所贡献之人,以茶的品德作为自己个人品德之人,均可称为茶人。

1.以古代茶人为题材

如以茶圣陆羽为题材,可以写陆羽一生嗜茶,一生只做一件事,将茶做好、将茶泡好、将茶书《茶经》编写好,为茶业做出巨大贡献。

2.以现代茶人为题材

如以现代著名历史文化名人等为题材。

3.以身边的茶人为题材

身边茶人,皆是平常人。若以平常人走入我们的茶席,眼前一下会出现无数张熟悉的面孔。讲他们爱茶,事茶,传播茶,传承茶的故事。

茶席题材的表现方法多种多样,并各有其特色。若能将各种方法运用得当,设计出的茶席不仅形式上美观,而且具有丰富的内涵。以物、事、人为题材的茶席,一般采用具象的物态语言和抽象的感觉语言两种方式来表现。如通过人物、山、水、景、物等来表现,也可以通过视、听、嗅、触、味觉等来表现。或通过两者相结合来表现均可。

五、茶席设计的技巧

茶席设计既是一种物质创造,也是一种艺术创造;既是一种体力劳动,也是一种智力劳动。因此,对茶席设计技艺的掌握和运用,在茶席设计过程中就显得尤为重要。其中,获得灵感、巧妙构思和成功命题,便是茶席设计过程中的三个阶段。

(一)获得灵感

1.要善于从茶味体验中去获得灵感

茶席由人设计,茶人的典型行为就是饮茶。茶人,可以从茶味中去寻找灵感。如茶味是苦的,可以由"苦"想到成功离不开艰辛的努力,正所谓"梅花香自苦寒来"。

2.要善于从茶具选择中去发现灵感

茶具是茶席的主体,茶具的特征包括质地、造型、色彩等,这些决定了茶席的整体风格。因此,一旦从满意的茶具中发现了灵感,从某种意义上来说,就等于茶席设计成功了一半。

3.要善于从生活百态中去捕捉灵感

不论是否设计茶席,都得生活。生活的千姿百态,万千变化,是不以任何人的意志为转移的。今天的生活、过去的生活、他人的生活,这些都是茶人艺术创作的源泉。它永远不会枯竭。

4.要善于从知识积累中去寻找灵感

很难想象,一个对茶叶、茶文化一无所知的人,能设计出一个好的茶席。茶叶种植、制

图 8-1-1 以青绿山水画为灵感的茶席设计

作、历史、文化等知识,是设计茶席所必备的。在这些方面掌握的知识越多,对茶席的认识也就越深刻。一是要在专业知识中去寻找灵感;二是要善于学习别人的茶席作品,从中寻找创作的灵感。以青绿山水画为灵感设计的茶席如图 8-1-1 所示。

(二) 巧妙构思

构思的过程,就是对所选取的题材进行提炼、加工,对作品的主题进行酝酿、确定,对表达的内容进行布局,对表现的形式和方法进行探索的过程。茶席设计作品的构思,还要在"巧"和"妙"上下工夫,要做到奇巧、绝妙。要做到构思的巧妙,要在以下四个方面下工夫。

1. 创新——茶席设计的生命

创新是茶席设计的生命。在内容的题材上要新;设计的服装要新;搭配的音乐要新;构成的因素要新;表现的形式要新。总之,要给人耳目一新的感觉。

2. 内涵——茶席设计的灵魂

内涵是茶席设计的灵魂。一个好的茶席设计,不是物品的堆砌,而是要有设计内涵。茶席设计的思想内涵,要求层层递进,一层一景致、一层一感受。这就要求我们在设计时,要给观众以想象的空间。

3. 美感——茶席设计的价值

美感是茶席设计的价值。一是茶具的形式要美;二是色彩要美;三是造型要美;四是音乐要美;五是铺垫要美;六是插花要美;七是焚香要美;八是挂画要美;九是相关辅助艺术品要美;十是背景要美。然后整个茶席设计的总体结构还要美。

4. 个性——茶席设计的精髓

个性是茶席设计的精髓。要使茶席拥有个性,要在它的外部形式上下工夫。主要表现在:一是茶、茶具、插花等的品质要有个性;二是茶艺表演的茶艺师要在服装、饰物的搭配上有个性;三是音乐的选择上有个性。

(三) 成功命题

成功命题,包含了对主题高度、鲜明的概括。它以精炼简洁的文字,或作含蓄的表达,或作诗意的传递,使人一看命题即可基本感知茶席设计作品的大致内容,或迅速感悟其中深刻的思想内涵,并从中获得感悟的快乐。

1. 主题概括鲜明

主题,是内容的思想概括。在茶席设计过程中,主题的获得通常在具体创作之前,即先有主题,后有创作;有时也会因朦胧的主题开始创作,在创作过程中,突然获得了明晰的主题灵感。只有有了主题,内容才不会散乱,形式才符合规律。

2. 文字精练简洁

茶席的主题取名应文字精练,就如同给人起名一样,虽然只有几个字,其中却包含了许

8

多含义。如龙井问茶、蜀山茶韵、听茶、莲影、茶戏人生(图8-1-2)等。

3.立意表达含蓄

茶席的立意表达含蓄即给人留有余地,给人想象的空间。余地越大,作品的艺术想象力就越宽,思想表现力就越强,茶席的艺术品位也就越高。茶席是立体的物象艺术,采用诗句命题是很理想的方法。含蓄手法的表达方式可归纳为三种:一是半意表达;二是象征表达;三是反意表达。

4.想象富有诗意

茶席要富有诗意的想象;富有诗意的语言;富有诗意的情感。

图8-1-2 茶戏人生

诗意的想象有以下几个特征:一是大胆;二是夸张;三是奇特;四是美妙。诗意的语言有以下几个特征:一是第二人称;二是情感语言;三是疑问句式。富有诗意的情感就是把情感体现在诗中,就是要体现一种人情关系,人性关怀和一种真正能动人心怀的情感。

六、茶席中的茶艺表演

茶席设计在作展示时,还应包含着茶艺表演,并将泡好的茶敬奉给观众品尝,这是因为:首先,在茶席的基本构成因素内,茶是作为首要因素出现的;其次,茶席设计的灵魂是茶,其他所有器物都是茶的内涵和精神的衬托;最后,茶的本质是通过品饮体现的,而不是观赏。茶,要冲泡品饮,就要由一个人或多个人当众进行冲泡并奉给客人品饮。由一个人或众人当众进行茶水的冲泡及奉茶,并被一人或众人所观赏,我们称之为茶艺表演。其中包括茶艺师的语言和肢体语言。

(一)茶艺表演中的文案表述

茶席设计文案表述的内容,一般由以下几个方面构成:标题、主题阐述(设计理念)、结构说明、结构中各因素的用意、结构图示、茶艺表演程序介绍、奉茶用语、结束语、作者署名及日期等。

(二)茶艺表演中的语言表述

茶艺表演过程中,除向主办者递交书面方案外,在作表演前还需将方案中的全部或部分内容当场进行语言表述。进行语言表述,一是可以帮助观众理解茶席设计的理念、意境和相关内容;二是对作者语言表达能力、表演能力及其他才艺有一个全面的认识。

1.茶艺表演过程中的语言表述具有一定的表演成分

(1)茶艺表演者要有某种特定的服装、发型、妆容等;

(2)要在语言表述上带有一定的感情色彩;

(3)要有一定的面部表情;

(4)要有一定的音乐、背景及灯光;

(5)要有优雅的言谈举止;

8

（6）要表达自如，切勿没有感情地背词。

2. 语言表述中的语音、语调、语气的运用

语音、语调和语气是带有一定情感成分的语言表达方法，运用得当与否，直接影响着表述的感染力。因此，一定要正确把握。

3. 修改文案中不适于语言表述的文字、句式

（1）修改不易听清的字和句子；

（2）修改不易听懂的字和句子；

（3）修改过于小众的方言。

七、茶艺表演中服装的选择与搭配

茶席设计中的茶艺表演，表演者直接面对观众，是体现茶席风格和内涵的重要角色，服装的选择和搭配的好坏，将会影响茶席整体效果。故表演者在茶艺演示时，应根据茶席主题精心地选择、设计和搭配，以更好地体现主题，符合宾客的审美要求。

（一）茶艺表演中的服装特性与作用

1. 茶艺表演服装的特性

茶艺表演的服装是表演服，含有艺术的成分，它的设计与选择应符合艺术服装的要求。如色彩要明亮、款式应夸张、饰物要具有个性等。茶艺表演的服装应体现出方便、适用、美观、安全、卫生的效果。

2. 茶艺表演的服装的作用

茶艺表演的服装也是泡茶所用服装，应接近生活。所以，在选择时应考虑适用、美观、大方、安全、卫生等因素。

总之，茶席设计中茶艺表演的服装要有个性，即以日常生活穿着的服饰为基础，适当在款式、结构、色彩及饰物搭配上进行一定程度的夸张设计，以符合茶艺表演的要求。同时，设计时还应考虑服饰与茶席主题、风格、意境等相协调，才能体现出茶席的和谐美。

（二）茶席设计表演者服装选择与搭配的原则

进行茶席设计中茶艺表演的服装选择与搭配时应注意，茶艺表演既是生活的展示，也是艺术的表演。所以，对于服装的选择与搭配，有以下原则。

1. 服务原则

服务原则指穿衣的目的是为茶艺服务，应方便适用。

2. 整体原则

整体原则要求：一是服装与茶席设计的整体风格一致；二是服装的衣、裤或裙、帽等应体现一个整体，包括结构、色彩、风格、饰物等应保持一致。

3. 体型原则

体型原则就是根据表演者的体型高矮、胖瘦，四肢长短、粗细等来选择服装。通过服装的款式、色彩、结构等调整整体效果。其主要目的，是对表演者的体型进行扬长避短，做到锦上添花。

4. 肤色原则

肤色原则是指根据表演者的皮肤颜色来选择服装的颜色，力求和谐统一。

5. 配饰原则

配饰有其自身的配用目的和规律。以不影响操作、不繁饰、不显大等为原则。

6. 发型原则

发型原则指根据表演者头发的造型来选择服饰。

7. 妆扮原则

面色与服装的颜色的搭配,基本等同于肤色与服装的颜色的搭配。在茶艺表演中,茶艺表演人员尽量以淡妆出现。有诗云:"欲把西湖比西子,淡妆浓抹总相宜",化妆要恰到好处。

(三) 茶艺表演中服装选择与搭配的方法

茶艺表演中的服装选择与搭配方法,指导着茶席表演者在千姿百态、多姿多彩的服装中,选择自己理想的服装与配饰。其主要方法有以下四种。

1. 根据茶席的主题选择与搭配

在不同的茶席设计作品中,反映的主题是多样的。其中,有许多是表达一种对生活的精神追求,追求平等、和平、平淡与平静等。在服装的选择与搭配上,服装也是有语言的。通过服装的款式、结构、色彩及饰物等的搭配,来表达对人生、世界的理解,通过服装来传达茶席设计的主题思想。

2. 根据茶席的题材选择与搭配

茶席题材的有很多,如反映道教文化的道家茶道;反映佛教文化的禅茶;反映少数民族文化的民族茶艺;反映不同历史时代的宫廷茶艺;反映不同地域的地方茶艺等,在选择服装时,应根据题材的需要来选择有地方性、时代性、民族性、文化性的服装。

3. 根据茶席的色彩选择与搭配

茶席的色彩,指具体的器物和色彩气氛所呈现的色彩感觉。茶席的色彩比较直观地反映着茶席设计者的思想和情感,能在宾客心中产生共鸣,留下美好印象。

在选择服装前,要对茶席设计的整体色彩层次有一个整体、准确的把握,即分清主体器物的色彩和茶席的总体色彩。根据茶席的色彩选择与搭配服饰,主要有以下几种方法。

(1) 用加强色。就是以茶席的主体色或总体色来进行同类色彩的加强。如茶席设计的主体色是绿色,服装的颜色就可以用淡绿色、深绿色等来加强,这样不会影响茶席总体的颜色和气氛,反而会加强颜色的层次。

(2) 用衬托色。就是以间色或中性色对茶席的主体色彩进行衬托,使整体色彩更显和谐。如茶席设计主体色是白色,可用淡绿、淡黄、淡蓝等颜色的服装。

(3) 用反差色。是指服装的颜色相对茶席主体的颜色形成强烈的反差。对茶席也是种衬托,这种反差对某些茶席还能起到很好的效果。如茶席主体色是黑色,服装可用白色。

4. 根据茶席的风格选择与搭配

茶席的风格,指茶席的设计者以其独特见解和手法,表现不同作品的面貌特征。如乡村的田园风格、都市的现代风格。若是设计乡村的田园风格,在表演者的服装的搭配上,应选择小花布中式连襟衫、布鞋等;若是设计都市风格的茶席,应选择缎面或丝质的旗袍、唐装等中式风格的服装。我国的茶艺表演中,大多数女茶艺师会选择旗袍来装扮自己,但旗袍不是

8

每个人都适合的,在选择时应根据茶席的主题、四季的特点和个人的年龄、体型、肤色、个性等来选择适合个人的旗袍。

八、茶席设计表演中音乐的选择

在展示和进行茶艺表演时,可以播放合适的音乐,来帮助解读茶席主题。音乐会促使观赏者在观赏茶席时,对茶席的主题产生共鸣。在进行茶艺表演时,音乐也可以为表演者提供动作的节奏,使观赏者在观看时,融入茶席设计中去体会。

(一) 背景音乐应根据不同的茶席表现内容来选择

在茶席设计的展演过程中,采用背景音乐作为声音环境,似乎已成为一种定式。下面从以下几点进行说明。

1. 背景音乐的特征及适用范围

背景音乐,这里是指作为茶席背景使用的音乐,恰如诗歌朗诵等的配乐。背景音乐可以现场演奏,也可以用光碟、磁带等进行同步播放。现场演奏对茶艺师或音乐表演者个人素养和乐器要求较高,一般用录制好的音乐进行现场播放;对于创作音乐,要求难度更高,作曲人要先了解茶席的主题和意境,然后还要了解表演者的动作,根据意境和动作进行创作。目前,专为某个茶席而创作的音乐很少。

2. 背景音乐的选择

茶席设计的主题多种多样,这就要求我们在选择音乐时,应根据不同的主题进行,使其与茶席的主题相吻合。具体地,要考虑以下几个方面:一是根据不同的时代来选择;二是根据不同的地区来选择;三是根据不同的民族来选择;四是根据不同的宗教来选择;五是根据不同的风格来选择。

3. 背景音乐中"曲"与"歌"的把握

乐曲可以直接反映某种意境和情感,而歌还需要歌词来表达。所以在选择时,要根据需要表演的意境和主题来选择用歌还是用曲。在大多数的茶席展演时,一般选择曲的多、选择歌的少。

4. 背景音乐中"旋律"与"节奏"的把握

旋律是音乐的主体,情感是激扬、是宁静、是细腻、是畅怀还是沉思,都是由旋律来表现的。节奏有快有慢。在茶席设计展演中的音乐,旋律不宜激扬,节奏不宜太快。这就要根据茶席设计的主题及表演所需进行选择。茶席设计作为一种文化的展示,品茶一般在平静的气氛中来进行,因此,茶席设计展演的音乐应以平缓的音乐为主。

(二) 茶席设计表演中音乐形式的创新使用

茶席设计表演中的音乐的形式,大多选用的是古曲,古琴、箫、笛子等的曲子居多。也可以打破传统的规律,如回族的八宝茶的茶艺表演中,茶艺师在表演时,用非常欢快的音乐,给人一种耳目一新的感觉。所以,在选择表演的音乐时,不要拘于形式,也可以大胆地去创新。

(三) 茶席设计展演中背景音乐的风格

因不同的茶席在设计时,表演的主题、意境等的不同,在音乐选择上也有所不同。有的要体现田园风格;有的要体现禅院宁静;有的要体现民族风情;有的要体现异国风情。

课堂讨论

选手在参加茶艺比赛时,如何设计一个优秀的主题茶席,能让观众眼前一亮?

要点:

1. 选定一个贴合实际的主题。

2. 围绕主题进行茶席设计,包括桌布、茶旗、茶具、茶叶、插花、装饰物等。

3. 设计服装及背景。

 知识拓展

茶 席

茶席是为品茗构建的一个人、茶、器、物、境的茶道美学空间。其以茶汤为灵魂,以茶具为主体,在特定的空间形态中,与其他的艺术形式相结合,共同构成具有独立主题的美学空间。在茶席设计中,遵循"实用且美"的原则。一个理想的茶席,首先要符合人体的工学原理,既要实用省力,又要平衡舒适。其次要有美感,要给人带来眼、耳、鼻、舌、身、意的愉悦。这种美的存在,要为茶席的实用性服务。所以,茶席的实用与美,二者相辅相成。

我们知道,审美的形成,是通过知觉(视觉、听觉、嗅觉、触觉、味觉)和认知(大脑的思维活动)形成的情绪感受。在茶席这个美学空间中,美的感受是知觉的综合。茶席的形式美、外在美、色彩美,茶叶的外形美、茶汤之美,以及茶器之美等等,都是通过视觉器官眼睛来实现的。茶席及其周边的风声、雨声、鸟啼声、琴声、煮水声、炭火爆裂的噼噼啪啪声,注水分茶的流水声,是通过听觉器官耳朵感知的。茶的芬芳、周边环境里淡淡的花香、新鲜的空气,是由嗅觉器官鼻子完成的。茶器的温度、茶器弧线的合手感、茶杯的唇感、茶汤的温度,是由皮肤等触觉器官完成的。茶汤的苦涩、酸辛、甘醇,五味调和,是由味觉器官舌面的味蕾判断的。

赛 证 直 通

基础知识部分

一、单项选择题

1. 茶席是为品茗构建的一个人、茶、器、物、境的茶道美学空间,以( )为灵魂。

A. 茶汤 B. 插花 C. 背景 D. 表演

2. 茶艺表演台布置的关键是( )的配合。

A. 茶叶与茶具 B. 茶具与香炉 C. 茶壶与水壶 D. 香品与香炉

3. 茶点搭配根据主题、茶类、茶具的质感来定,普通的原则是红配( )、绿配( )、乌龙配瓜子。

A. 酸 甜 B. 咸 甜 C. 辣 甜 D. 甜 咸

4. 茶点大致可以分为干果类、鲜果类、糖果类、西点类、( )类五大类。

A. 糕点类 B. 传统小吃类 C. 中式点心类 D. 咸点心类

8

5. 燃烧香品的主要原料是（　　　　）。

A. 水草、沉香木 B. 香草、沉香木 C. 香草、紫薇木 D. 香椿、白檀木

二、多项选择题

1. 下列各项中,属于茶席中背景音乐的选择应该遵循的原则有（　　　　）。

A. 根据不同的时代来选择 B. 根据不同的地区来选择

C. 根据不同的民族来选择 D. 根据不同的宗教来选择

2. 香炉在茶席中的位置,应把遵循的原则有（　　　　）。

A. 不夺香,不能与茶香花香争香,显得喧宾夺主

B. 不抢风,不能对着风吹,容易使香四处乱飘

C. 不挡眼,不能放在正前放,挡住主泡器具及茶艺师的操作

D. 随意放,只要自己觉得好看,随意摆放在茶席上

三、判断题

1. 茶席设计在作展示时,还应包含着茶艺表演,并将泡好的茶敬奉给观众品尝。（　　　）

2. 茶席的形式美、外在美、色彩美,茶叶的外形美、茶汤之美,以及茶器之美等等,都是通过触觉器官来实现的。 （　　　）

操作技能部分

一、操作技能示例

《茶乡里的茶香路》茶席设计创意说明

创作思路:

父亲常说:“茶是故乡山水的馈赠。”茶是我思念家乡的缕缕云雾,而我也在茶中思考着我们这代大学生和时代的故事。

茶叶品名:

四川高山红茶,条索紧结,色泽乌润,花香和蜜香馥郁。

背景与茶席设计:

背景视频以水墨山水画为主,玻璃器皿衬托着白色茶席,素净简单。薄纱轻轻罩在墨染的家乡山水画上,寓意着纯净如一,振兴乡村之初心不改。延展的粉色和黄色茶席温柔不张扬,寓意着乡村振兴之路行稳致远,花器里的枝条是茶乡路里的美好回忆。

茶艺音乐:

传统古琴曲《静水流深》,寄情于山水之间。

服装设计:

选用棉麻茶人服,与茶席上的水墨背景互相搭配。

二、操作技能考核内容

考 核 项 目	考 核 标 准
主题“莲”茶席设计	能根据茶席设计要素,完成茶席的设计与解说
主题插花设计	能根据茶席插花要素,搭配适合的花材

8

三、任务分析

在设计以"莲"为主题的茶席设计前,应先确定茶席的名字,然后根据茶席的名字也就是主题,进行茶具的选择、音乐的选择、插花的设计、表演服装的设计、背景音乐的选择、茶席设计说明的编写。

操作步骤:

确定主题—选择茶具—选择音乐—设计插花—设计表演服装—选择背景音乐—编写茶席设计说明。

四、考核方式

1. 在实训室设计以"莲"为主题的茶席

2. 评分标准:

考 核 内 容	操作分值	实际得分	备 注
1. 确定主题	20		主题明确
2. 选择茶具	10		茶具与主题相符
3. 选择音乐	10		音乐选择恰当
4. 设计插花	10		插花与主题相符
5. 设计表演服装	10		服装选择恰当
6. 选择背景音乐	10		背景及音乐与主题协调
7. 编写茶席设计说明	30		内容完整,有创意,立意高
总 分	100		

任务二　茶艺创作

8

一、基础知识

茶艺是关于泡好一壶茶和品好一杯茶的技能和艺术。舞台茶艺表演创作不仅需要适应舞台演绎,还应将茶艺技能展示中所运用的茶叶、茶具等主要元素与礼仪、茶服、茶席、音乐、解说等元素紧密配合,才能完美展示茶艺表演所体现的文化内涵和美学精神。茶艺创作是从茶艺活动中不断发展起来的,具有明确功能目标的茶艺表现形式,其通过形象化、艺术化的要素组织和舞台化呈现,完善茶艺表演氛围和环境,使观赏者在观赏过程中,充分感受茶艺美学的表现和情感表达。一个好的茶艺表演作品必须在主题立意、解说词、茶席整体、冲泡流程四个方面都很出彩。主题需立意鲜明,文字精辟简练,表达含蓄,想象富有诗意。解说词应文字精简,衬托主题,情感生动,与冲泡流程、茶艺动作相协调。茶席整体的布置当以茶为起点,以茶器为素材载体,并与其他形式的器物相结合,烘托适应相关主体表现和功能目标。冲泡流程应合理,美观。冲泡动作熟练。

二、茶艺设计的题材及主题设计

(一) 茶艺设计的题材

茶艺设计的题材选取较为广泛,一般有以茶品特征为题材、以茶事为题材、以茶人为题材和以茶席需求为题材四种。茶艺编创的主题设计是指针对不同主题、场合和受众,进行不同风格和形式的茶艺设计和表演。

(二) 茶艺设计的主题

茶艺编创的主题设计需要综合考虑多个因素,做到合理、创新、具有艺术性、体现传统文化价值观和现代审美趋向。

(1) 场景设计。在设计茶艺表演时,需要考虑场景的布置和装饰,例如使用适当的灯光、音乐和道具,以营造出浓郁的氛围和情感。

(2) 风格设计。茶艺表演的风格需要与主题相符合,例如东方主题需要以传统的造型和手法为主,西方主题需要以西方化的造型和手法为主。

(3) 意象设计。茶艺表演的主题需要设计寓意和象征,例如春天主题可以设计春意盎然的花卉和春季的景象。

(4) 演出形式。茶艺表演的形式可以有多样化选择,例如单人表演、分组表演、合唱表演等等,可以根据主题来选择合适的演出形式。

(5) 程序设计。茶艺表演的程序需要进行合理安排,以一个完整的故事线为设计基础,设计出精彩的高潮和转折,给观众带来不同的感受和情绪。

(三) 茶艺设计的艺术性

与一般的艺术表演相比,茶艺表演既具有一般艺术表演的共性特征,也存在着一些个性特征。具体包括以下几点。

1. 茶之性——静

茶树默默生长在大自然中,禀山川之灵气,得日月之精华,天然具有谦谦君子之风。自然条件决定了茶性微寒,味醇而不烈,与一般饮料不同,饮后使人清醒而不过度兴奋,因此茶事活动一般都应具有静的特点。茶艺和一般的艺术不同,它是静的艺术,动作不宜太夸张,节奏也不宜太快,音乐不宜太激昂,灯光不宜太强烈。

2. 茶之魂——和

和既是中国茶道的核心,也是中国茶艺的灵魂。自孔子创立儒家以来,和一直是中国儒家哲学的核心思想之一。历代茶人在茶事活动中常会注入儒家修身养性、锻炼人格的思想,同时也将儒家的一些精髓融入茶事当中,因此无论是煮茶过程、茶具的使用,还是品饮过程、茶事礼仪的动作要领,都要不失和的风韵,选择的主题不宜太过对立、冲突、争斗、尖锐。

3. 茶之韵——雅

雅也是中国茶艺的主要特征之一,它是在"和""静"基础上形成的神韵。在整个茶艺表演过程中,表演者应从始至终表现出高雅的气质,不能俗不可耐。

总之,主题思想是茶艺表演的灵魂。无论是取材于古代文献记载还是现实生活,表演型茶艺都要有一个主题。如《文士茶》是根据古代文人雅士的品茗方式进行的编创,反映的是明清茶文化的高雅风韵;《白族三道茶》则是取材于少数民族茶俗,通过一苦二甜三回味的三道茶,告诫人们人生在世要先吃苦后享福的道理。有了明确的主题后,才能根据主题来构思节目风格,编创解说词、表演程序、动作,选择茶具、服装、音乐等进行排练。

三、解说词的撰写

茶艺解说词的创作要有完整性,从茶艺师的入场开始到收杯谢客,每一个步骤都要考虑到,体现出解说词的连贯性。此外,在创作的过程中还要体现一定的文化性和艺术性。有的是通过形象性解说来表现动作,如在工夫茶艺中的冲水,用凤凰三点头来解说。茶艺师的手势一高一低点斟茶水似凤凰在点头,我们形象地称之为凤凰三点头,表示对宾客的致意。有的是通过茶艺师有形的动作来表示无形的事物,如香气是无形的,只能通过茶艺师的深呼吸及眯眼微醉的表情来传达给其他人沁人心脾的茶香之美感。

(一) 茶艺解说词创作的结构

1. 茶艺解说词的引言

引言是对茶艺表演的一个背景说明,可以是茶文化的精神提炼,也可以是一种民俗民风的介绍,还可以是茶叶的介绍,无论是哪一种,都要体现出茶历史及茶文化的博大精深,源远流长。引言可以以诗词歌赋开始,也可以引用俗语、谚语等。如对远道而来观看四川盖碗茶的茶艺解说词的引言:"客来敬茶是中华民族的传统美德,泡茶可修身养性,品茶如品味人生,孔子曰:'有朋自远方来,不亦乐乎。'今天我们为大家展示的是四川盖碗茶茶艺表演。"有了一个茶艺解说词的引言,让听者觉得更有文化内涵,对茶艺表演的印象不再只是比划动作,而是有一个循序渐进地接受茶文化熏陶的过程。

2. 茶艺表演的流程介绍

为了体现茶艺表演的流程完整性,一定要有对来宾的欢迎及最后对来宾的感谢。中间再加入茶艺流程的分步解说,每一个步骤最好能用诗词来描述,而且要易读易咏。一篇完整的茶艺操作流程解说词,应该包括:① 对来宾的欢迎;② 茶具介绍,包括茶具的功能;③ 温壶烫杯;④ 介绍茶叶,对茶叶的介绍应包括名称、形状、色泽、香气、汤色、叶底、滋味、茶性、功能及适合于哪些人群品饮;⑤ 投茶;⑥ 温润泡;⑦ 冲水;⑧ 出汤;⑨ 分茶;⑩ 闻香;⑪ 观色;⑫ 品饮;⑬ 回味;⑭ 谢茶。

3. 茶艺解说词的结束语

茶艺解说词要有结束语,要有始有终。结束语可以是一些感谢的语言,也可以是祝福的语言。如:红茶茶艺表演到此结束,谢谢各位的观赏,祝大家的生活像红茶的茶汤一样红红火火,爱情像红茶的滋味一样甜甜蜜蜜。

(二) 茶艺解说词创作的注意事项

现在的主题茶艺有很多,其解说词往往也是由主题引申开来,没有固定的解说词创作结构,有的是以诗词来表现,有的是以散文来表现,还有的是以一个故事来表现。所以,茶艺解说词的表现形式是多种多样的。

8

（三）茶艺解说词赏析

茶艺解说词可以按操作流程来创作，也可以按非操作流程来创作，这些是传统的解说词创作方法。此外，还可以按当下文艺热点，并结合时代背景创作茶艺解说词。

与时代背景结合的茶艺表演，需要在解说词的撰写中考虑正确的冲泡顺序，备具→赏茶→温碗→投茶→冲泡→温杯→分茶→奉茶→收具→端盘退场。解说词的撰写灵感，有时候可能是一首诗词，也有可能是一首歌曲，或者一部优秀的影视作品，它们都需要与你所选择的茶有千丝万缕的关系。

只此青绿

图 8 - 2 - 1　《只此青绿》茶艺表演

示例 1　《只此青绿》茶艺表演(图 8 - 2 - 1)解说词

900 年前，一个惊才绝艳的 18 岁天才少年，用千古绝唱展示了自己磅礴恢宏的精神世界——《千里江山图》。900 年后，18 岁的我用这一抹青绿的茶芽，走进王希孟的千里江山图，等待那个心中有山水的少年。

青峰叠嶂，绿水隐现，是北宋时代的千里江山图，也是青山绿水的巴蜀茶园。在月下诉说着一份静谧的等待……峨眉高山峻，明前采嫩芽，茶芽驻碧海，春意待春茶，千里江山共赴，世间唯此青绿。

这只天青色的茶碗，水的浸润使它更为通透，它在等一抹烟雨，才能遇见这一方青绿。茶，也在等待，等待沸水注入时它将自己绽放，绽放在这抹青绿山水间，鲜嫩的茶芽，起起伏伏，层峦点染，如宋代仕女曼妙的舞步。

嫩芽起伏于杯盏，如山峰高低错落，竹叶青的鲜爽、嫩栗般香气，都在这盏青绿山水间，邀君共进一盏茶，且待青绿山水间。

只此青绿，是江河奔流，是青山绿水的茶园，是内敛隽永的中华文化，千里江山图如是，茶亦如是。

示例 2　《探访千年古道——路因茶而生》创意主题(图 8 - 2 - 2)

创意来源：

1 300 多年前古人开创的川藏茶马古道上，"茶背子"，作为茶马古道真正的主角，在沉默中消逝。他们曾用最原始的方式，背出了人类历史上最艰险的一段茶路。成群结队的马帮不见身影，清脆高远的马铃声已然消散。随着"一带一路"融入家乡的茶马古道，纵横交错的川滇藏公路，推动着家乡的茶大步迈向远方。留印在"茶马古道"上的先人足迹和马蹄印，以及对远古千丝万缕的记忆，已幻化成华夏子孙一种崇高的民族创业精神。怀着对历史深深的敬意，借由这盏"生命之茶"，重温先辈留下的精神，感激"一带一路"开启的光明。

探访千年古道——路因茶而生

图 8 - 2 - 2　《探访千年古道——路因茶而生》创意主题

创意主题：

这条路诉说着"雅安藏茶"的历史故事。茶马古道,不仅是中华民族的精神体现,也是中华文化的传承与见证,它所蕴含的底蕴,值得我们新时代的青年去传承与发扬光大。

茶席设计：

"藏风未来"茶席,颜色绚丽、欣欣向荣,象征着温暖、灿烂和希望,寓意着"一带一路"给家乡茶马古道带来的光明前景。

选用八宝吉祥茶具套组,以灿黄色为主,茶杯绘有八宝吉祥图,真实还原家乡传统冲泡方式,用最古老的手艺,来表达先辈的初心,既是传承也是复兴。

茶品选择：

选用"雅安藏茶"——芽细藏茶。外形色泽乌黑油润。汤色通透红艳、鲜灵明亮,滋味滑润甘甜、陈香持久、喉底留韵。

做人需如做茶,身为后辈的我们,如今有良好的成长环境。如身处逆境之中,要以顽强的毅力经受命运的考验,最终绽放出生命中最美的花朵,就像茶叶在经过一系列的磋磨之后释放出自身魅力。

解说词赏析：茶马古道——"一带一路"

驼铃悠悠、黄沙漫漫,逶迤的商队穿行在古城间,这是人们对于丝绸之路的浪漫印象。我家乡的"丝绸之路"却是截然不同,有这样一群人,他们为了信仰,为了生存,仅靠双脚与骏马在这皑皑白雪覆盖的高山险谷之中前行着,没有人放弃也没有人后退,反倒激发出他们心底的勇气。就这样走完一趟又一趟,这条从四川到拉萨的神圣之路——茶马古道。这条路诉说着"雅安藏茶"的历史故事。沿着这条路,雅安背夫用沉重的脚步,丈量了崇山峻岭千百年来的艰苦卓绝;沿着这条路,雅安茶号用几代人的故事,演绎出藏茶贸易盛极一时的过往繁华;沿着这条路,茶马司用满是青苔的石碑,留存下茶马互市令人唏嘘的历史剪影。

(赏茶)母亲常对我说："宁可三日无粮,不可一日无茶。"卷曲紧实、色泽乌黑油润的芽细藏茶正是先辈无所畏惧的精神体现;是文化走出大山的桥梁;是汉藏民族团结的纽带。这些年,家乡日新月异,随着"一带一路"融入家乡的茶马古道,人们不再靠双脚跋山涉水将这家乡的茶销运远方。

纵横交错的川滇藏公路,构成了经济的血脉和骨架,推动着家乡的茶大步迈向远方。今天我将借由这盏汤色红艳明亮、滋味浓醇的"生命之茶",表达我的深深的敬意,纪念先辈留下的精神,感激"一带一路"开启的光明。

茶马古道,不仅是中华民族的精神体现,也是中华文化的传承与见证,它所蕴含的底蕴,值得我们新时代的青年去深思与探讨。

 课堂讨论

如何编写一份优秀的主题茶艺解说词？

要点：

1. 选定一个贴合实际的主题。

2. 围绕主题进行茶艺创意说明及编写解说词,可以以诗歌、散文及故事的形式表达。

8

四、主题茶艺人物编排设计

主题茶艺作品的编排设计,根据主办方要求,首先确定表演人数,一般有一人和多人两种。多人时,一人或者两人为主泡,其他为助泡。当下的茶艺作品,在特定主题情况下,角色之间有分工互动,在凸显主题的同时,有一条无形的线将各个角色联系在一起,使其不是一个独立的个体,而是整体为表达主题服务。

五、主题茶艺动作与美学特点

茶艺表演肢体动作贯穿着整个茶艺表演过程,包括站姿、走姿、鞠躬礼、冲泡动作等,这些都是重要审美内容。

(一)冲泡技艺

茶艺操作中手的动作与茶器的配合、身体的动作与环境的配合,使观众在视觉上产生动态美感。首先,表演者的茶艺操作流程要流畅,如行云流水一般,让观众赏心悦目,切忌有一些多余的动作,即使有一些非茶艺的动作,也一定是顺应整个茶艺情节发展的,能够表现主题的。其次,动作不可过快过急,在动作与动作之间可以稍作停歇,适度的停顿可以在表演中创造张力、期待感以及从容淡定感,停顿的长短、频率并没有规定。第三,茶艺表演的肢体动作不可过于花哨、夸张,如展示茶具幅度过大、甩水过高过猛、指尖过翘等都不利于体现茶艺的宁静与优雅。

(二)仪态美与神韵美

茶艺表演中的仪态美,由优美的形体姿态体现,而优美的姿态以正确的站姿、坐姿为基础。优美的姿态会给人以气质高雅、礼貌亲切的印象。神韵美主要是静态的肢体语言,主要运用脸部表情、眼神等来表达表演者的内在情感。要求表演者面部表情放松自如,保持微笑,在泡茶时要专注于茶叶、茶具,肢体要舒缓,动作如行云流水。可以运用一些简单舞蹈动作,但动作不宜过于夸张以免给人做作之感。泡茶时动作要连贯,避免茶具碰撞,放在左边的茶具应用左手拿,最好不要使双手交叉,茶汤不能洒在桌上。表情要自然,既不能板着面孔,也不能嬉皮笑脸。眼神要专注、柔和,不能飘忽,更不能窥视,给人以轻浮感,眼神要偶尔与观众交流。此外编排者还应注意整个流程要紧凑,有变化,要能给人以美好的感受。

主题茶艺编创是传播茶文化的一条重要途径,一部好的主题茶艺作品能给人带来精神上的启迪与思考。编创一个好的创新茶艺作品,既能弘扬传统茶文化,又可传播地方文化,促进地方文化旅游经济的发展。茶文化是东方哲学智慧的化身,蕴藏着中式生活美学,承载着人们对品质生活的向往。受中国传统文化的影响,茶艺体现的和、雅、静等基本精神风貌,能够产生美感、愉悦等正向情感体验。茶通六艺,兼收并蓄,许多优秀的传统文化都可以与茶融合。主题茶艺的编创需要从各个领域跨界交叉学习,然后与茶融合,在学习茶的路上不断形成编创者对茶的领悟和理解,在这些领悟和理解中创作出优秀的主题茶艺。

 知识拓展

专 注 之 美

专注,就是身心合一,集中力量,将自己的意念融入泡茶这一件事上,每一个动作与决定,都是要把这件事做好。

优秀的茶艺师在泡茶过程中会凝视自己的每一个手势,全身心的力量都聚焦在茶汤上,一心一意把茶泡好,专注精神填满整个过程。品茗者不知不觉被茶艺师带入忘我的境界,专心至完全感受不到时间流逝,沉醉在美好的茶道中而感觉快乐。茶艺师在泡茶奉茶喝茶的时候,不是为了尊敬、畏惧、奉承谁而做,单纯是为了把茶泡好奉好喝好,即使环境不佳,其也应专注而淡定。泡茶要有专注力,须对茶热爱,最少也要达喜欢的程度。因为喜爱,将会更愿意集中自己宝贵的精神、体力、时间去研究如何把这件事情做好,然后反复练习直至对完成这件事感到有信心。至此,除了提高泡茶效率,展现茶道之美,泡茶喝茶的人内心也会感到无比舒畅。

专注不是做给别人看的,主要是自己对完成这件事的过程或方法有态度、有要求,即使在无人察觉的地方,仍会自律地坚持自己的信念。心,不散,不乱,不惧。茶道中的美学不应该只是落于课本理论或专属于艺术家的事。美,不分贵贱,每个人都可以看到美,美应该是生活中的点点滴滴,是庄子的"天地有大美而不言"的感受,让我们在一盏茶里感受世界之美。

赛 证 直 通

基础知识部分

一、单项选择题

1. 现在的主题茶艺有很多,其解说词往往是由(　　)引申开来。

A. 它的主题　　　　B. 它的茶具　　　　C. 茶艺师　　　　D. 想要推荐的茶品

2. 优秀的茶艺师在泡茶过程中会凝视自己的每一个手势,全身心的力量都聚焦在(　　)。

A. 表演　　　　　　B. 茶汤　　　　　　C. 茶具　　　　　　D. 茶席

3. 茶叶与茶具的配合是(　　)的关键。

A. 茶艺表演台布置　　　　　　　　　B. 茶艺表演者发挥

C. 茶艺表演创造氛围　　　　　　　　D. 茶艺表演成败

二、多项选择题

1. 主题茶艺动作的美学特点有(　　　　)。

A. 冲泡技艺　　　　B. 仪态美　　　　　C. 神韵美　　　　　D. 茶空间设计

2. 主题茶艺的题材设计有(　　　　)。

A. 以茶品特征为题材　　　　　　　　B. 以茶事为题材

C. 以茶人为题材　　　　　　　　　　D. 以茶席需求为题材

三、判断题

1. 茶艺表演中专注不是做给别人看的,主要是自己对完成这件事的过程或方法有态度、有要求。　　　　　　　　　　　　　　　　　　　　　　　　(　　)

2. 茶席的布置当以表演为起点,以茶器为素材载体,并与其他形式的器物相结合,烘托适应相关主体表现和功能目标。　　　　　　　　　　　　　　　　　(　　)

8

操作技能部分

一、操作技能示例

碧潭飘雪花茶茶艺表演解说词

"天生丽质明前芽,清香入骨窨制花,叶形汤色皆佳品,异军突起徐公茶。"青年画家邓岱昆的藏头诗写道:"碧岭拾毛尖,潭底汲清泉,飘飘何所似,雪梅散人间。"今天,我们为大家带来的是碧潭飘雪花茶。

(焚香静气,丝竹和鸣;通过焚香奏乐来营造安静、祥和、温馨的气氛,茶艺师行礼恭迎佳宾。)

今天的主泡器,三才杯,杯盖代表天,杯身代表人,杯托代表地,天地人三才合一为盖碗茶泡茶之精华——三才杯。

(1)烫杯——春江水暖鸭先知。(向杯中注入开水,起到温杯洁具的作用。)

(2)赏茶——香花绿叶相扶持。碧潭飘雪,又名徐公茶,以清香称胜,茶取毛尖,花择蓓蕾,香气浓烈,饮之回味悠长,倍感清爽。

(3)投茶——落英缤纷玉杯里;恰似仙女散花来。(茶艺师将茶叶从洁白如玉的茶荷中拨到茶杯时,花瓣和茶叶飘然而下,恰似"落英缤纷"。)

(4)润茶——春潮带雨晚来急。

(5)摇香——三才化育甘露美。(盖上茶盖,轻轻摇动,使其充分浸润,逼出茶香。)

(6)冲水——高山流水遇知音。

(7)搅茶——香叶翻腾百媚生。

(8)敬茶——一盏香茗奉知己。

(9)闻香——杯里清香浮清趣。"未尝甘露味,先闻圣妙香"。(碧潭飘雪香气鲜香纯正,沁人心脾,令人陶醉。)

(10)品茶——舌端甘苦入心底。细细品啜,滋味鲜爽回甘。

(11)回味——茶味人生细品悟。

(10)谢茶——饮罢两腋清风起。

"碧潭集雅士,飘雪会高人。"碧潭飘雪茶艺展示到此结束,祝大家身体健康!心想事成!家和万事兴!

二、操作技能考核内容

考核项目	考核标准
主题茶艺解说词撰写	能根据主题要求,完成主题茶艺解说词撰写
主题茶艺表演	能根据主题要求,小组共同完成主题茶艺表演

三、任务分析

1. 以"家和万事兴"为主题,以红茶为茶品,设计一个主题茶艺表演,进行实训。

2. 以推广竹叶青这款绿茶作为主题,设计一个茶艺表演,进行实训。

四、考核方式

1. 在实训室用主题茶艺表演器具表演主题茶艺。

2. 评分标准：

(1)"家和万事兴"主题茶艺表演。

考核内容	操作分值	实际得分	备注
1. 创意	15		主题立意新颖,有原创性;意境高雅、深远
	15		场地、备具布置茶席设置有创新,与主题吻合
2. 礼仪、仪表、仪容	15		发型、服饰与茶艺演示类型相协调;形象自然、得体、优雅;动作、手势、姿态端正大方
3. 茶艺演示	12		布景、音乐、解说、服饰及茶具协调,表演具有较强艺术感染力,且茶艺动作及茶具布置具有美感,有实用性
	13		动作自然、手法连贯,冲泡程序合理,过程完整、流畅,形神俱备
	5		奉茶姿态、姿势自然,言辞得当
4. 茶汤质量	15		茶汤色、香、味等特性表达充分
	10		所奉茶汤适量、温度、浓度适宜
总 分	100		

(2)竹叶青绿茶主题茶艺表演。

考核内容	操作分值	实际得分	备注
1. 创意	15		主题立意新颖,有原创性;意境高雅、深远
	15		场地、备具布置茶席设置有创新,与主题吻合
2. 礼仪、仪表、仪容	15		发型、服饰与茶艺演示类型相协调;形象自然、得体、优雅;动作、手势、姿态端正大方
3. 茶艺演示	12		布景、音乐、解说、服饰及茶具协调,表演具有较强艺术感染力,且茶艺动作及茶具布置具有美感,有实用性
	13		动作自然、手法连贯,冲泡程序合理,过程完整、流畅,形神俱备
	5		奉茶姿态、姿势自然,言辞得当
4. 茶汤质量	15		茶汤色、香、味等特性表达充分
	10		所奉茶汤适量、温度、浓度适宜
总 分	100		

8

任务三 　 茶会组织与策划

一、基础知识

饮茶,在中国有着悠久的历史。把饮茶作为一种艺术的审美过程,从而衍生出不同的饮茶形式,将这样的形式放入特定的场景中,就形成了茶席。将独立或综合的茶席引入不同的主题活动中,就是茶会的范畴了。到了现代,茶仍然和人们的生活密切相关,茶文化作为中国的人文精神元素,起着标志性的作用。在中国社会经济腾飞的今天,人们重新认识了茶,作为饮料,它有解渴、保健的功能,作为一种文化的载体,它有着集艺术、人文等多方面的综合价值。因此,海内外的学者们陆续开始研究茶的社会综合作用。

茶会萌芽于两晋南北朝,兴起于唐朝。"茶会"一词,首见于唐诗,由于"茶会"当时尚属初出,有时又称"茶宴""茶集"。在唐代,茶会是文人雅士的一种集会形式,以清静为主。

近些年开始流行的茶会雅集,有别于中国现代的一般茶话会,而是延续了古代文人雅士的集会形式,将茶作为贯穿活动始末的元素,联合多种文化活动,形成类似于古代茶会的集会形式。在经济快速发展的今天,人们对精神满足的需求逐渐增大,这种现代茶会形式开始被众多的企业、个人、行政机关所关注,现代茶会成了一种新颖的社交模式。内容雅致的茶会,体现了将茶融入生活的艺术内涵,也反映出了人们追求高品质文化生活的愿望,既可以推广茶文化又可以推广茶产品。

二、茶会组织的意义

(一) 成为茶文化传播的一条有效途径

茶文化是中华民族传统文化的重要组成部分。传统茶文化在盛唐时期已发展成熟,延续至今仍旧长盛不衰。博大精深、内涵丰富的茶文化不仅应当得到有效传承,更需要紧密联系现代社会的发展需要,构成新的发展及形式。组织茶会可有效传播茶文化。

(二) 对茶产业发展具有促进作用

茶文化为茶产业发展提供了人文基础。现代茶会促进了茶文化的发展和传播,同时也对茶产业的发展产生了积极的促进作用。受众在现代茶会中对茶的种类、冲泡方法、品饮方法、保存方法、保健功效、文化内涵等有了更为具体的了解,从而促进了茶叶消费,提升了茶产品的文化附加值。同时,这种现代茶会的服务形式本身就可作为服务类商品出售,也可以作为茶产品推销的手段,或是茶企企业形象的宣传方法。

(三) 对经济发展具有促进作用

在现代茶会的筹备运作中,会产生与茶会相关的系列产品需求。其中包括茶叶、茶具、书画、花器、插花、音乐、服饰、家具陈设、软包装附件等等。当受众群体对茶会形式的要求提升到艺术审美的需求时,注入茶文化元素的艺术品需求就显现了出来。与此同时,现代茶会能够丰富人们的精神世界及促进茶文化的传播。

（四）对中国优秀传统文化的推广具有促进作用

社会高度发展后,人们开始对生活品质进行追求。当人们可以满足自己的基本生活需求之后,所追求的是更高层次的生活品质。茶就成为了一个媒介,或称为"引子",通过这个引子延伸出花样繁多的休闲生活方式。以茶为载体的茶会活动,融入了众多的文化元素,是一种文化传播形式。在这种形式中,可以设计出更多的适合现代人群的文化表达。受众通过这样的现代茶会接触到了形式多样的中国文化,这种行为本身就是对中国优秀传统文化的继承和发展。

三、现代茶会的规模与种类

（一）现代茶会的规模

现代茶会的规模大致可以分为:大型现代茶会、中型现代茶会、小型现代茶会和精致型现代茶会。

1. 大型现代茶会

大型现代茶会的规模,人数可限定为200～1 000人,茶会活动时间从半天至5天均可。除固定的茶会仪式以外,还可增加其他文化活动,如主办单位介绍举办地的风景名胜,组织观光考察;在茶会活动期间穿插茶产业、茶文化学术研讨及商业合作洽谈、文化交流、切磋茶艺及各种联谊活动。如国际无我茶会、云林茶会、敬老茶会等。

2. 中型现代茶会

中型现代茶会的规模,人数可限定为80～200人,茶会活动时间可控制在半天至两天。主办方可在茶会结束后,分小组组织与会者踏青、爬山等休闲娱乐活动,也可将茶会安排在傍晚,游玩一天后,借着月色喝上一杯茶,也不失为风雅情趣。如曲水茶宴等。

3. 小型现代茶会

小型现代茶会的规模,人数可限定为35～80人。茶会一般会在4个小时内完成。这种类型的茶会一般主题含义很强,为某一件事情,某一个活动或是某一个团体举办茶会。茶会参与者的类型也相近,或者是有相同兴趣爱好,或是有相似的社会背景,所谓"群体"的定义更加明确。如四序茶会、琴心茶韵、梅花三弄、琴瑟和鸣等。

4. 精致型现代茶会

精致型茶会的规模,人数可限定为5～35人。茶会一般会在2个小时左右完成。这类茶会不会因为参加的人数少,进行的时间短而降低品质,反之,此类茶会的规格及精细程度往往更高,参加的人群更加小众化。在相对短暂的茶会活动中,因为人数并不多,反而相互交流的时间和机会更多了。这种情况下主办方虽然能够更加均衡地分配资源和能力,但对承办此类茶会的主办方的要求更高,如龙井品鉴会、银行客户茶会、高端商务茶会等。

（二）现代茶会的种类

现代茶会的种类是按茶会的目的划分的,通常可以分为节日茶会、纪念茶会、喜庆茶会、研讨茶会、品赏茶会、艺术茶会、联谊茶会、交流茶会等。

节日茶会。以庆祝国家法定节日和传统节日而举行的各种茶会,如国庆茶会、春节茶会(迎春茶会)、中秋茶会、重阳茶会等。

纪念茶会。为纪念某项事件而举行的茶会,如公司成立周年日、从教50周年纪念日等。

8

喜庆茶会。为庆祝某项事件而举行的茶会,如结婚时的喜庆茶会、生日时的寿诞茶会、添丁的满月茶会等。

研讨茶会。为研讨某项学术而举行的茶会,如弘扬国饮研讨茶会、茶与健康研讨茶会等。

品鉴茶会。为品尝某种或数种茶而举行的茶会,如新春品茗会,×××名茶品鉴会等。

艺术茶会。为共赏某项相关艺术而举行的茶会,如吟诗茶会、书法茶会、插花茶会等。

联谊茶会。为广交朋友或同窗聚会而举行的茶会,如公司联谊茶会、欧美同学会联谊茶会等。

交流茶会。为切磋茶艺和推动茶文化发展等的经验交流而举行的茶会,如中日韩茶文化交流茶会、国际茶文化交流茶会、国际西湖茶会等。

(三)常见茶会示例

1. 无我茶会

(1)无我茶会的缘起。无我茶会是一种人人泡茶、人人奉茶、人人品茶的全体参与式茶会,创始人是中国台湾"陆羽茶艺中心"原总经理蔡荣章先生。1990年6月2日由该中心率先主办。后经多次实践改进,于1990年12月18日举办了"首届国际无我茶会"。之后,分别在日本、新加坡、韩国、美国等地举办了各届国际无我茶会。现在每两年举办一次,还在持续进行。

(2)无我茶会的基本形式。无我茶会是一种茶会形式,大家自备茶具,席地围成一圈泡茶,一般约定每人泡茶四杯,泡好茶就把三杯奉给左邻的三位茶侣,一杯留给自己,这样每人就都有四杯茶可喝。喝完约定的泡数,如泡三道茶,收拾好自己的茶具,结束茶会。座次到了会场才临时抽签决定。茶会进行的程序、方法会在茶会开始前先发给大家"公告事项"。所以,茶会进行期间并没有指挥与司仪,一切依排定的程序进行,大家也都安静的泡茶。茶具的种类与泡茶的方式不受任何流派的限制。喝完最后一道茶,可以安排五分钟以内的音乐欣赏,烘托茶味并回味茶会意境,也可以在茶会结束后进行其他活动。

2. 四序茶会

(1)四序茶会的缘起。四序茶会于1990年出现,是用于推广茶道艺术与礼仪的一种群体性茶会。

(2)四序茶会的基本形式。在会场内呈正四方形摆放四张茶桌,正中央摆放一张花香案,分别铺以青、赤、白、黑、黄五色桌巾。茶会开始时,司香和司茶在悠扬的古琴曲中迎宾入席。司香行香礼,司茶则依秋、冬、春、夏的时序入场并行花礼,之后入座,沏茶四巡。接着,司茶依序奉上第一道茶,宾客品味茶汤,也品味着大自然的芳香。司茶按顺时针次序转动,象征四季更迭,继续泡第二道茶、第三道茶以及第四道茶。司茶起身,依序收回茶杯和茶托,并细致地清洗茶具。茶会结束时,司茶再度起身时,行花礼;接着,与司香列队恭送宾客离席。典雅的乐音随之画下完美的休止符。

四序茶会是一种极具形式感的茶会,包括品茶、焚香、听琴、挂画、插花等内容。它把中国古代文人的雅事都融入其中。四序茶会的精神源起中国古代《易经》《礼记》,通过茶会的形式抛砖引玉,唤起人们对天地自然的感悟。此类型茶会比较适合有一定文学基础,对优秀传统文化有一定修养的人群来参与。欣赏者需经过一段时间的茶文化熏陶,有了自己的感悟后,再参加此类茶会,才能深刻体会茶会的精神内涵。

3. 曲水茶宴

（1）曲水茶宴的缘起。曲水茶宴是在古代"曲水流觞"的格局上加以修改而成的一种茶宴，茶人受到唐代人吕温遗留下来的《三月三日茶宴序》一文的启发，将名称定为曲水茶宴。

现代人对于"曲水流觞"印象最深刻的莫过于晋代书法大师王羲之所写的《兰亭集序》，不但文章内容描述了当时人们参加曲水流觞的情形，王羲之的书法亦成为后代学习书法的范本。

（2）曲水茶宴的基本形式。曲水茶宴一般在一风景宜人的庭院、园林里，或是山野中，利用现有的水道，或引进一条坡度不大的曲水来举行。曲水长度约 60 米到 100 米，跨度 1 米到 5 米，水流速度较缓，水面与岸边的高度差距不大。水道上下游有相对宽阔的平坦空间便于备茶。与会人员可以自由选择落座于两岸任意地方，也可由主办方事先备好标示，抽签决定座位。主办方将与会人员分成 5～6 人一组，或 8～9 人一组，每组依次序到上游泡茶，将冲泡好的茶汤放于羽觞上，再将羽觞放在水面由与会人员自行取茶品饮。与会人员可自带杯子，主办方也可集中准备。整个茶会务必达到每位与会人员都可喝到 12 杯左右的茶汤。主办方也可安排助兴节目，可另行邀请表演者，也可邀请与会人员表演，节目一般为挥毫、朗诵、吟诗、小型合唱或乐器演奏等。

 课堂讨论

如何成功组织一次主题茶会？
要点：
1. 选定一个合适的主题。
2. 围绕主题进行茶艺茶会活动设计，包括茶会流程、组织方案、茶席设计、茶会主持人的选定、主持稿的撰写，茶事活动接待茶品及茶点安排等。

四、现代茶会的模式和形式

（一）以茶为载体的主题活动

现代茶会中，主要趋向于以茶为载体的主题活动。茶能够承载多种文化，因而现代茶会的形式也可以多种多样，内容可以千变万化。在以茶为载体的文化活动中，既可以进行文化交流，又可以进行商业推广。其基本模式可分为：① 沏泡品饮茶与演奏古典乐器的结合；② 沏泡品饮茶与书画展示、书法交流的结合；③ 沏泡品饮茶与传统工艺美术鉴赏的结合，如鉴赏古典家具、鉴赏玉石、鉴赏蜀绣技艺等；④ 沏泡品饮茶与评比（斗茶）、介绍名茶的结合；⑤ 沏泡品饮茶与香道的结合；⑥ 沏泡品饮茶与插花的结合；⑦ 沏泡品饮茶与冥想的结合。

（二）茶会中茶的身份多样化

（1）以茶为主角，通过茶席展示、茶品讲解、茶品沏泡技法的展现、奉茶形式的要求、品茶的技巧分享等，紧紧围绕"茶"这个核心来开展茶会活动。

（2）以茶为配角，从头至尾茶只充当被品饮的角色。

（3）茶既是主角又是配角，在茶扮演品饮的角色的同时，在某个环节又被作为主角来诠

8

释茶会中的一个环节。

(三) 现代茶会中的有效元素

纵观各种形式的现代茶会,作为以茶为载体并融入了多种文化元素的现代茶会,其中必定不是有茶即可的,同时需要多种元素的契合才可促成一个完整的现代茶会。现代茶会中的有效元素有以下几种。

(1) 经验丰富的茶主人或主持人,他能把控整体进度。

(2) 设计特定的品茶环节。这是彰显茶会特色的亮点。

(3) 主题明确、实用,设计精致、优美的茶席。好的茶席胜过千言万语。

(4) 能够代表茶会主题,含义准确的茶会纪念品。纪念品既可作为留念赠送,也可作为商品出售。

五、现代茶会的组织与策划

(一) 策划筹备工作

1. 主题的选定

现代茶会是将茶与各种文化结合在一起的文化活动,举办不同主题的文化活动能够使得茶会更有生命力。在选择主题的时候,可以用古代文人诗词的意境作为主题表现,也可以将茶与某种文化结合作为主题,如茶文化与花文化、茶文化与古琴文化、茶文化与书法文化等。设定好主题之后,策划执行的一系列的工作都要围绕着这个主题,如茶艺表演、茶席设计、节目单的定制、礼品定制等。在活动现场,可以采用佩戴某个标志性配饰来突出活动的主题。定制节目单时,采用的纸张和图案都需要根据所设定的主题而设计,比较独特的节目单能够提升雅集的品质,如以古朴的卷轴、纸质折扇等作节目单。

2. 茶品的选择

茶会活动时可以选择 2 至 3 款茶供茶客们品饮,每款茶根据人数准备用量。茶的选择和搭配也需要特别注意。如品茶顺序要注意先品淡茶再品浓茶。每款茶品的选择最好既有大众性又有独特性,体现主题的意境。精致茶点能够提升茶会的品质,因此,在举办茶会时可以根据选择的茶品配以精简的茶点。同时,盛茶点的器皿的选择也是茶席设计的一个重要因素。

3. 茶具的搭配

小壶泡法适合于各种茶。茶具色彩依茶类而定,名优绿茶宜用白瓷、青瓷、青花瓷茶具;花茶类宜用斗彩、五彩瓷茶具;黄茶类可用奶白瓷、黄釉瓷、橙黄为主色的五彩茶具;红茶类可用白瓷、白底红花瓷、红釉瓷和紫砂茶具;乌龙茶中高香型轻发酵茶可用白瓷、釉上彩青花瓷茶具或密度较高的陶器茶具;乌龙茶中发酵和重焙火茶可用紫砂茶具,乌龙茶中高香型重发酵茶可用高密度陶瓷茶具。

小杯泡法适用于名优绿茶。可选用无色透明玻璃矮杯及无盖白瓷、青瓷、青花瓷杯。

小盖碗(杯)泡法适用于花茶及红茶。茶具色彩与茶性相配。任何茶会活动中,都应该设计出优美精致、契合主题的茶席,突出品茶的意境和氛围。

4. 音乐的配备

为提高茶会活动的品质,精心选择合适的音乐非常必要。入场和品茶交流时,放合适的音乐更能够烘托气氛和体现主题。古琴、古筝、笛箫、大提琴、钢琴等演奏的乐曲较适合在主题茶会中使用。入场时,可以用音乐烘托出会场的意境。品茗时,品不同种类的茶放不同的音乐更能够陶冶人的性情,同时也能够烘托现场的氛围。

5. 茶主人

茶主人在品茶会中担当重要的责任。茶主人应当充分理解茶会主题,具备茶专业知识,有规范的文化礼仪修养。独具个人魅力的茶主人能够使得茶会中品茶交流更加顺畅。茶主人的着装打扮要和主题相符,发型要简洁干净。茶主人在与茶客交流时,应当做到包容大方。在泡茶技巧方面,茶主人不需要太多花哨的动作,用心泡好茶是茶主人最重要的品质要求。

6. 主持人

选择合适的主持人是把握茶会活动氛围的关键。主持人在整个活动进程中应当控制好活动的流程和节奏。

7. 茶会氛围的营造

茶会活动中的氛围是需要营造的。怎样使得与会者在茶会进行的过程中慢慢融入其中,宁静下来,是茶会氛围营造的关键。能够让宾客们感受到茶会的主题氛围,享受心灵的宁静,是茶会成功的一个标志。

(二)预算与宣传工作

1. 茶会的预算工作

制定活动预算时,可以先列一个框架,把所需开销的具体内容填写进去,然后根据活动实际需要调整比例。一般情况下,茶会活动会产生以下的四类费用。

(1)宣传费用。大型活动的宣传费用主要包括各种媒体宣传活动所产生的费用,这是占比较高的支出。另外还有活动宣传册的设计制作与发放、活动宣传短片的制作与投放、活动主背景签到喷绘以及宣传板的制作等。小型茶会宣传费用多产生于活动背景板、宣传册制作等方面。

(2)场地费用。承办茶会需要特定的场地,有些场地需要租借,因此需要将活动场地的租赁费用、服务费用列入预算,大型活动可能还包括在该场地的食宿费用、灯光设备费用等。

(3)物料费用。物料费用是茶会活动的重要花费,活动所需要的耗费的一切材料以及物品都会产生费用。茶会对物料的细节要求特别高,比如茶会可能需要不同种类的茶,以及整场活动的用水、茶席、杯子,还包括邀请函、签到台,甚至茶包裹里用的别针、胶带纸也要考虑在内。当然,如果有条件,可以找一些赞助商提供资助。在一些带有技能比赛的茶会活动中,还会涉及奖项,因此奖品也是物料的重要组成部分。

(4)人员费用。人员费用是活动中所有相关人员产生的费用,包括工作人员的劳务费,演艺人员以及特殊嘉宾的邀请费,主持人和礼仪小姐的出场费以及活动过程中所需要的餐费等等。以上的这些预算都需要根据市场的价格或高于市场的价格进行预估,因为此时还没办法估计实际花费过程中,这些支出会更多还是更少。

此外,除了以上四类预算费用,还需要准备约 10% 的机动预算,就是茶会活动中可灵活运用的预算费用。这部分预算主要用于额外的支出或者应急使用,也称备用金,这样预算内容才算周全。

8

2. 茶会的宣传工作

根据营销类型,可以运用电视媒体、平面媒体、网络媒体、社交媒体和直播媒体进行推广宣传工作。

(1)电视媒体。电视媒体是指以电视为宣传载体进行信息的传播。包括中央电视台、各省级卫视、地方电视频道等众多电视媒体资源。相比其他媒体,电视媒体更具有权威性、及时性、重要性,画面也更加直观易懂,覆盖面广,受众多;但电视媒体制作、传送、接受和保存成本相对较高,营销成本较高,同时电视媒体信息传播转瞬即逝,难以保存。

(2)平面媒体。平面媒体是通过单一的视觉维度传播的媒体,是以画面或版面为载体发布新闻或者咨询的媒体,比如报纸、杂志、海报等。相对而言,新闻刊登在报纸和杂志上,资料保存性强,可反复查阅。受众接收信息时不需要借助任何工具和设备,只需要看图或者阅读就可以。但也有可能存在被关注度不高,时效性较弱的问题,容易被读者忽略,要求受众有一定文化基础。

(3)网络媒体。网络媒体是通过计算机网络、无线通信等向用户提供信息和服务的媒体。网络媒体又可细分为门户网站、网络电视、博客、网络视频、网络杂志,等等。相对而言,门户网站具有权威性,信息发布也有及时性,信息传播具有广泛性。但抄袭复制现象严重,容易侵犯知识产权。普通网络信息可信度相对较低,可靠性和准确性都不如权威的报纸和电视台。

(4)社交媒体。社交媒体是人们用来创作、分享、交流意见观点及经验的虚拟社区。社交媒体经过多年的发展,类别多样,主要有论坛、微博、微信、QQ、短视频 APP、小红书、大众点评等。社交媒体可以降低品牌的营销成本,实现对目标用户的精准营销,符合网络用户要求。但它也存在着内容雷同且粗制滥造,获取用户信息涉及隐私的问题。

六、现代茶会的主要流程

(一)入场参观

茶会开始之前的入场等待时间,可设计为在背景音乐的节奏下参观茶会会场设计的茶席以及了解茶会的文化背景和氛围。此时,宾客们可以在参观的过程中了解各个茶席主人并且选择茶席位入座。宾客落座时可以给此位宾客一杯迎客茶,作为茶会即将开始的信号。也可抽签入座,这样需要提前在茶席上标注编号。

(二)开场表演

茶会的开场以主题茶艺演示为最佳。开场的茶艺表演既能让众宾客在喧哗之后恢复平静,又能够在开场时,通过肢体语言的表达,向宾客展示茶会的主题。

(三)主题活动

主题活动可以是艺术家的表演、主题讲座等。艺术家的表演如古琴弹奏、古筝表演、现场挥毫等。每场活动所请的艺术家不宜过多,以 2 到 3 位为最佳。表演节目数量不宜过多过杂,三五曲目即可。也可以采用两种艺术相结合的形式,如现场古琴演奏和挥毫同时进行。以讲座形式的主题活动,讲座的趣味性是需要考虑的重要因素。

(四)品茶交流

主题活动之后就是品茶交流时间。这时,茶主人根据茶会的主题和所选的茶品向宾客们介绍茶和品茶的相关知识。茶主人在同宾客们交流时要注意调节气氛,尽量使茶客们的话题围绕茶和茶文化。若有感兴趣的茶客,茶主人可以让其体验泡茶的过程。

七、茶会活动的运用推广

茶在中国已有数千年的发展史,现代茶会的发展正是建立在几千年文化沉淀的基础之上。传统文化和现代理念相结合的现代茶会,既体现了古人的生活智慧和哲理,同时也体现了高度发达的现代社会人们的生活追求和精神理想。现代茶会在推广时应该在传承和弘扬茶文化的基础上结合现代人的思想。因此,运用推广时应当注意以下几点。

（1）以不变应万变,保持现代茶会的文化风格。世界千变万化,人们的需求和喜好也在不断地改变。现代茶会模式应当根据时代的发展而不断地完善,满足市场需要。在改变的同时,现代茶会应当保持其独特的文化性。尽量避免在茶会中出现附庸风雅、无实际意义的风格。

（2）正确选择目标客户资源和环境氛围。现代茶会其独特的文化性决定了其特殊的客户资源。在选择目标客户资源时,应当具备一定的限制,不要形成随意性和普遍性。参加现代茶会的宾客或者举办现代茶会的机构应当具有良好的素质和品格修养,属于茶文化爱好者的范畴。

（3）对茶文化的全面探究是维持茶会活力的关键。茶是一种饮料,更是一种精神饮品。茶作为养德之物、传情之物,在生活中与人们的精神生活密切相关。儒家以茶修德,道家以茶修心,佛家以茶修性,都是通过茶净化思想,纯洁心灵。品茶有助于促进人际关系、增进友谊,是社会交际的必需品之一。在现代茶会中,以茶为载体,全面探究茶和茶文化在现代社会的各种功能作用,才能够使茶会活动更加有生命力,并能持续在市场中占有优势。

 **知识拓展**

茶 会 在 英 国

1. 早期的贵族聚会

17世纪早期,茶从遥远的中国运到英国伦敦,途中需要18～24个月的时间,茶叶运输的成本和代价都很高。因此,茶叶在英国每磅售价6英镑,有时可以达到10英镑。1662年,葡萄牙公主凯瑟琳嫁给查理二世时,带来了茶叶,她爱好饮茶的习惯引领了英国的时尚,先是在皇宫贵族小姐中流行,逐渐流传到皇宫外,茶成为一种受贵族人士喜好的饮料。之后,茶叶不再是完全意义上充满异国风情的昂贵药液,而成为一种流行于上流社会的高雅饮料。饮茶场所主要分布在两处:一是公共场所咖啡馆;二是私人家庭聚会。私人家庭聚会是少数贵族家庭之间开展的一种新形式的、时尚的、奢侈的聚会方式。

2. 维多利亚时代英国下午茶

维多利亚时代的下午茶是一门综合的艺术,简朴却不寒酸,华丽却不庸俗。从饮茶文化的发源来讲,最早于下午喝茶的民族,理应是一向以茶文化著称的古代中国。然而随着时代的发展,将下午茶发展为一种既定的习俗,则是英国人。在19世纪30年代后期到 40 年代初,下午茶的饮用又发展成为一种新的社交活动。最初只是在家中用优雅的茶具来享用茶,后来渐渐地演变成招待友人聚会的社交茶会,进而衍生出各种礼节。如今,形式已经简化了不少。

3. 传统英式下午茶茶会礼仪

维多利亚时代,喝下午茶时,男士着燕尾服,女士则着长袍。现在每年在白金汉宫的正式下午茶会,男性来宾则仍着燕尾服,戴高帽及手持雨伞;女性则穿白色洋装,且一定要戴帽子。喝茶时通常是由女主人着正式服装亲自为客人服务。非不得已,才请女佣协助,以表示对来宾的尊重。英式下午茶的发展受到了当地文化的影响,在以严谨的礼仪要求著称的英国,下午茶逐渐产生了各式各样的礼仪要求与习惯,并成为英国上流社会中每日必不可少的生活环节之一。

赛 证 直 通

基础知识部分

一、单项选择题

1. "茶会"一词第一次出现是在( )。

A. 唐诗   B. 宋词   C.《大观茶论》   D.《茶录》

2. 曲水茶宴是( )年出现的。

A. 1960   B. 1970   C. 1990   D. 1980

3. 茶会应该将( )作为一种文化载体,把握整体的文化氛围。

A. 茶   B. 茶具

C. 主题茶艺表演   D. 茶席设计

4. ( )分小组组织与会者踏青、爬山等休闲娱乐活动,也可将茶会安排在傍晚,游玩一天后,借着月色喝上一杯茶,也不失为风雅情趣。

A. 小型现代茶会   B. 中型现代茶会

C. 大型现代茶会   D. 精品型茶会

5. 茶会萌芽于两晋南北朝,兴起于( )朝。

A. 唐   B. 宋   C. 元   D. 明

二、多项选择题

1. 设定好主题之后,策划执行的一系列的工作都要围绕着这个主题,如( )等。

A. 茶艺表演   B. 茶席设计

C. 节目单的定制   D. 礼品定制

2. 茶会又分为( )。

A. 现代大型茶会   B. 现代中型茶会

C. 现代小型茶会   D. 现代精致型茶会

三、判断题

1. 17 世纪早期,茶从遥远的印度运到英国伦敦,途中至少需要 18—24 个月的时间,茶

叶运输的成本和代价都很高。　　　　　　　　　　　　　　　　　　（　　）

2. 茶的选择和搭配也需要特别注意。如选择茶品时要注意先品淡茶再品浓茶。（　　）

操作技能部分

一、操作技能考核内容

考 核 项 目	考 核 标 准
"竹叶青"春茶迎春茶会策划与组织	准确掌握茶会的策划与组织,完成茶会策划与组织
四序茶会策划与组织	根据四序茶会的特点,完成茶会策划与组织

二、任务分析

1. 活动主题是整个活动的灵魂所在,确定了活动主题,应该怎么样开展具体的茶会活动呢?

2. 茶叶是茶会的核心,许多茶会的目的是推广茶,怎样通过一次精彩的茶会更好地润物细无声地将茶文化和茶品推广给爱茶人呢?

三、考核方式

评分标准:

1. "竹叶青"春茶迎春茶会。

考 核 内 容	操作分值	实际得分	备　　注
1. 主题的选定与营造	15		营造氛围符合主题要求,突出产品能有推广意义,茶会有设计感
2. 预算与推广	10		预算合理,推广突出主题
3. 茶品的选择	10		茶品的选择与顺序符合主题,突出茶品特点
4. 茶具的选择	10		能正确选择突出茶品、主题的茶器具
5. 音乐的配备、背景设计	10		音乐的配备,背景搭配符合主题
6. 茶主人和主持人	10		服务热情、耐心周到
7. 茶会氛围营造	15		与会者能融入茶会,让人有安静、舒适的感受
8. 主题活动	10		主题活动突出茶会,具有艺术性
9. 品茶交流与互动	10		服务意识强、专业度强、氛围营造好
总　　分	100		

8

2. 四序茶会。

考 核 内 容	操作分值	实际得分	备 注
1. 主题的选定与营造	15		营造氛围符合主题要求,突出产品能有推广意义,茶会有设计感
2. 预算与推广	10		预算合理,推广突出主题
3. 茶品的选择	10		茶品的选择与顺序符合主题,突出茶品特点
4. 茶具的选择	10		能正确选择突出茶品、主题的茶器具
5. 音乐的配备、背景设计	10		音乐的配备,背景搭配符合主题
6. 茶主人和主持人	10		服务热情、耐心周到
7. 茶会氛围营造	15		与会者能融入茶会,让人有安静、舒适的感受
8. 主题活动	10		主题活动突出茶会,具有艺术性
9. 品茶交流与互动	10		服务意识强、专业度强、氛围营造好
总 分	100		

项目小结

本项目通过对茶席设计、茶席插花、茶艺的创编、茶会的策划与组织,我们学会了如何根据主题进行茶席设计,不同时节的花艺作品,创作具有主题思想的茶艺解说词,并能够表现主题茶艺,根据不同茶品、主题,策划与组织茶会。

项目九
茶产品营销

知识目标：1. 了解茶产品实体店正确引导顾客消费的流程。

2. 了解茶产品企业参展的组织流程。

3. 掌握移动互联网时代的网络营销平台特点。

能力目标：1. 能对顾客进行心理分析，并根据顾客心理特点正确引导消费。

2. 能对现代茶产品营销渠道进行分析。

3. 能通过营销渠道的选择提升企业经营效益。

素养目标：1. 树立诚信营销的意识，在营销过程中遵循职业道德和规范。

2. 具备团队协作精神，能够与团队成员有效沟通和配合，共同完成茶产品营销任务。

3. 培养创新思维，不断探索新颖、有效的茶产品营销方式和策略。

项目导读

对茶产品企业而言，其价值在于借市场营销满足顾客需求并获取利润。茶产品营销并非单纯的销售或促销，而是一种管理过程，核心在于明晰顾客及其对茶产品的需求，提供令顾客满意的茶叶产品或服务。茶产品营销是识别、预测并满足茶叶顾客需求以盈利的管理流程。

在实体店营销中，正确引导顾客消费极为关键。茶艺师要敏锐洞察顾客需求与喜好，凭借专业知识和亲切服务，给予个性化建议。对初涉茶叶的顾客，耐心介绍各类茶叶特点与冲泡方法；对资深茶友，推荐珍稀或特色茶叶。提供针对性服务也是提升顾客体验的要点。为商务洽谈的顾客提供安静舒适的包间及配套服务；为追求休闲的顾客营造温馨惬意的品茶环境。此外，茶叶精品店的品牌形象建设不可轻视，从店面装修到员工形象，都应展现独特风格与文化内涵，使顾客一进店就感受其与众不同。

展销会营销为茶产品企业搭建了更广阔的展示舞台。首先要充分认识其重要性与作用，它不只是产品展示之地，更是企业与同行交流、洞悉市场动态的良机。茶产品企业通常有拓展市场、提升品牌知名度等现实需求，参加展销会是达成这些目标的有效途径。在参展组织方面，企业需精心筹备，从展位设计、展品挑选，到宣传资料准备、现场人员培训，每个环节都力求完美。通过精心准备和精彩展示，吸引更多潜在客户，拓展合作机会。

伴随互联网的迅猛发展，网络营销成为茶产品营销的新领域。网络营销新模式不断涌现，如直播带货、社交媒体营销等，使茶产品能更快速、广泛地触及消费者。传统电子商务运营有流量、转化率、客单价等关键指标，企业需关注并优化，以提高销售业绩。在移动互联网时代，网络营销平台更注重用户体验和社交互动。企业要善于利用优势，精准定位目标客户，推送个性化内容，增强与消费者的互动和信任，提升品牌忠诚度和销售转化率。总之，实体店营销的贴心服务、展销会营销的精心策划、网络营销的创新探索，皆是茶产品企业在激烈竞争中胜出的关键。

第十三届四川国际茶业博览会在成都开幕，
参展产茶县数量创历届新高

　　茶叶博览会是茶产品营销的重要渠道。2024 年 5 月 9—12 日，以"茶源天府·共享未来"为主题的第十三届四川国际茶业博览会在成都世纪城新国际会展中心举行，期间，共组织第三批"四川最具影响力茶叶单品"授牌仪式、"川行天下·川茶出海"启动仪式以及系列区域合作、购销合作签约仪式、"同心帮扶·茶香四海"重点帮扶县域川茶产销对接专项活动、首届全国绿茶产区发展大会等活动 30 余场。

　　四川国际茶业博览会已连续成功举办 13 届，现已发展成为全国规模最大的春季茶展。本届茶博会设置了川茶品牌馆、川渝合作馆、全国名茶馆、境外交流馆、产业融合馆、达州主题馆等主题馆以及全国供销名茶展区、茶包装机械展区等特色展区。四川是茶产业大省，茶产业综合产值连续 3 年超过千亿元。

　　本届茶博会上，全省 11 个茶叶主产市、30 个优势县（市、区）、省级及以上龙头企业，以及省级公用品牌"天府龙芽"，地方区域公用品牌"蒙顶山茶""峨眉山茶""米仓山茶""宜宾早茶"悉数亮相。本届茶博会共有 18 个国家和地区、全国 20 余个省（自治区、直辖市）参展。其中，全国共 66 个产茶县（市、区）参展，数量创历届新高。

　　（资料来源：《第十三届四川国际茶业博览会在成都开幕　参展产茶县数量创历届新高》，四川日报 2024 年 5 月 10 日报道，经编者整理编写。）

任务一　实体店营销

　　茶产品营销渠道,是指产品从制造者手中转移至消费者手中所经过的途径和环节。在茶产品营销中,原茶叶、茶深度加工产品的大部分生产企业为满足市场需要所生产的产品,并不直接向最终用户和消费者出售,而是借助一系列中间商的转卖。任何与产品转移相关联的各种类型的营销中介机构组成营销渠道,通常包括生产商、中间商和消费者。

　　根据营销渠道的不同,茶产品营销人员对顾客的接待服务包括实体店面营销和电子商务两大途径,因而在顾客引导过程中,所采用的方法也有一定的差异。本任务重点介绍实体店营销时如何正确引导顾客消费。

一、正确引导顾客消费

　　首先,茶产品营销人员在营销过程中应注意自己的服务态度,要讲究接待方法,将热情、主动、耐心、细心、真诚的服务宗旨贯彻始终。其次,在接待顾客的过程中,应注意首因效应的作用,树立良好的第一印象。茶产品营销人员正式进入自己的工作岗位,等待顾客的来临,随时准备服务于对方。当顾客到来,茶产品营销人员主动接近并友好问候,这能给顾客留下良好的第一印象。第一印象的好坏关系到顾客进门后的心情,所以服务中不仅要积极主动,还要选准时机,以免出现这样或者那样的差错。接待顾客的过程中,具体的礼仪规范有以下几点。

(一) 站立迎客,熟悉站位模式

　　一般情况下,茶产品营销人员在工作中要求站立迎客。即使是岗位上允许就座,当顾客光临时,也应该起身相迎。要求营销人员要站在易于观察顾客、接近顾客的位置,同时还要照看好自己负责的区域,把握首因效应,给顾客留下良好的第一印象。接待顾客最忌讳的是散漫懒惰,将客户拱手让与他人。多人接待时,应遵守循环站位原则,切忌无序抢客,产生恶性的内部竞争,未到本站位范围切莫"堵截"顾客。

(二) 善于观察,明确顾客定位

　　人们常说"三看顾客,投其所好",对于顾客的观察是营销人员在工作中不得不做的事。所谓"三看",即一看顾客的来意,根据顾客不同的目的给予不同方式的接待;二看顾客的打扮,判断其身份、爱好,根据这些来推荐不同的商品和服务;三看顾客的举止谈吐,琢磨其心理活动,使自己为对方所提供的服务恰如其分。由此可见,"三看顾客",实际上就是要求茶产品营销人员通过多角度观察,对顾客进行准确定位,力求做到有针对性地进行茶产品营销。

(三) 讲求细节,规范操作吸引顾客

　　实体店面销售与电子商务最大的不同,在于茶产品营销人员需要与顾客进行面对面的接触,为顾客拿递物品或提供展示服务,甚至包括茶艺表演。在拿递展示的一系列营销过程中,营销人员应尽职尽责、严格遵守相关的岗位规范,照章办事。

1. 拿递物品

拿递物品,简称拿递,即指茶产品营销人员应顾客的要求,或者自己主动地将商品及其他物品从柜台、货架等处拿取出来,递交、摆放在顾客面前,由其自行观看、了解、比较、挑选、鉴别。拿递是茶产品营销人员日常工作中重要的基本功之一。

2. 展示操作

展示操作,即指茶产品营销人员在接待顾客的时候,在适当的时机,将顾客感兴趣的某种商品的性能、特点、全貌,运用适当的方法当面展现出来,或者为对方进行示范,以便对方进一步了解、鉴别、选择商品。如果展示操作适当,可以加大顾客的购买兴趣,促使交易达成。

3. 介绍推荐

在接待顾客时,买卖双方是否能成交,往往直接取决于茶产品营销人员向顾客所做的有关商品、服务的推荐是不是能够打动顾客,激发顾客购买的行为产生。“介绍之声”是茶产品营销人员指导消费、促进销售的常规手段之一,需掌握以下 3 项要点。

(1)熟悉商品信息,善于表达。茶产品营销人员要想讲好“介绍之声”,就必须对自己经营的商品、负责的服务项目十分熟悉。只有这样,才能做到介绍细致、有问必答、得心应手、有说服力。

对于商品销售而言,要做好介绍推荐就要做到“一懂”“四会”“八知道”。所谓“一懂”,即指懂得自己所经营商品的基本特性;“四会”是指要对商品会使用、会调试、会组装、会维修;“八知道”则是指要知道商品的产地、价格、质量、性能、特点、用途、使用方法和保管措施。

(2)熟悉顾客心理。在对商品、服务进行介绍时,茶产品营销人员一般应做好四件事,即要引起顾客注意;要培养对方的兴趣;要增强对方的欲望;要争取达成交易。做好这四点,完全取决于营销人员对顾客的心理状态及其具体变化的了解程度。

茶产品营销人员对顾客的态度及可信程度是至为重要的。不同性别、不同年龄、不同职业、不同阅历、不同个性、不同地域、不同民族、不同受教育程度的顾客具体表现往往有所不同。在一般情况下,营销人员在为顾客进行介绍推荐时,既要注意对顾客进行角色定位,又要争取实现真正的双向沟通。

(3)掌握科学方法。掌握介绍的科学方法,不仅要根据商品、服务的不同特点去做,而且还要尊重顾客的不同兴趣、偏好;不仅要尽可能地全面,而且也要努力抓住重点。具体服务方法有:

① 根据不同商品、服务的特点进行介绍。任何商品、服务都有其独特性,分别表现为成分、性能、造型、花色、样式、价格、质量、售后服务等方面的不同。茶产品营销人员在对这些进行具体介绍时,要突出优点、长处等方面的特点。

② 根据不同商品、服务的用途进行介绍。顾客不论是购买商品还是购买服务,主要是为了使用和享受。因此在介绍推荐商品、服务时,应着重围绕其用途展开。

③ 对新近上市的商品、服务进行推荐和介绍。新上市的商品、服务,往往会面临顾客对其不了解或举棋观望的态度。茶产品营销人员在对顾客进行积极宣传、推荐时,通常应采取一些独特的方法。

(4)重视营销的收尾环节。营销服务的最后一个环节是成交与送别。成交主要指顾客在决定购买商品、服务后,与茶产品营销人员所达成的具体交易。在顾客接待的整个过程中,它实际上处于顾客将自己的购买决定转变成现实的购买行动的阶段。在这一阶段,营销人员的态度、表现如果大失水准,往往会使顾客中途变卦,或是产生遗憾。送别又称送客。当顾客离去时,由营销人员与其进行道别。这是"接待三声"中的"送客之声"。礼貌向顾客道别可以使自己的营销工作善始善终,并且给对方亲切、温馨的印象。

二、常见的针对性服务

茶产品企业每天都要接待各种各样的顾客,营销人员要想做好接待工作,除了了解顾客心理活动的一般性特点,还应了解不同顾客是否有特殊的需求偏好,比如不同国家和区域,有不同的饮茶习惯和茶文化,从而为他们提供有针对性的优质服务。

(一)针对不同国家宾客的服务

1.日韩宾客

日本和韩国都是非常重视茶饮的国家,在长期的品饮过程中都形成了极具民族特色的饮茶方式。比如日本居家饮茶大多设有茶室。主人迎客入茶室,要跪坐在茶室门口,让客人一个个进去。客人经过门口时,要在门旁洗手,然后脱鞋入茶室,主人则最后才进入茶室,向客人鞠躬行礼。主人开始煮茶时客人要退出茶室,到后面花园或石子路上走走,让主人自由、从容地准备茶具、煮茶、泡茶。主人泡好茶以后,再让客人回到茶室,然后开始一起饮茶。饮完茶以后,主人还要跪坐在门外,向客人祝福道别。由此,茶产品营销人员在接待此类顾客时,应注意泡茶的礼仪规范,因为他们不仅讲究喝茶,更注重喝茶的礼貌礼节,所以要让他们在严谨的茶叶冲泡服务中感受中国茶文化的博大精深。

2.印度、尼泊尔宾客

印度人好喝奶茶,也爱喝一种加入姜或小豆蔻的"萨马拉茶"。印度、尼泊尔都是以信奉佛教为主的国家,因此在日常生活中习惯用合十礼表示谢意,在服务过程中,也可用合十礼表示礼貌。需要注意的是,印度人传统饮茶方式较特别,不用左手递送茶具,因为左手是用来洗澡和上厕所的,服务时要注意尊重他们的习惯。

3.巴基斯坦宾客

巴基斯坦人喜欢牛羊肉和乳类食品,为了消食解腻,饮茶成为他们生活中的一部分。多数人喜欢喝牛奶红茶,西北地区人喜饮绿茶,在绿茶中会加入少量白砂糖。服务中可适当提供白砂糖。

4.俄罗斯宾客

饮茶是俄罗斯人日常生活中不可缺少的一部分。俄罗斯人饮茶习惯可追溯到17世纪。到20世纪初,俄罗斯已成为欧洲最大的茶叶消费国,人均茶叶消费量仅次于中国和印度。俄罗斯人喜欢喝红茶,而且口味偏"甜"。居家饮茶时,先泡上浓浓的一壶茶,要喝时倒少许在茶杯里,然后冲上开水,根据个人习惯,调出浓淡不一的味道。有客人来时,倒出茶壶里的浓茶,用开水一冲,再在茶中加入果酱或蜂蜜,冲成果酱茶,即可尽情而饮。营销人员在服务中除了提供白砂糖外,还可以推荐一些甜味茶食。

5.英国宾客

茶是英国传统的大众化饮料,平均每10人中有8人饮茶。早上一醒来,空腹就要喝"床茶",上午11点再喝一次"晨茶",午饭后又喝一次"午茶",晚饭后还要喝一次"晚茶"。英国人泡茶是泡茶叶末,不是以水冲茶,而是以茶袋浸入热水里,一小袋茶只泡一杯水,喝完就丢弃。家庭饮用时,由于茶叶很碎,通常茶壶里还有个过滤杯,用开水冲下去,过滤而出。英国人同样喜欢喝红茶,在品饮时常加入牛奶、方糖、柠檬片等。在服务中,要根据顾客的需要提供这些辅助食品。

6. 美国宾客

美国人饮茶,讲求效率、方便,不愿为冲泡茶叶、倾倒茶渣而浪费时间和动作,他们似乎也不愿在茶杯里出现任何茶叶的痕迹,因此,喜欢喝速溶茶,这与喝咖啡的原理几乎一样。所以,美国至今仍有不少人对茶叶只知其味,不知其物。美国人与中国人饮茶不同,大多数人喜欢饮冰茶,而不是热茶。饮用时,先在冷饮茶中放冰块,或事先将冷饮茶放入冰箱冰好,闻之冷香沁鼻,啜饮凉齿爽口,顿觉胸中清凉。营销人员在服务中,可以根据茶叶销售点的实际情况尽可能地满足顾客的需要。

(二)针对不同民族宾客的服务

"百里而异习,千里而殊俗"。中国是一个统一的多民族国家,每个民族也有自己的茶文化和饮茶习俗。服务中应结合民族特点,针对性地提供服务。

1. 汉族

多数汉族人喜欢清饮,以绿茶、花茶、乌龙茶等为主要茶品,茶汤中无须加入姜、糖等辅料,以体现茶的本色。茶产品营销人员可以根据顾客所点茶品采用不同的冲泡方法进行服务。

2. 蒙古族

蒙古族人习惯于"一日三餐茶、一日一顿饭",喜喝咸奶茶。茶产品营销人员在为蒙古族顾客服务时要特别注意敬茶时用双手,以示尊重。当顾客将手伸平,在杯口上盖一下,这就表明顾客不再喝茶了,营销人员可停止为他续杯。

3. 藏族

藏族人常年以奶、肉、糌粑为主食,"其腥肉之食,非茶不消;青稞之热,非茶不解"。茶成了当地人们补充营养的主要来源,喝酥油茶便如同吃饭一样重要。藏族人喝茶有一定的礼节,通常喝第一杯时会留下一点,喝过两三杯后把再次添满的茶汤一饮而尽,这就表明顾客不想再喝了,营销人员就不要再为其添加茶水了。藏族人比较忌讳将茶具倒扣,因为按照他们的民族传统,只有过世的人用过的碗才会倒扣。

4. 维吾尔族

主要居住在新疆天山以南的维吾尔族人,主食面食。最常见的是用小麦面烤制的馕,色黄,形若圆饼,又香又脆。进食时,总喜与香茶伴食,平日也爱喝香茶。他们认为,香茶有养胃提神的作用,是一种营养价值极高的饮料。在为维吾尔族顾客服务时,需当着顾客的面清洗茶具,为顾客端茶时要用双手,以表示尊重。

(三)对 VIP 宾客的服务

茶产品营销人员要了解当日是否有 VIP 顾客预订,包括时间、人数、特殊要求等。根据 VIP 顾客的等级及茶叶销售点相关要求来准备茶具、茶食品。检查将要使用的茶叶和食品质量,茶具要进行精心挑选和消毒。提前 20 分钟左右将准备好的茶叶、食品、茶具摆放好。顾客到店后,营销人员应热情迎接,必要时由经理出面迎接,引领顾客到预留雅间。服务中注意礼节礼貌,严格按照操作规程进行服务。

(四)对特殊宾客的服务

对老人及体弱的宾客,安排座位时应在最为方便和舒适的区域,便于出入。顾客饮茶期间,营销人员不得无故离开。对有生理缺陷的宾客,应安排合适的座位,特别注意别用异样目光注视他们,在对客服务中,根据情况多加照顾。

三、茶叶精品店品牌形象建设

茶叶精品店是专门经营茶叶产品的商店,是茶叶营销的主要渠道之一,包括独立商店和设在超市、超级商店、百货商店内的茶叶精品柜台。茶叶精品店的专业化程度高,店面装修独特,能为顾客提供优质的服务,满足不同顾客的需求。

茶叶精品店的品牌形象建设是吸引和保持顾客的关键。因此,需要从外部造型、店招、橱窗、店门、外部灯光、店名等全方位进行打造。

(一)外部造型

茶叶精品店的外部造型是吸引顾客的第一步,它应该与茶叶文化和品牌形象相契合,同时体现出店铺的特色和品质。茶叶精品店外部造型主要有以下几种类型。

1.传统古韵风格

传统古韵风格的茶叶精品店通常采用仿古建筑元素,如青砖黛瓦、木质门窗、飞檐翘角等,营造出一种古朴典雅的氛围。某些老字号茶叶店,其外观古朴典雅,仿佛穿越时空回到了古代茶楼,让人感受到浓厚的茶文化底蕴,如中华老字号张一元茶叶店(图9-1-1)。

图9-1-1 中华老字号张一元茶叶店

图9-1-2 竹叶青茶叶精品店

2.现代简约风格

现代简约风格的茶叶精品店外观简洁明快,线条流畅,采用现代建筑材料和设计理念,强调时尚感和现代感。一些新兴的高端茶叶品牌,其店面设计简约而不失大气,采用大面积的玻璃幕墙和钢结构,使店内空间通透开阔,同时也方便顾客看到店内的茶叶陈列,如竹叶青茶叶精品店(图9-1-2)。

9

3. 自然生态风格

自然生态风格的茶叶精品店强调与自然的和谐共生,外观常采用绿色植物、石材、木材等自然元素进行装饰,营造出一种清新自然的氛围。一些注重生态环保的茶叶品牌,其店面设计融入了大量自然元素,如使用竹子、木头等天然材料构建店面,或在店外种植茶树和花草,让顾客在品茶的同时也能感受到大自然的魅力。

4. 地域文化风格

根据茶叶的产地和地域文化特点,设计具有当地特色的外部造型,使茶叶店成为展示当地文化的重要窗口。如云南的普洱茶专卖店,其店面设计融入了当地少数民族的建筑元素和装饰风格,让人一眼就能感受到普洱茶的独特魅力和云南的地域文化特色。

5. 创意艺术风格

创意艺术风格的茶叶精品店注重创意和艺术性,外观设计独特新颖,充满想象力和艺术感。一些年轻化的茶叶品牌,其店面设计大胆创新,采用各种艺术手法进行装饰和表现,如涂鸦艺术、装置艺术等,使茶叶店成为城市中的一道亮丽的风景线。

(二)店招和橱窗

店招是永久性的广告,好的店招能激发消费者的好奇心,引起消费者的注意,便于消费者记忆,同时也能体现茶叶店的格调。一般茶叶精品店大都采取传统风格的长方形匾额,用黑色大漆作底色,镏金大字作店名,请名人书写,雕刻而成,庄重堂皇;或用清漆涂成木质本色,用名人题的字,雕刻后涂成绿色,古朴典雅。也有用现代装饰材料做成大的灯箱,内装灯管,外面用醒目大字,构成具有现代气息的店招。店招的具体风格根据所经营的场所而定。

橱窗是茶叶精品店的第一展示区域,它能直接刺激消费者的购买欲。橱窗尽量设计大一些,里面可以摆一些具有吸引力的茶叶,如保鲜茶、花茶、保健茶等,适量地放一些茶具。可以将外形好看的茶用透明玻璃杯泡上几杯放于橱窗中,隔几天再换几个品种。橱窗内灯光要亮一些,摆设的茶及茶具和茶水要组成一幅美的图画,且及时更新。

(三)店门和外部灯光

茶叶精品店的店门应尽量留大一些,采光要好,同时应考虑到安全性。外部灯光一定要明亮,最好以白色或绿色,不宜用红色。如若用一两盏绿色的射灯则更能突出茶叶店的吸引力。

(四)店名

茶叶精品店的命名要体现经营者的个性与茶文化的和谐统一。起好名字是营销的关键,可利用传统的老字号,也可以按照茶叶的特点结合经营者的思维起名,或请茶文化专家起一个好名字,如"天福茗茶""竹叶青"都是不错的店名。

 课堂讨论

如果你是一个茶叶精品店经营者,在某省会城市的核心商业区有一个综合性的茶叶精品店,该核心商业区近期正在进行风貌更新,你将从哪些方面对你的茶叶精品店进行品牌形象升级建设?

要点:

1. 设定该核心商业群风貌整治的基本要求和思路是什么?

2. 思考和设定该茶叶精品店原有品牌形象问题有哪些？

3. 结合外部要求和茶叶精品店原有品牌形象问题，系统化地对该茶叶精品店品牌形象升级建设。

四、茶艺馆营销方式

现代茶艺馆主要是为顾客提供品茗、休闲、交流、娱乐、艺术观赏等服务的场所。由于它适应了当前的消费趋势和潮流，所以发展迅速。作为营利性的商业组织，现代茶艺馆要适应社会发展的需要，不断提高经营水平，在激烈的市场竞争中，加强管理创新和服务创新，在促进自身发展的同时，为弘扬中华茶文化作出应有的贡献。一个好的茶艺馆，一定要最大限度地发挥自己的功能，获得竞争优势，结合茶艺行业的特点，加强经营管理，提高服务水平，以优质高效的服务获得顾客。

茶艺馆的类型多样，包括仿古式茶艺馆、园林式茶艺馆、室内庭院式茶艺馆、现代式茶艺馆、民俗式茶艺馆、戏曲茶楼和综合型茶艺馆，因而，茶艺馆营销方式也呈现多种类型。

(一) 茶文化讲座、茶艺表演

以仿古式茶艺馆为例，其以某种传统建筑为蓝本，注重营造古色古香的环境氛围。可以定期举办茶文化讲座或茶艺表演，增强顾客的参与感和体验感。通过精致的仿古装饰和传统的茶艺表演，让顾客感受到浓厚的历史文化底蕴。

(二) 民俗表演、手工艺展示

以民俗式茶艺馆为例，其强调民俗乡土特色。可以提供与民俗文化相关的茶饮和茶点，增强顾客的文化体验感。应展示当地的民俗文化和特色，通过民俗表演、手工艺展示等方式，让顾客深入了解当地文化。

(三) 茶会、茶艺培训

以综合型茶艺馆为例，其综合性主要体现在经营服务项目上，应集合多种茶艺馆类型的特点，提供多元化的服务和产品。根据顾客需求，提供个性化、定制化的服务，如茶会、定制茶礼、茶艺培训等。

(四) 融入数字技术、拓展服务方式

以现代式茶艺馆为例，其风格比较多样化，应注重设计感和现代元素的融合，打造时尚、前卫、数字化的品茗空间。提供多样化的茶饮选择，包括创新的茶饮口味和呈现方式。利用科技手段提升服务效率，如提供在线预约、自助点单等功能。

无论哪种类型的茶艺馆，都需要注重提升服务质量和管理水平。通过加强员工培训、优化服务流程、提高服务质量等方式，让顾客感受到宾至如归的待遇，提升营销核心竞争力。同时，茶艺馆还应不断创新服务方式和营销策略，以满足不同顾客的需求和期望。

9

赛 证 直 通

基础知识部分

一、单项选择题

1. 在产茶地区的风景旅游点,提倡(　　　),开展高雅文化旅游活动,如茶文化竞赛、民族歌舞、表演、赋诗作画、品茶评茶、茶道表演等。

A. 建各种各样的茶室　　　　　　　　B. 举办展销会

C. 举办旅游用品展览　　　　　　　　D. 建设商品一条街

2. 从心理学基本知识来看,茶艺师与宾客的交流特点是直接交往和(　　　)。

A. 茶艺演示　　　　B. 接待礼仪　　　　C. 言语交往　　　　D. 微笑服务

3. 在茶庄,完整的顾客接待概念是指茶庄茶艺师向宾客(　　　)的过程。

A. 展示茶叶　　　　B. 介绍茶叶　　　　C. 提供服务与销售　　D. 冲泡试饮茶

4. 下列选项中,不属于茶艺营销人员的个人素质要求的是(　　　)。

A. 说话声音甜美,温文尔雅　　　　　　B. 微笑,给顾客亲切感

C. 诚实待人,赢得顾客的信任　　　　　D. 华丽的着装,吸引顾客

5. 茶艺师向顾客推荐茶饮时,要根据顾客特点和(　　　)进行推荐。

A. 茶艺馆的经营状况　　　　　　　　B. 季节情况

C. 茶饮价格　　　　　　　　　　　　D. 茶艺师表演特长

二、多项选择题

1. 茶叶精品店外部造型主要有(　　　)。

A. 传统古韵风格　　　　　　　　　　B. 现代简约风格

C. 自然生态风格　　　　　　　　　　D. 地域文化风格

2. 茶艺馆线下营销的主要方式有(　　　)。

A. 茶文化讲座　　　　B. 民俗表演　　　　C. 茶会　　　　　　D. 小红书营销

三、判断题

1. 茶产品营销人员要了解当日是否有 VIP 顾客预订,包括时间、人数、特殊要求等。

　　　　　　　　　　　　　　　　　　　　　　　　　　　　　　　(　　　)

2. 茶叶精品店的命名主要是体现经营者的个性。　　　　　　　　　　(　　　)

操作技能部分

一、操作技能考核内容

考 核 项 目	考 核 标 准
茶叶精品店品牌形象建设	理解茶叶精品店的品牌形象建设是吸引和保持顾客的关键。准确掌握需要从外部造型、店招、橱窗、店门、外部灯光、店名等全方位对茶叶精品店进行品牌形象建设

二、任务分析

茶叶精品店的专业化程度高,店面装修独特,能为顾客提供完善的服务,满足不同顾客的需求。茶叶精品店的品牌形象建设是吸引和保持顾客的关键。请利用所学知识对某省会城市核心商业区的茶叶精品店品牌形象建设进行策划。

三、考核方式

1. 以小组为单位,完成茶叶精品店品牌形象建设策划报告。

2. 评分标准:

考 核 内 容	操作分值	实际得分	备　　注
1. 选定一个省会城市及核心商业区	10		假定茶叶精品店外部环境
2. 茶叶精品店外部造型	30		选择适合的造型
3. 茶叶精品店店招	10		店招风格等的策划
4. 茶叶精品店橱窗	10		橱窗展示物等的策划
5. 茶叶精品店店门	10		安全性等考虑
6. 茶叶精品店外部灯光	10		外部灯光色彩等策划
7. 茶叶精品店店名	20		茶文化内涵挖掘,准确命名
总　　分	100		

任务二　展销会营销

　　展销会是指举办方与参展商,在一定期限内以及固定的场所,用展销的形式,以现货或者订货的方式销售商品的集中交易活动。举办展销会是公共关系专题活动中经常采用的方式,它对宣传和树立产品及组织形象起着重要的作用。

　　各种茶产品展销会是茶产品宣传、销售的重要平台。参加展销会的效用如何,取决于多重因素,既包括对展销会类型、作用、具体组织及效果检测等的认知程度,也包括茶产品所处的生命周期阶段,在品牌初创阶段、品牌发展阶段和品牌成熟阶段对展销会的需求会有明显的不同。

一、认识展销会

(一) 展销会的分类

1. 按展销会规模分类

(1) 大型展销会。其规模可大至世界性的博览会,如"中国(广州)国际茶业博览会"等。

9

大型展销会由专门单位举办,参展组织报名参加。这类展销会是综合性的,展览项目多,涉及面也广,需要有较高的技术水准才能办好。

（2）小型展销会。规模较小,如产品陈列会、样品展览室等。这种展销会常常由一个组织自己举办,展出组织的有关情况。

（3）微型展销会。指商店的橱窗展览、宣传廊展出等。

2.按展销会内容分类

（1）综合性展销会。介绍一个国家、一个地区或一个单位的全面情况。既要有一定的整体性、概括性,又要有具体性、形象性,使观众参观后能获得完整的印象,如"上海世博会"等。

（2）专题性展销会。介绍某一专题或专项的情况,虽不要求全面系统,但内容集中、主题鲜明、有深度,如"中国云南普洱茶国际博览交易会"等。

3.按展销会性质分类

（1）贸易性展销会。其目的是促进商品交易。这种展销会常展出实物产品和新技术,做实物广告,还当场出售商品或转让技术。

（2）宣传性展销会。通过产品向观众宣传某一观点、思想、信仰,宣传新成就,或让观众了解某一史实,不带商业性。展品通常是照片、资料、图表及实物,如"消防展销会""中国革命史展销会"等。

4.按展销会时间分类

（1）长期展销会。展览形式是长期固定的,如北京故宫博物院、上海自然博物馆等的文创产品展销。

（2）定期更换内容的展销会。展出内容定期进行部分更换,如北京和上海的工业展销会。

（3）一次性展销会。在一定时间内举行,展览结束后即行拆除,如"中国进出口商品交易会"。

5.按展出地点分类

（1）室内展览。在室内举行,不受天气影响、不受时间限制,可展出较为精致、价值高的展品,但花费较大,布置也较为复杂。

（2）室外展览。场地在室外,花费较少,布置也较简单,但受天气影响。在露天举办的展销会有农业机械展销会和花展等。

（3）巡回展览。这种展览是流动性的,利用拖车、火车、特种车辆等从事展览活动。

（二）展销会的特点

1.直观、形象、生动,能产生强烈的传播效果

展销会可运用声音,如讲解、交谈、广播;文字,如说明词、介绍材料;图像,如照片、幻灯片、录像、电影;实物,如模型、产品;人物,如形象代言人等多种传播媒介和工具,利用各种媒介的优点加强传播效果。

一般展销会的展品以实物为主,辅以现场宣传讲解和示范表演。精致的实物、形象的画面、动人的解说、优美的音乐和生动的造型艺术的有机结合,能产生一种引人入胜的感染力。如深受欢迎的时装展销会,不仅陈列有各种款式新颖、色彩鲜艳、风格各异的时装,还有文字、图表介绍服装的性能特点；不仅有服装设计师和缝制师的当场介绍、示范，还有时装模特儿的精彩表演，会场的情绪往往十分热烈，产生的传播效果较好。

2. 有效地引起社会公众及新闻媒介的注意

展销会本身及其展出的内容都具有一定的新闻价值，会吸引新闻界追踪采访。许多组织经常采用各种形式的展销会、展览会大造新闻，提高组织的知名度和美誉度，同时利用此机会与新闻界广泛接触，增进关系。

3. 给企业提供与公众直接双向沟通的机会

展销会的工作人员可直接与观众就双方感兴趣的问题进行交谈、讨论和解答，既让公众了解自己，也对公众有所了解。及时收集反馈信息，根据公众意见和需求改进组织的工作。这种双向沟通针对性强、收效大，而且感情强烈，增强了组织的"人情味"。

4. 是一种高效率的沟通方式

展销会可吸引社会各界公众，给参展组织创造了一个集中的沟通机会，使各组织和各界公众在短时间内广泛接触，沟通效率大大提高。我国一年两次的广州出口商品交易会，规模宏大，国内外各界客商云集，沟通效率高，成交额在我国出口额中占相当大的比重，也是我国与其他国家人民相互了解的重要方式。

5. 在一定程度上起到了"二传手"的作用

展销会的传播范围虽然有一定的局限性，受其直接影响的只是到场的观众，但展销会盛况往往是观众们津津乐道的话题，通过他们的间接传播，可扩大展销会在社会上的影响。

二、茶产品企业的现实需求

茶产品企业参加展销会的目标主要是品牌宣传、渠道招商和产品销售。从企业来说，在一个展会上同时兼顾这三个目标难度很大，因此在参加展会之前必须明确当次参展的主要目标，有针对性地组织展销会活动。

（一）品牌宣传

品牌宣传是所有企业参展的一个核心需求。通过展会这种上百家企业集中展示的平台效应所带来的巨大人流，往往容易取得比较好的品牌宣传效果。一般把品牌宣传作为重点的企业都会要一个比较大的位置，设计成特装的展位，把品牌文化尽可能地展现给观众。

（二）渠道招商

渠道招商是企业参展的又一个重点。展会是茶叶企业一个非常核心的招商渠道，很多品牌在参展的时候就以招商为目的。一般来说，参加展会的行业人士还是比较多的，在这种情况下，如果品牌有竞争力，招商成功的可能性会很大，事实上有很多茶叶企业的加盟商、经销商就是在展会的时候招到的。

（三）产品销售

茶产品展会通常还可以销售产品，这和很多行业的单纯展示的展会不同，茶产品展示和销售是同时存在的。大型展会以销售为目的的企业相对少一些，而一些区域性的小型展会主要以销售为主。

三、茶产品企业参展组织

（一）以目标为导向参展

1. 必要性和可行性分析

展销会在举办前,首先要分析其必要性和可行性。展销会是大型综合性公共关系活动,需投入较多的人力、物力、财力,如不对其必要性和可行性进行科学论证,可能造成费用开支过大,得不偿失,或盲目上马起不到应有的作用,所以应对展销会的投入、产出算一笔细账,只有既是必要的也是可行的才可能是成功的。

2. 确定参展目标、主题

茶产品企业参加展销会必须有目标,不仅企业高层管理人员需要知晓,所有展销会参与人员都应该清楚,这样才能更便于实现既定目标。

以目标为出发点,明确展销会的主题和目的。主题明确,才能提纲挈领,确定展销会的传播方式、沟通方式和接待形式,有针对性地搜集各种参展资料,把所有产品做有机排列、组合,否则会使展销会办得杂乱无章。

（二）确定参展计划与执行

1. 明确人员分工

参加展销会是一个临时性的项目工作,因此,首先必须确定一个负责人来统筹整个展会的工作进度。展会负责人负责整个展会的推进计划、展位的选择、与展览单位的沟通协调、与展位设计公司的沟通协调,以及与公司内部各部门的沟通协调。其次,明确展会现场的人员分工。一般来说,茶产品展销会现场需要有茶艺师、营销人员、安保人员、现场协调人员。最后,在展销会前需要组织对参展人员的相关培训,理想的参展人员应具备三个条件:一要懂得展览项目的专业知识,能给观众提供专业咨询服务;二要善于交际,讲文明、懂礼貌,能得体地与各类观众交流;三要仪表端庄、大方。应对参展人员进行必要的专业知识训练和公共关系训练,才能保证质量和满足参观者的要求。

2. 展位的选择

不管是特装展位还是标准展位,展位是最能直接体现企业形象的有形表达。明确人员分工后的第一件事情就是选择展位,展位位置的选择至关重要。选择主通道还是副通道,一个开口还是多个开口、标准展位还是特装展位,价格上存在明显差异。从品牌传播的角度,在预算范围内,应选择地理位置好,空间可供装饰设计和活动设计多的展位。

3. 参展产品的选择与陈列

根据参展目标选择参加展览会的产品。如果以招商为目标,产品系列要全、产品说明要齐、产品价格要好,这样客户才会有兴趣。如果以销售为目标,那么选择的产品可能完全不一样。在展会上销售的很少有高端产品,一般都是中低端产品,所以如果以销售为主,产品计划就需要把中低端的产品作为重点,同时要备齐适合销售的产品数量。在陈列方面,要考虑品牌形象、产品摆放、功能分区等方面的因素。如果是特装展位,产品的陈列可以由设计公司来完成,但是需要充分体现公司的品牌文化,体现参展的目标。如果是标准展位,则由茶产品企业参展人员在展会现场根据需要完成。但是展会的陈列首先要体现品牌形象,其次才是产品,如果是销售型的展会,也可以把品牌和产品并重。

4. 确认展会物料

展会物料包括展会背景设计及文案、企业宣传手册、产品手册、企业(产品)宣传折页、易拉宝、手提袋、吊旗、环形展台、吉祥物、名片、名片盘、笔记本、客户来访记录表、桌布、剪刀、透明胶、笔等；确认参展的最新研发成果、确认参展的设备、确认参展的产品、确认参展产品的包装。

5. 展会宣传计划

展会虽然是一个集中展示的平台，但是因为同时展示的品牌非常多，企业在参展的时候也需要拟定一个宣传计划。茶产品企业应主动招徕客户，把客户引到自己的展位前。在茶产品展销会上，有些参展企业组织开展茶艺表演、中国传统音乐表演、制茶表演等，这些表演形式对吸引客流有一定的好处。同时，还可以结合发放宣传单、小礼品等方式促进茶产品品牌宣传。

6. 确定参展费用

在参展之前得先确定好费用预算，应确定好参展费用预算责任人、参展费用的预算、参展费用准备、参展费用的使用规则、参展费用的使用情况记录和参展费用报销的问题。参加展销会，经费的计划、预算和使用是不可忽视的，展销会的经费开支主要有以下几项。

(1) 场地使用费，包括展位费、各种设备使用、能源耗用等费用。

(2) 设计建造费，包括材料费。

(3) 工作人员费用，主要是工作人员工资、津贴，人员差旅费等。

(4) 媒体费，包括电视、新媒体等媒体费用。

(5) 联络与交际费，包括举行招待会、购买茶点、接待宾客及交际应酬的各种费用。

(6) 运输费，即展品运送的费用。

(7) 保险费，贵重物品在展览期间要买保险所花的费用。

(8) 纪念品、宣传品制作费。

(9) 人员的差旅费用。

除以上费用外，还应有一定的预备金，约占总费用的 5%～10% 为宜，以备调剂。

(三) 总结与客户跟踪

1. 总结展销会效果

展销会结束后应做好评估，以总结经验、吸取教训，指导今后的工作。评估应在展览期间就开始，如在出口处设置观众留言簿；召开观众座谈会，听取意见、建议；留心新闻媒介对展销会的报道和评价。会后还可通过上门访问、发调查问卷等民意测验，了解实际效果。无论是批评还是赞扬，都对参展的茶产品企业改进今后工作具有重要价值。

展销会的数据指标主要有三个：一是销售额指标，二是意向客户指标，三是人流量指标。这三个指标根据企业参展目的的不同，重要性也不同，指标的结果数据一定要和参展前的目标进行对比。如某茶产品企业参加某茶博会，现场呈现该茶产品的有关手工技艺，展位周围的人流量特别大，现场人气足，但是销售额的指标却很低，说明展销会的活动效果并不是很理想。

2. 客户后续跟进

茶产品企业参加展会的一个非常重要的目的是招商，所以展会招商的效果很重要。大多数茶产品企业在参展的时候进行了招商对接,而在展会后没有及时、有效、持续地跟进工作,从而使招商效果大打折扣。展会招商后续工作要做到以下三个方面。

(1)展会现场的目标客户信息要有专人汇总。我们经常看到在展会现场,每个销售人员都在与客户进行交流,但是却很少有人对客户资料进行登记,所以展会现场到底有多少意向客户信息,没有几个人清楚,每个客户的情况是什么,也很难说清楚。如果企业有选择客户的标准,那每个营销人员应该都非常清楚这个标准,在与客户交流的时候,对这些信息进行了解并进行初步筛选。同时每个营销人员应该有一个目标客户的汇总表,内容包括客户名称、电话、意向、资源和区域等,有这些信息和资料后才可能进入下一步的沟通。当然,所有的营销人员每天应该将这些信息汇总到展会负责人那里备案。

(2)展会结束后统一进行客户的初步跟进筛选。有了客户的基本信息后,就能对客户及区域市场有一些基本的判断,可以对客户进行初步沟通并筛选,而客户也需要对企业有更多的了解和接触。目前茶产品企业的现状是展会结束后,基本上都是由之前接待的营销人员进行客户的跟进,企业没有统一的规划与安排。事实上只能把展会定位为一个信息收集的平台,要选择好的客户,光靠展会是不行的。在对客户的信息进行梳理后,可以把有意向的客户与其他渠道的意向客户进行对比,并深入沟通和了解,确定真正的目标客户。

(3)根据展会的效果调整招商政策。展会是一个直接了解目标客户需求的环节,如果企业在展会招商过程中有意向客户,但是多数态度不明朗,企业应该综合判断一下招商的状态,招商政策是否合理。如果是招商政策的问题,那么展会结束后,第一时间调整招商政策,重新与意向客户交流并跟进,以达成合作。由于目前茶叶行业的目标客户很多都是个体投资人,他们大多数并不会有特别明显的品牌投资倾向性,所以要在展会结束后第一时间调整政策,以达到招商目的。

赛 证 直 通

基础知识部分

一、单项选择题

1. 将旅游与茶乡民俗风情结合,借助旅游来宣传,发展( ),会取得更好的经济效益和经济效益。

A. 文化遗产   B. 品茶时尚   C. 制茶工艺   D. 少数民族茶文化

2. 根据面积和装修风格的不同,展位分为标准展位和( )。

A. 单开口展位   B. 双开口展位   C. 环岛型展位   D. 特装展位

3. 场地使用费是展销会重要支出之一,以下属于场地使用费的是( )。

A. 展位费   B. 媒体费   C. 人员差旅费   D. 运输费

4. 茶产品企业参展人员应具备三个条件,一要懂得展览项目的专业知识,二要善于交际,三要( )。

A. 仪表端庄、大方   B. 交际能力强   B. 会设计展位   D. 会舞蹈

5. 按照展出地点分类,展销会分为室内展会、室外展会和( )。

A. 茶艺师表演   B. 巡回展会   C. 贸易性展销会   D. 宣传性展销会

二、多项选择题

1. 按展销会内容分类,可将展销会分为(　　　　)。

A. 大型展销会　　　　B. 综合性展销会　　　C. 专题性展销会　　　D. 小型展销会

2. 茶产品企业参加展销会的目的主要是(　　　　)。

A. 品牌宣传　　　　　B. 渠道招商　　　　　C. 免费使用展位　　　D. 产品销售

三、判断题

1. 展销会在举办前,首先要分析其必要性和可行性。　　　　　　　　　　　　(　　)

2. 展销会的主题明确,才能提纲挈领,确定展销会的传播方式、沟通方式和接待形式,有针对性地收集各种参展资料,把所有产品做有机排列、组合。　　　　　　　　　(　　)

操作技能部分

一、操作技能考核内容

考核项目	考核标准
茶产品企业参展组织	理解茶产品企业的现实需求,准确掌握茶产品企业组织参展的各项工作

二、任务分析

每次参展前,茶产品企业都需要明确参展的目标,只有确定了目标,准备和执行工作才能有的放矢。接下来,以目标为导向,确定参展计划、执行和展销会后的总结与客户跟踪。请利用所学知识完成某中华老字号茶叶品牌参加知名国际茶博会的参展计划。

三、考核方式

1. 以小组为单位,完成茶产品企业参展计划。

2. 评分标准:

考核内容	操作分值	实际得分	备　注
1. 参展目标明确、主题突出	15		给出参展目标、参展主题
2. 明确人员分工	15		确定负责人、现场人员分工等,给出培训计划要点
3. 展位的选择	15		给出位置选择、展位类型
4. 参展产品的选择与陈列	15		给出展销的产品清单、陈列风格与布局建议
5. 确认展会物料	10		给出展会物料清单
6. 展会宣传计划	15		给出宣传表演形式、其他宣传方式
7. 确定参展费用	15		展销会的经费开支明细
总　分	100		

9

任务三   网 络 营 销

传统的茶产品营销模式是通过线下销售购买的,但是这样的营销体系已经无法全面适应新时代发展。随着大数据、移动互联网等技术的高速发展,茶产品的营销体系随之改变。网络电子商务、直播平台等成为茶产品营销的新兴渠道,新渠道能够扩大原本茶产品营销的覆盖范围和时间,提升营销效果。

一、网络营销新模式

(一)网络营销的特点

网络营销具有传统营销所不具备的许多独特的、十分鲜明的特点。组织和个人之间进行信息传播和交换是市场营销的本质,因而,互联网络营销具有所要求的某些特性,这使得网络营销呈现出交互的便捷性、传播的超时空性、个性化、高效性和经济性等特点。

(二)线上、线下营销思路比较

1. 线下重利润,线上重销量

线下销售覆盖区域比较小,客户数量增长速度比较慢,且各种费用比较高。为了维持线下经营,所以必须保持较高的毛利率,企业才能正常经营下去。而线上营销是轻资产运作,基础的投入相对较少,市场的区域性不明显,客户增长的速度很快,所以线上的短期毛利不如短期客户增加带来的销量,为了客户数量甚至要有短期亏损的打算。

2. 线下是产品的体验,线上是过程的体验

茶产品在线下销售的时候很重要的一部分就是产品体验,每家茶产品商店都会非常热情地邀请客户品茶,客户基本上也是品过后才会购买,所以线下销售的主要体验为品茶。而线上是虚拟的市场,无法直接品尝,线上的主流客户对茶叶的口感并不是很重视,因此产品的直接体验不重要,重要的反而是消费者在购买过程中的体验。由于消费者的购买过程是有成本的,并且多数消费者也并不是非常有耐心,如果有一点点的不方便,客户就会流失,所以网络营销的核心是让消费者在购买过程中有好的购物体验。如产品选择、付款方式、客服态度、物流速度等,每一个环节都会影响消费者的体验,稍有不足都会使大量的消费者离开,所以做网络营销对管理的要求会较高。

二、传统电子商务运营的关键指标

传统电子商务要求产品品类要多。电商有两个核心指标:一是流量,二是转化率。流量只能说明有人进入了网络店铺,对销售拓展具有潜在的价值,但是并不构成等比例的销售额提升,转化率才是销售的关键指标。

(一)流量

就像线下专卖店的销量来自门店的客流一样,电商的销量来自网络的流量,流量是一切销售的基础。为什么各大浏览器都在做主页的导航页面,那是因为控制了导航页面,就控制

了网络流量入口。而做电商,明白流量来自哪里是非常关键的。

没有推广就没有流量。现在不管是在平台里做电商还是自己做电商网站,没有推广是一定没有流量的。一般推广可分为两种:一种是收费的推广,另一种是免费的推广。收费的推广主要是平台的各种活动,如淘宝的直通车、聚划算、首页展位等,免费的推广如产品关键词的设置、论坛的发帖等。推广活动一定要建立在运营比较成熟的基础之上,因为如果自己的运营能力比较差,那流量转化率就会比较低,这样推广费用的投入产出比也会比较低。做推广之前必须建立一个较好的运营系统,这样在推广的时候才能有效地把流量转化为销量。

（二）转化率

1. 提供客户感兴趣的产品

有了流量,首先要想办法把客户留住,这就得用产品来解决。如果能为每一个客户提供其感兴趣的产品,那他在店内的停留时间就长了,流量的转化率也会提高。所以想要做好电商,产品系列要足够多,查看排名前十的淘宝茶叶品牌,每一个都有非常多的产品品类。

2. 产品价格合适

和线下产品不同,电商的产品价格是比较低的,一般在 100 元以内,100 元以上的产品相对比较少,线下动辄上千元的产品,线上非常少。线上很多是尝试性购买,支付的价格不会很高,而且线上购买的人群年纪偏小,经济能力相对差一些,购买力也就低一些,所以线上的产品价格应该相对比较容易让消费者接受。主销产品在 100 元以内较好。

3. 产品设计新颖

电商的包装不需要豪华,简洁方便就行了。但是包装上的设计要尽可能地贴近消费者。包装的画面设计要符合年轻人的审美观。从包装我们可以看出,他们的经营思路是尽可能降低成本,降低价格,给消费者更多的实惠。

 课堂讨论

电子商务平台是茶产品企业营销和销售的重要平台。如果你是某茶产品企业的网络营销策划师,请指出电子商务运营的关键指标,尝试分析基于电子商务的平台的网络营销方式有哪些?

要点:

1. 电子商务运营的关键指标有两个。

2. 你可以从以下常用的网络营销方式中进行选择:口碑营销、事件营销、饥饿营销、IP 营销、互动营销、借势营销。

三、移动互联网时代的网络营销

除了传统电子商务,移动互联网的发展为网络营销提供了更便捷、更多样的数字媒介,很多茶产品企业利用搜索引擎移动端、微信、小红书、抖音等进行营销推广以及建立与消费者之间的密切联系。

（一）搜索引擎移动端

所谓搜索引擎,就是根据用户需求与一定算法,运用特定策略从互联网检索出指定信息

9

反馈给用户的一门检索技术。百度搜索是全球领先的中文搜索引擎，2000 年 1 月由李彦宏、徐勇两人创立于北京中关村，致力于向人们提供"简单，可依赖"的信息获取方式。搜索引擎一般提供电脑端和移动端两种版式，此处介绍搜索引擎移动版。

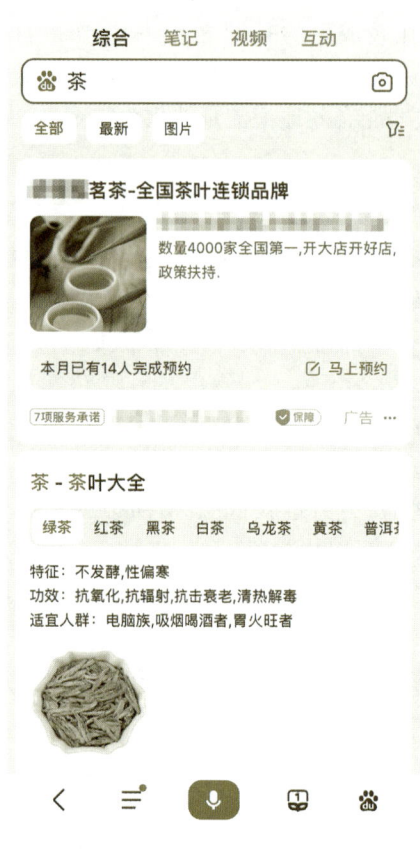

图 9-3-1　百度搜索引擎移动端关键词搜索结果示例

搜索引擎的营销功能主要有竞价排名、电话预订及在线咨询、APP 下载等。当客户搜索关键词，在搜索结果的最上方，多以文字、图片、视频等形式出现企业广告，这种呈现形式是搜索引擎竞价排名的结果。以百度搜索引擎移动端竞价功能为例，当搜索关键词"茶"，在搜索结果中出现标注"广告"字样的茶叶品牌广告，如图 9-3-1 所示。

百度移动竞价是一种按点击付费的网络推广方式。广告主通过百度推广平台，在移动端搜索结果页面为特定关键词出价，当用户的搜索词与广告主设定的关键词匹配时，广告主的广告就有机会在搜索结果页面展示。用户点击广告后，广告主需要支付相应的费用。该方式具有精准定位、灵活出价、实时监控与优化、广告形式多样等特点。

总之，搜索引擎移动端的竞价功能为广告主提供了一种高效、精准的网络推广方式，能够帮助广告主更好地触达目标用户、提升品牌知名度和销售效果。

（二）微信等社交媒体

微信是一个为智能终端提供即时通信服务的免费应用程序，它不仅仅是一个聊天工具，还包含了多种功能，如朋友圈、公众号、小程序、微信支付等。微信是一个兼具社交关系链、统一账号体系、阅读习惯、支付心智的成熟生态，堪称移动互联网时代的国民级应用。

微信的用户群体非常广泛，几乎覆盖了所有年龄段的人群。由于微信的即时通信功能强大，用户之间可以很方便地建立联系和沟通，因此它成为人们日常生活中不可或缺的一部分。

微信的商业模式主要依赖于广告、支付等增值服务。通过公众号和小程序等功能，微信为商家提供了与用户进行互动沟通的平台，同时也为广告主提供了投放广告的机会。而对茶产品企业来说，微信具有良好的信息发布和社交互动优势。因为茶产品的特性决定了茶叶产品和知识的多样化，消费者需要了解更多的信息，而微信是一个非常好的沟通平台，利用好这个平台能够与消费者建立非常稳定的关系。

（三）小红书等分享平台

小红书是一个生活方式平台和消费决策入口，用户可以在平台上通过短视频、图文等形式记录生活点滴，分享生活方式，并基于兴趣形成互动。小红书还提供了购物功能，用户可以在平台上购买商品。

小红书的用户主要集中在年轻群体,尤其是女性用户。这些用户对生活品质有较高要求,喜欢分享和发现生活中的美好事物,因此,小红书成为一个以生活方式和消费决策为主题的社交平台。

小红书的商业模式主要依赖于电商和广告。用户在平台上分享的生活方式和消费决策信息可以吸引其他用户的关注,进而引导他们进行购买。同时,小红书也为广告主提供了投放广告的机会,以实现品牌推广和营销目标。

(四)抖音等网络视频、网络直播平台

根据《第 53 次中国互联网络发展状况统计报告》,截至 2023 年 12 月,我国网络视频用户规模为 10.67 亿人,网络直播用户规模达 8.16 亿人,在茶产品营销方面展现了巨大的潜力和优势。以下以抖音为例进行茶产品营销介绍。

1. 垂直细分品类,精准定位受众

茶产品营销通常注重垂直细分品类,如普洱茶、柑普茶、陈皮等,这有助于精准定位目标受众,满足消费者的个性化需求。通过深入了解不同茶叶的特点和受众喜好,茶产品企业可以制定更有针对性的营销策略,提高营销效果。

2. 打造 IP,强化品牌形象

在抖音等平台上,茶产品企业可以通过打造独特的 IP 形象,如茶艺师、茶文化专家等,来强化品牌形象,提高品牌知名度和美誉度。这些 IP 形象可以通过短视频、直播等形式与消费者进行互动,传递茶文化、分享茶知识,增强消费者对品牌的认知和信任。

3. 内容创新,吸引用户关注

茶产品营销注重内容创新,通过制作有趣、有料、有用的短视频和直播内容,吸引用户的关注和兴趣。内容可以涵盖茶叶的品种、选购、鉴别、冲泡等方面,也可以结合时事热点、节日庆典等制作特色内容,提高用户的参与度和互动性。

4. 场景营销,激发消费欲望

抖音等平台上的茶产品营销善于运用场景营销手段,通过打造各种与茶相关的场景,如茶园采摘、茶艺表演、茶室品茗等,激发消费者的购买欲望。场景营销可以让消费者更直观地感受到茶文化的魅力,提升消费者对茶产品的兴趣和好感度。

5. 直播带货,促进销售转化

直播带货已成为抖音等平台上茶产品营销的重要方式之一。通过直播带货,茶产品企业可以实时展示产品特点、使用方法和购买方式,提高用户的购买决策效率和转化率。同时,直播带货还可以与用户进行实时互动,解答用户疑问,增强用户对产品的信任感和满意度。

6. 数据驱动,优化营销策略

抖音等平台提供了丰富的数据分析工具,茶产品企业可以根据用户行为数据、销售数据等,不断优化营销策略,提高营销效果。通过分析用户喜好、购买习惯等数据,茶产品企业可以更精准地定位目标受众,制定更有效的营销策略。

总之,抖音等短视频、直播平台为茶产品营销提供了更广阔的空间和更多的可能性。茶产品企业需要深入了解平台特点、用户需求和市场趋势,不断创新营销策略和手段,提高品牌知名度和美誉度,促进销售增长。

9

赛 证 直 通

基础知识部分

一、单项选择题

1. 在互联网和通信技术中,(　　)通常指的是数据在网络中的传输量,例如网站流量,它描述了访问一个网站的用户数量以及用户所浏览的网页数量等指标。

A. 流量　　　　　　　　　　　　B. 转化率

C. 展现量　　　　　　　　　　　D. 互动量

2. 在网络营销中,(　　)指的是在特定时间范围内,网站或应用上的访问者(用户)完成某个期望目标(如购买产品、填写表单、下载应用、注册会员等)的比例。

A. 流量　　　　B. 转化率　　　　C. 展现量　　　　D. 互动量

3. 当客户搜索关键词,在搜索结果的最上方,多以文字、图片、视频等形式出现企业广告,这种呈现形式是(　　)的结果。

A. 搜索引擎排版需要　　　　　　B. 搜索引擎自然排名

C. 搜索引擎固定不变　　　　　　D. 搜索引擎竞价排名

4. 微信公众号的类型不包括(　　)。

A. 订阅号　　　　B. 服务号　　　　C. 企业号　　　　D. 大鱼号

5. 根据《第53次中国互联网络发展状况统计报告》,截至2023年12月,我国网络视频用户规模为(　　)亿人。

A. 10.67　　　　B. 1.67　　　　C. 2.67　　　　D. 3.67

二、多项选择题

1. 传统电子商务运营的关键指标有(　　　　)。

A. 商品数量　　　B. 流量　　　C. 转化率　　　D. 展现量

2. 小红书是一个生活方式平台和消费决策入口,用户可以在平台上分享的形式主要有(　　　　)。

A. 短视频　　　　B. 图文　　　　C. 微信　　　　D. 抖音

三、判断题

1. 搜索引擎的营销功能主要有竞价排名、电话预订及在线咨询、APP下载等。　　　　(　　)

2. 网络营销具有交互性差、效率低和不经济的特点。　　　　　　　　　　　　(　　)

操作技能部分

一、操作技能考核内容

考 核 项 目	考 核 标 准
茶产品移动互联网营销渠道选择分析	了解移动互联网时代的网络用户特征,掌握基于移动互联网的茶产品营销渠道,并对其进行分析

二、任务分析

某茶叶企业上年度盈利状况下滑,初步调查发现,客户对于茶产品的关注渠道发生变化,他们对移动端的各类社交、分享平台依赖度更高。请利用所学知识为该企业进行移动互联网营销渠道选择分析。

三、考核方式

1. 以小组为单位,完成茶产品移动互联网营销渠道分析报告。

2. 评分标准:

考 核 内 容	操作分值	实际得分	备　　注
1. 移动互联网时代的客户特征	12		客户数量、客户偏好等
2. 茶产品移动互联网营销渠道之——搜索引擎移动端	22		搜索引擎竞价排名等
3. 茶产品移动互联网营销渠道之——微信等社交媒体	22		微信公众号、小程序等
4. 茶产品移动互联网营销渠道之——小红书等分享平台	22		用户群体、商业模式等
5. 茶产品移动互联网营销渠道之——抖音等网络视频、网络直播平台	22		定位、互动、场景营造、数据分析等
总　　分	100		

项目小结

本项目主要学习茶产品营销的三大渠道。一是实体店营销,实体店营销关键在于正确引导顾客消费,茶艺师要洞察顾客需求,为初涉和资深顾客提供不同建议,还应提供针对性服务,营造茶产品消费环境。二是展销会营销,展销会营销为企业提供展示平台,企业参展时需精心筹备展位设计、展品挑选等各环节,以吸引潜在客户、拓展合作。三是网络营销,茶产品网络营销新模式不断涌现,企业应积极利用移动互联网时代网络平台,注重用户体验和社交互动的特点,精准定位推送,增强互动信任,提升品牌业绩。总之,实体店营销、展销会营销和网络营销是茶产品营销和企业竞争获胜的关键。

9

项目十
茶艺馆经营与管理

学习目标

知识目标： 1. 掌握茶艺馆目标市场定位的基础知识与步骤。
　　　　　　 2. 了解茶艺馆选址的有关因素。
　　　　　　 3. 了解茶艺馆特色经营的有关做法。
能力目标： 1. 能初步进行茶艺馆选址。
　　　　　　 2. 能对茶艺馆日常事务管理进行分类。
　　　　　　 3. 能明确提出茶艺馆现场管理要求。
素养目标： 1. 培养严谨务实的工作态度，在进行茶艺馆目标市场定位时能够深入调研、精准分析。
　　　　　　 2. 树立全局观念和风险意识，综合考虑茶艺馆选址的各种因素，做出合理决策。
　　　　　　 3. 具备创新精神和进取意识，积极探索和实践茶艺馆特色经营的新方法、新途径。

项目导读

　　茶艺馆是爱茶者的乐园，也是人们休息和交际的场所。茶艺馆的经营即利用空间、场地、设备和一定消费性物质资料，通过人的服务活动来满足顾客的需要，从而实现经济效益和社会效益。茶艺馆的经营与管理是一项专业性较强的工作，除了具有一般性服务行业的共同之处，还有自身的独特性。那么，茶艺馆是如何进行经营管理的呢？

　　首先需要考虑茶艺馆的定位与筹建问题。精准的市场定位是茶艺馆经营成功的基石。在市场定位环节，需要充分考量目标客户群体的年龄层次、消费能力、文化背景以及对茶艺的兴趣程度等因素。比如，针对年轻白领群体，可打造时尚、简约且富有创意的茶艺馆；而对于资深茶友，则侧重于提供高品质、珍稀茶叶和传统经典的茶艺服务。

　　其次，茶艺馆选址同样至关重要。繁华的商业中心虽人流量大，但租金高昂；宁静的文化街区或许能营造独特的氛围，吸引追求品质的顾客；社区附近则便于居民日常光顾。茶艺馆的装修设计与环境特色更是塑造品牌形象的关键。从传统的中式风格，到现代简约的设计，再到融合多元文化元素的创意空间，都要与定位相契合。而茶艺师作为茶艺馆的灵魂人物，他们的招聘与培训不容忽视。不仅要具备精湛的茶艺技巧，还需拥有良好的服务意识和沟通能力，能为顾客传递茶文化的内涵与魅力。

　　第三，茶艺馆的精细化运营与管理。要做好日常事务管理，日常事务涵盖茶叶采购、库存管理、财务管理、现场管理等诸多方面。特色经营是茶艺馆脱颖而出的法宝，有的茶艺馆以举办茶文化讲座、茶艺表演吸引顾客；有的凭借独特的茶叶品种或私房茶点独树一帜；还有的与书画、音乐等艺术形式相结合，营造出别具一格的文化氛围。

　　总之，茶艺馆的经营与管理犹如一场精心编排的演出，每个环节都相互关联、相辅相成。只有在定位与筹建时精准布局，在运营与管理中精益求精，才能在激烈的市场竞争中绽放光彩，成为茶友们心之所向的心灵驿站。

不简单！这家"最成都"的茶社 100 岁了

成立于 1923 年的鹤鸣茶社是成都现存历史最悠久的茶馆之一，走进成都人民公园，来到鹤鸣茶社，赏花、品茶、采耳，感受最成都的"巴适"生活。鹤鸣茶社已成为市民游客，感受"成都式"生活的必"打卡"地，步入鹤鸣茶社，步入整整一百年的风景。

鹤鸣由成都大邑县的龚姓商人所创，其在租来的地皮上建起一间亭式厅堂的茶社，茶社名写在一块小吊牌上挂于柱间。鹤鸣得名，一说因为龚氏梦见夕阳下鹤鸣燕舞，一说源于其家乡的道教发源地鹤鸣山。但龚氏经营不善，1940 年将鹤鸣转给了熊绰云。熊氏请书法家王家桢题写横幅匾额，更将茶座增加至 500 余个，一系列操作令鹤鸣不仅转危为安，更由此名声大噪。物以类聚，人以群分，茶馆亦然。少城公园几大茶社的茶客，"枕流"多为学生、"永聚"多为富商、"绿荫阁"多为士绅、"射德会"多为习武者……"鹤鸣"则多为文士。

茶客每日来去，侍茶的堂倌却无时不在。除了牢记熟客的名谓及偏好之外，斟茶才是堂倌的必备技能。资深堂倌右手执壶，左手由臂至指可持多达二十余套茶碗。茶客入座后茶船即上桌，茶杯紧随着如飞而入，老虎灶上烧开的滚水激荡起杯底的茶叶，茶盖又将升腾的热气瞬间湮没。须臾之间茶已在，堂倌却消失不在似从未到来。

百年的历史沉淀一杯新茶的浓香，100 周岁的鹤鸣茶社将为成都书写更多的故事，也已成为茶艺馆经营的经典范例。它见证了时代变迁，融合了传统与现代，以独特的魅力吸引着八方来客。无论是其起源的传说，还是经营的转折，或是堂倌的精湛技艺，都展现了鹤鸣茶社的深厚底蕴和独特价值。

（资料来源：《不简单！这家"最成都"的茶社 100 岁了》，成都发布公众号 2023 年 8 月 22 日报道，经编者整理编写。）

茶馆、茶艺馆是中国民俗文化与传统文化精神的产物,具有民族文化的特点。在人民生活日益富足的今天,茶艺馆的再度兴起表明人们重新重视传统的休闲生活方式。茶馆的由来与民族及社会生活密切相关,且代代相传。现在的茶艺馆,又以不同的风格展现在人们的生活中,吸引人们的眼球。茶艺馆承载着历史悠久的茶文化,影响着人们的日常生活。

一、茶艺馆市场定位

茶艺馆所面对的消费群体和市场环境是极其复杂的,茶艺馆的定位就是根据茶产品市场的整体发展情况,针对消费者对茶艺的认识、理解、兴趣和偏好,确立具有鲜明个性特点的茶艺馆形象,以区别于其他经营者,从而使自己的茶艺馆在市场竞争中处于有利的位置。定位实际上是要解决为谁服务(即目标顾客),提供什么样的服务(服务内容、档次),以及以什么方式服务(服务手段、方法)等问题。顾客消费都有特定的兴趣和偏好,不同的人选择标准存在一定的差异,表现在对茶艺馆的选择上就有一定的倾向性。通过定位,确定目标顾客,明确他们选择茶艺馆的标准,就能增强经营管理的针对性,从而更好地吸引顾客,提高茶艺馆的经济效益和社会效益。

对茶艺馆的定位可以通过以下四个步骤来实现。

(一)确定市场范围,进行顾客分析

要明确茶艺馆可能的服务覆盖区域,该区域中有哪些主要顾客,其消费能力、消费水平、消费习惯如何等。主要顾客群体有以下三大类。

1. 本地居民

茶艺馆周边的居民是潜在的稳定客源,他们对茶艺馆的日常运营至关重要。通过了解他们的居住分布、出行习惯等,可以优化茶艺馆的定位和服务内容。

2. 商务区工作者

如果茶艺馆位于商务区附近,那么附近的办公人员、商务人士也将成为潜在的顾客。他们可能需要一个休息、洽谈业务或举行小型会议的场所。

3. 游客

如果茶艺馆位于旅游景区或历史文化街区,那么游客将是重要的顾客群体。他们需要了解当地的文化特色,茶艺馆可以作为一个展示当地茶文化的重要窗口。

(二)确定目标顾客及其选择茶艺馆的标准

市场中有各种各样的顾客,一个茶艺馆能影响的顾客只是其中的一种或几种类型。通过对顾客的分析,确定本茶艺馆未来重点服务的顾客的类型。在此基础上要准确了解他们选择茶艺馆的标准,他们的消费特点及一些新的要求,作为确定茶艺馆类型、风格、档次、服务项目等内容的重要参考。

10

（三）与其他茶艺馆进行对比分析

对将来主要竞争对手进行分析，该类竞争对手与自己确定的目标顾客群基本相同。找出其经营上的优势及存在的问题，使自己在对茶艺馆的定位及经营上能扬长避短，少走弯路，争取主动。

（四）茶艺馆的定位

在广泛搜集信息的基础上，根据对目标顾客及竞争对手的分析，结合个人的偏好，为茶艺馆确定一个具有竞争力的形象。定位的内容包括：茶艺馆的类型和档次、经营管理的特色、茶艺馆的布局及装饰风格、茶艺形式及服务的内容、吸引顾客的主要手段等。

 课堂讨论

如果茶艺馆将建在 5A 级旅游景区周边，你将如何进行该茶艺馆的市场定位？定位的具体步骤如何实施？

要点：

1. 明确茶艺馆市场定位的必要性。
2. 了解茶艺馆在 5A 级旅游景区周边的主要顾客群有哪些，并对目标客群进行选择。
3. 与竞争对手进行对比分析。
4. 最终确定茶艺馆的定位。

二、茶艺馆选址

越来越多的茶艺馆以崭新的面貌出现在人们的生活中。对于茶艺馆而言，选址是否得当，对其经营能否成功起着至关重要的作用。一般而言，茶艺馆应开在交通便利、客流密集的办公区、商业区、住宅区、风景区及交通枢纽地段，不同种类的地段有着各自的优势和特点。如果位置选择不当，会带来巨大的投资风险，因此在茶艺馆选址时必须慎重，一般要考虑下列主要因素。

（一）周边潜在顾客分析

了解周围企事业单位的情况，包括经营状况、人员状况、消费特点等；周围居民的基本情况，包括消费习惯、消费偏好、收入、休闲娱乐消费的特点等；了解周围其他服务企业的分布及经营状况，主要了解中高档饭店、酒店等。必要时，可以进行较深入的市场调研，全面了解当地的消费状况，分析投资的可行性。

（二）建筑特点

开茶艺馆首先要对建筑的面积、内部结构是否适合开设茶艺馆有一定的了解，如是否便于装修，有无卫生间、厨房、安全通道；对不利因素能否找到有效的补救措施等。

（三）租金

了解租金的数额、缴纳方式、优惠条件、有无转让费等。因为租金是将来茶艺馆最主要的支出部分，所以必须慎重考虑，不能不计后果地作出决定。

（四）水电供应

了解水电供应是否配套、方便，能否满足开馆的正常需要；水电设施的改造是否方便，有无特殊要求；排水情况；水费、电费的价格，收费方式等。

（五）交通状况

交通是否便利，有无足够的停车场地，对停车的要求，交通管理状况等。交通与停车是否便利、安全往往影响到客源。交通环境不良、没有足够的停车场地，往往会给经营带来一定的困难。

（六）同业经营者

了解附近一定范围内茶艺馆的数量、经营状况；了解其他茶艺馆的装饰风格、经营特色、经营策略、整体竞争状况等。周围茶艺馆的经营状况在一定程度上反映出该地域茶艺消费的特色及发展趋势，通过对其他茶艺馆的了解，可以对经营环境有更全面地认识。

（七）政策环境

当地政府及有关管理部门对投资有无优惠政策，能否提供公平、公正、宽松的竞争环境，有无相关的支持或倾斜政策等。主要了解市场监管、税务、公安、消防、卫生等部门对服务企业管理的政策法规。

（八）投资预算

要做出一个基本的投资预算，与投资者的资金实力、拟投资数额进行比较。预算项目包括装修费用，购置家具、茶具、茶叶的费用，招聘及培训员工费用，装饰费用，考察费用，证照办理费用，流动资金，办公费用，前期人员工资，前期房租，其他费用。

（九）效益分析

根据投资预算及对开业后日常费用的估算，可以做盈亏平衡分析，确定一个保本销售额。这样，根据市场调查所收集的资料和对未来经营状况的预测，以及周围其他茶艺馆经营状况的分析，再进行系统的比较，基本可以确定是否值得投资。

投资者在选址时，可对多个位置进行综合考察、比较，这样就可以把不同地点的相关资料进行归纳整理，然后逐条进行对比分析，找出各个位置的优势和劣势。最后，根据对比结果并结合个人的实际情况作出决定，选出一个较满意的地点。

三、茶艺馆装修设计与环境特色

近年来，我国经济社会发展取得重大积极成果，人民群众获得感、幸福感、安全感更加充实、更有保障、更可持续。与此同时，人们的保健意识和茶文化传承意识增强，更加注重环境对自身健康的影响，也对茶艺馆装修设计与环境特色提出要求。

在对茶艺馆定位以后，就可以进行装修的设计。设计可以自己进行，也可以请专业的设计公司来做。在设计中，应注意以下几个问题。

（1）充分体现定位的特色和要求。茶艺馆设计实际上是定位的具体化，要紧紧围绕定位来进行。

（2）体现茶文化的精神和茶艺的要求，注意强调清新、自然的风格。

（3）要符合目标顾客的心理预期。

（4）要从整体上去考虑，使形式与功能，以及各功能区域之间能相协调、相适应。

茶艺馆环境特色多样，主要包括仿古式茶艺馆、园林式茶艺馆、室内庭院式茶艺馆、现代式茶艺馆、民俗式茶艺馆、戏曲茶楼和综合型茶艺馆。

图 10 - 1 - 1 鹤鸣茶社

（一）仿古式茶艺馆

仿古式茶艺馆在装修、室内装饰、布局、人物服饰、语言、动作、茶艺表演等方面都以某种古代传统为蓝本，对传统文化进行挖掘、整理，并结合茶艺的内在要求进行现代演绎，从总体上展示古典文化的整体面貌。各种各样的宫廷式茶楼、禅茶馆等就是典型的仿古式茶艺馆。例如，四川成都的鹤鸣茶社即为仿古式茶艺馆，如图 10 - 1 - 1 所示。

（二）现代式茶艺馆

现代式茶艺馆的风格比较多样化，往往根据经营者的志趣、爱好，结合房屋的结构依势而建，各具特色。有的是家居厅堂式的，开放式的大厅与各种包房自然结合；有的拱门回廊，曲径通幽；有的清雅、古朴、讲究静雅；有的豪华、富丽，讲究高档气派。内部装饰上，名人字画、古董古玩、花鸟鱼虫、报刊书籍、电脑电视等各有侧重，并与整体风格自然契合，形成相应的茶艺氛围。一般以家居厅堂式的较为多见，既有开放的大厅，又有多种风格的房间，客人可以根据兴致作出选择。现代式茶艺馆往往注重现代茶艺的开发研究，在经营理念上紧跟时代潮流，强调规范化管理和优质服务，通过营造温馨舒适、热情周到的服务氛围来吸引顾客。

（三）园林式茶艺馆

园林式茶艺馆突出的是清新、自然的风格，或依山傍水，或坐落于风景名胜区，或是一个独门大院，它由室外空间和室内空间共同组成，往往营业场所比较大。室外是小桥流水、绿树成荫、鸟语花香，突出的是一种纯自然的风格，让人直接与大自然接触，从而达到室内人造园林达不到的一种品茗的意境。这种风格是与现代人追求自然、返璞归真的心理需求相契合的，但它对地址的选择、环境的营造有较高的要求，所以为数较少。

（四）室内庭院式茶艺馆

室内庭院式茶艺馆以江南园林建筑为蓝本，结合茶艺及品茗环境的要求，设有亭台楼阁、曲径花丛、拱门回廊、小桥流水等，给人一种"庭院深深深几许"的心理感受。室内多陈列字画、文物、陶瓷等各种艺术品，让现代都市人在繁忙的工作中去寻找回归自然的感觉，进入"庭有山林趣，胸无尘俗思"的境界。

（五）民俗式茶艺馆

民俗式茶艺馆强调民俗乡土特色，追求民俗和乡土气息，以特定民族的风俗习惯、茶叶茶具、茶艺或乡村田园风格为主线，形成相应的特点。它包括民俗茶艺馆和乡土茶艺馆。民俗茶艺馆是以特定的少数民族的风俗习惯、风土人情为背景，装饰上强调民族建筑风格，茶叶多为民族特产或喜欢的茶叶，茶具也多为民族传统茶具，茶艺表演也具有浓郁的民族风情。

（六）戏曲茶楼

戏曲茶楼是一种以品茗为引子，以戏曲欣赏或自娱自乐为主体的文化娱乐场所。这种既品茶又娱乐的文化形式在我国由来已久。戏曲茶楼在装饰上更强调戏曲表演的氛围和要求，相对来讲，品茶是它的一种主要的附带功能，它不太讲究茶叶、茶艺，而是以茶叶为引，在戏曲与乐曲声中松弛身心、交流联谊、享受戏曲艺术。

（七）综合型茶艺馆

综合型茶艺馆主要体现在经营服务项目上，以茶艺为主，同时经营茶餐、餐饮、酒吧、咖啡、电脑、棋、牌等内容，将多种服务项目综合在一起，以满足顾客的多种需要。

 课堂讨论

随着科技的发展和人们消费习惯的改变，除了以上类型茶艺馆，你还发现了哪些新兴茶艺馆呢？你所发现的茶艺馆和以上描述的茶艺馆相比，环境特色如何？

要点：

1. 结合网络搜索和实地调查回答。

2. 总结所讲新兴茶艺馆的环境特色。

四、茶艺师的招聘与培训

茶艺馆设计方案确定后，就进入施工阶段，茶艺馆建筑部分完成后，进入装修阶段。一般情况下，在装修施工开始以后，就要考虑员工招聘与培训问题。招聘可以在确定的开业日期前一至两个月开始，培训可以在确定的开业日期前半个月进行。

（一）招聘

招聘工作的质量直接影响以后的经营管理工作。招聘质量高，选择的人员合适，不仅有利于提高服务质量，而且还能保证员工队伍的稳定性。选人不当，一方面不利于管理，影响服务水平；另一方面还会造成较高的人员流动率，增加招聘与培训成本。所以对招聘工作必须给予足够的重视。

1. 招聘对象的主要渠道

（1）普通高校和职业院校。

（2）职业技能培训学校。

（3）朋友介绍、推荐。

（4）广告招聘。广告可以采用媒体广告或招贴广告等形式。广告中应讲明招聘岗位、人数、性别、年龄、学历、应准备的个人资料、报名时间、报名地点、联系电话、联系人等内容。

2. 招聘的准备工作

为了保证招聘工作的顺利进行，并给应聘者留下较好的印象，在招聘开始前必须做好以下准备工作。

（1）设计、印刷"应聘人员登记表"。

（2）确定初试、复试的内容、方式。测试的内容包括茶艺知识、社会知识、能力和品质等。方式主要有口试、笔试、现场表演和具体操作等。

（3）确定人工的待遇。包括工资、奖金、福利、假期、食宿等。

（4）确定招聘负责人及测试人员。

（5）确定测试标准与考核办法。

（6）确定初试、复试时间及结果的公布方式。

（7）落实面试、考试、表演的场地，以及所需物品。

3. 招聘的过程

（1）报名。报名要有固定的地点，由专人负责。报名者要填写"应聘人员登记表"，并告知初试时间。

（2）初试。在应聘人员较多时，可以进行初试，淘汰一部分人，以提高下一轮考核的质量。有的单位把报名过程就作为初试的过程。初试可以采取口试的方式，通过与应聘者的交流了解其基本情况。测试者对每个应聘人员客观地作出判断。初试结束后，测试者把各自的判断综合在一起，确定参加复试人员的名单。

（3）复试。复试可以采用口试、笔试和具体操作等不同形式。每个测试者都从不同的角度（如语言表达能力、思维反应能力、性格和技能等方面）给应聘者打分。复试结束后，综合各种测试的总体结果，确定录取人员名单。

（4）录取人员名单公布确定。以适当的形式公布出来，或直接通知相关人员，同时要确定培训的时间、地点及应注意事项。

 课堂讨论

茶艺师在茶艺馆经营中扮演着至关重要的角色。如果你即将开设一个茶艺馆，请设计招聘茶艺师的步骤。

要点：

1. 摸清楚招聘茶艺师的主要渠道，做好前期准备工作。

2. 安排好招聘过程中的相关流程，严格筛选，确保招聘到具备专业能力和良好品质的茶艺师，为茶艺馆的经营发展提供有力支持。

（二）培训

现代茶艺馆对培训工作都给予了高度的重视，并希望通过高质量的培训来提高经营管理水平。

1. 培训方式

目前，培训主要采用外部培训和内部培训两种方式，或者两种方式相结合。外部培训要选择正规的、负责任的专业培训单位，如茶艺培训学校、茶艺培训班和有影响的茶艺馆等。内部培训由本茶艺馆具有较高茶艺水平、茶文化知识、经营管理水平的专业人员负责。

2. 培训内容

茶艺员培训内容主要包括以下几个方面：

（1）茶艺知识。其包括茶艺表演的基本步骤、动作要领、讲解内容、面部表情、身体语言等。

（2）茶文化的基本知识。其包括茶叶的分类、茶叶的发展历史，主要名茶的产地、品质特点、冲泡方法、故事和传说，茶具的基本知识，喝茶的好处，有影响的茶人、茶诗词等。

（3）服务技能。其包括茶艺表演、提供服务所需要的各种技能。

（4）服务程序。其包括从迎宾、服务、结账、送宾,到顾客投诉的处理等一系列过程的具体步骤和要求。

（5）服务案例。将茶艺服务过程中经常遇到的问题变成案例,提出切实可行的解决方案供茶艺员学习。

（6）规章制度。其包括劳动纪律、仪容仪表要求、卫生制度、考勤制度、奖惩制度等内容。

（7）人际关系技能。其包括处理与同事的关系、上下级的关系、顾客的关系的具体原则、方法和技巧等。

3. 时间安排

对茶艺员的培训应注意实效性,同时也为茶艺员的进一步提升打下比较牢固的基础。在时间安排上,可以将理论学习与实践操作结合在一起进行。培训前期边学习理论边培训茶艺,增强培训的趣味性。培训后期重点突出服务技能、服务程序、规章制度的培训。最后,可以进行实践性的模拟训练,以增强茶艺员的临场经验。

赛 证 直 通

基础知识部分

一、单项选择题

1. 在城乡接合区建立茶艺馆,突出的特色是（　　　）。

A. 清净与野趣　　　B. 繁华与热闹　　　C. 轻松与舒适　　　D. 新奇与异域

2. 茶艺馆设计方案确定后,就进入（　　　）阶段。

A. 目标顾客群体调查　　　　　　　　B. 施工

C. 确定目标顾客群体　　　　　　　　D. 茶艺馆对比分析

3. 茶肆是指茶馆,供人们休闲喝茶的地方。我国古代茶肆源于（　　　）。

A. 湖南　　　　B. 安徽　　　　C. 巴蜀　　　　D. 广东

4. 传统茶馆的社会基础是（　　　）。

A. 雅俗共赏　　　B. 清新高雅　　　C. 不染纤尘　　　D. 清雅脱俗

5. 戏曲茶楼在装饰上更强调戏曲表演的氛围和要求,相对来讲,品茶是它的一种主要的（　　　）。

A. 审美功能　　　B. 核心功能　　　C. 享受功能　　　D. 附带功能

二、多项选择题

1. 茶艺馆主要顾客群体有（　　　）。

A. 茶艺师　　　B. 本地居民　　　C. 商务区工作者　　　D. 游客

2. 茶艺馆定位的内容包括（　　　）。

A. 茶艺馆的类型和档次　　　　　　B. 经营管理的特色

C. 茶艺馆的布局及装饰风格　　　　D. 茶艺形式及服务的内容

三、判断题

1. 茶艺馆的投资不需要做预算,投资越大越好。　　　　　　　　　　　　　　（　　　）

2.民俗式茶艺馆突出的是清新、自然的风格,或依山傍水,或坐落于风景名胜区,或是一个独门大院,它由室外空间和室内空间共同组成,往往营业场所比较大。　　　　（　　）

操作技能部分

一、操作技能考核内容

考 核 项 目	考 核 标 准
茶艺馆选址	在完成茶艺馆市场定位后,进行茶艺馆选址。要求网络调研和实地考察相结合,充分考虑茶艺馆选址的九大要素

二、任务分析

成都茶文化氛围浓厚,茶艺馆生意红火,吸引众多投资者的目光。请利用所学知识在该城市进行新开设茶艺馆选址。

三、考核方式

1.通过小组合作,完成茶艺馆选址报告。

2.评分标准:

考 核 内 容	操作分值	实际得分	备　　注
1.梳理茶艺馆市场定位	10		将前期完成的茶艺馆市场定位进行梳理,明确市场定位
2.周边潜在顾客分析	15		潜在顾客消费习惯、消费水平、休闲娱乐消费的特点等
3.建筑特点	10		茶艺馆的面积、内部结构,是否便于装修和安全经营等
4.租金	10		租金的数额、缴纳方式、优惠条件、有无转让费等
5.水电供应	5		供排水、水电设施情况
6.交通状况	10		交通便利性、停车场
7.同业经营者	10		附近一定范围内茶艺馆数量、经营情况、经营特色等
8.政策环境	10		政策约束、政策优惠等
9.投资预算	10		形成基本的投资预算
10.效益分析	10		确定保本销售额、经营目标
总　　分	100		

任务二　茶艺馆运营与管理

一、茶艺馆的日常事务管理

茶艺馆每天都要遇到大量的事务性问题,对这些问题要制定相应的管理制度和规范,有利于管理人员避开烦琐的杂务,提高管理的效率,同时也为有关人员提供了相应的行为标准。茶艺馆日常管理的内容,主要包括采购管理、商品管理、物品管理、仓库管理、吧台管理、会议管理和财务管理等。

（一）采购管理

采购的质量和水平不仅影响到茶艺馆的经营水平,而且也会影响到茶艺馆的服务质量和信誉。因此,对采购工作也必须规范管理,严格要求。采购管理的主要内容包括：① 采购人员的基本条件;② 采购工作的程度;③ 缺货处理;④ 采购不合适物品的处理;⑤ 采购人员的责任与奖惩;⑥ 采购人员的账务、单据管理;⑦ 采购人员了解市场行情、开拓新货源渠道的要求;⑧ 采购人员与供应商关系的处理;⑨ 采购人员的职业道德要求。

（二）商品管理

茶艺馆的商品是茶艺馆对顾客销售的有关物品,如茶叶、茶具、书籍等。商品一般都是集中陈列或展示,以便于顾客选购。商品管理制度的内容,主要包括商品陈列的要求、商品定价的要求、调价的规定、损坏的处理、日常的维护、销售奖励等。

（三）物品管理

这里的物品主要指除对外销售的商品之外的有关物品,如字画、工艺品、乐器、家具、显示屏、音响、茶具、报纸、杂志、书籍、空调、消防器具等。这些物品非常分散,分布在茶艺馆的各个区域,有的是易损物品,如何使用、如何管理等都会影响茶艺馆的正常经营。对物品的管理和使用要制定出相应的规章制度,内容包括具体的负责人、使用规定、损坏的处理规定、养护的规定与措施等。

 课堂讨论

如果你是茶艺馆负责人,请梳理茶艺馆主要有哪些物品? 你将如何对这些物品进行管理?

要点：

1. 茶艺馆物品类型多样,不仅包括销售的商品,还包括字画、工艺品等陈列品,显示屏、音响等电子产品。

2. 针对不同类型的物品明确管理方式。

3. 制定物品管理规章制度。

（四）仓库管理

仓库管理制度的内容主要包括：① 验收入库的具体规定，入库程序；② 仓库单据的保管，台账的制作；③ 各种物品最低库存量的规定；④ 申购程序；⑤ 领料的程序与手续；⑥ 各种货物（如茶叶、茶具）存放的具体规定；⑦ 盘存的要求；⑧ 防潮、防蛀、防鼠、防质变的具体制度；⑨ 货物账、实不符的处理；⑩ 仓库的卫生管理；⑪ 仓库的安全管理；⑫ 仓库保管员的职业道德要求。

（五）吧台管理

吧台是联系内外、交流信息、接待顾客、处理纠纷、接受意见和建议的重要场所，吧台管理的水平也直接关系到茶艺馆的服务水平和整体形象。吧台管理制度的内容主要包括：① 顾客消费单据的管理规定；② 发票填制的要求；③ 吧台物品的管理规定；④ 电话使用的规定；⑤ 顾客预订的处理；⑥ 顾客的意见、建议、留言的处理；⑦ 顾客消费打折的处理；⑧ 吧台物品盘存，物品账实不符的处理；⑨ 吧台卫生管理。

（六）会议管理

茶艺馆要经常召开各种各样的员工会议，如例会、班前会、班后会等。为了提高会议质量，也要形成相应的会议管理制度，如例会的时间、请假及缺席的处理、纪律要求、会议决定的检查落实等，都需要作出相应的规定。

（七）财务管理

财务管理主要涉及会计报表、税务、内部的会计制度、财务制度、工作流程、现金管理、资金运作等，可依据国家的会计准则、税务部门的具体要求，结合企业的实际情况，制定相应的管理制度。

（八）现场管理

服务现场是指参与服务的各要素和谐而有机地组合。服务现场主要包括：① 服务者；② 服务活动；③ 场所；④ 设施、材料、用具。

服务者为顾客提供服务，是现场管理的中心；服务活动是顾客消费的主要内容，服务活动的质量影响到顾客对服务的认识和评价；场所提供了服务的空间；设施、材料、用具是服务场所必需的物质条件。这四个要素有机结合，使服务现场成为具有生机和活力的统一体。

服务离不开现场，服务质量取决于服务现场。服务现场是服务工作矛盾的焦点，是顾客评价的核心，是展示茶艺馆形象的窗口。因此，现场管理就成为茶艺馆管理的核心，而这个核心的"核心"就是人。现场管理也就是围绕为顾客创造良好的消费环境而对服务人员的服务活动和服务过程的管理。现场管理主要围绕三个方面进行，即人的管理、物的管理和环境管理。

二、茶艺馆的现场管理

相关规章制度的建立，有助于茶艺馆的日常经营。本部分着重分析从服务人员管理、物品和设施的管理、服务环境的营造三个方面的现场管理细则。

（一）服务人员的管理

服务人员管理主要从考勤制度、仪容仪表、言谈举止、礼仪礼节、劳动纪律等方面着手，具体要求见表 10-2-1。

10

表 10‑2‑1　　　　　　　　　　　服务人员管理要求

管理方向	管 理 要 求
考勤制度	(1) 为保证正常的工作秩序,员工必须正常上班,不迟到,不早退,不旷工,不擅离职守,有事要请假,并按要求办理请假手续。 (2) 经理或领班要如实记录所有人员的出勤情况。将考勤作为对员工考核、奖惩的重要依据之一。考核记录不得涂改,记录错误需更改,当事人要签名并说明更改原因。 (3) 请假要由员工本人填写请假条,写明请假的事由和起止时间,经理批准后方可离开。 (4) 各种请假的管理,如事假、病假、婚假、丧假、探亲假、休假等,视具体情况作出相应的规定,内容包括请假手续的办理,工资、奖金的处理等。 (5) 对违反考勤制度者,如迟到、早退、旷工、捏造理由请假、考勤弄虚作假等,要制定相应的处理措施,以保证考勤制度得以确切执行
仪容仪表	(1) 个人卫生。上岗前,不准吃葱、蒜等带有异味的食物;饭后要刷牙,保持口腔清洁;勤理发、洗头、勤剪指甲,指甲内不得有污垢,不染指甲;保持自然发型,不得染发,不能留怪异发型;淡妆上岗,不得使用带有较明显刺激性的化妆品;手部不能涂抹过多化妆品;患有皮肤类疾病者,要选择用药,勤洗澡,严禁体臭上岗;不准在服务区域刷牙、抠鼻、挖耳;不准随地吐痰;经常洗澡,保持身体清洁。 (2) 服装。按季节规定统一着装,做到干净、整齐、笔挺,不得穿规定以外的服装上岗;常换洗内衣,保持内衣的干净、整洁;服装上不得挂饰规定以外的饰物;衣袋内不得多装物品;不得戴手链、大耳环等饰品;非工作需要,不得在茶艺馆外穿工作装
言谈举止	(1) 站立。站立迎送顾客,要毕恭毕敬,收腹挺胸,颔首低眉,双目微俯,面带微笑,双腿不可叉开,身体不能扭斜,头部不可歪斜或高仰。 (2) 坐姿。在需要坐下的场合,背挺直,不含胸,表情温馨,头部不可上仰或低俯,身体不得来回摆动,两腿不要抖动。 (3) 行走。步履轻盈,和颜悦色;头不低,收腹挺胸,要从容,不显得匆匆忙忙;空手行走不得倒剪双手或袖手,手臂自然摆动;顾客到即陪同,顾客在先,其中女士在前。 (4) 看。面向顾客,目光间歇地投向顾客;不能望天花板,不能直视地面,不能无目的地东张西望;禁止凝视、斜视、冷白眼,禁止对顾客上下打量,长时间审视。 (5) 听。认真倾听,平和地望着顾客,视线间歇地与顾客接触;对听到的内容,可用微笑、点头应对等做出反应;不能面无表情,心不在焉,不可似听非听,表示厌倦;不能摆手或敲台面来打断顾客,更不得不自制地甩袖而去。 (6) 交谈。对顾客要热情礼貌,有问必答;顾客多时,要分清主次,恰当地进行交谈;说话声音要柔和、悦耳,控制好语调、语速,不得大声说话;不得表现出不愿与顾客交谈,或不应答顾客;对顾客提出的要求,要尽可能地想办法予以满足;对顾客的不满或刁难,要冷静处理,巧妙应对;不得与顾客发生冲突,必要时可请领班或经理出面解决。 (7) 服务。按茶艺服务的动作标准、程序、规定进行。 (8) 其他。无顾客时,不能扎堆聊天,不能梳妆打扮,不能大声喧哗;可以有组织地进行学习、讨论、练习等,并安排专人做好迎宾工作
礼仪礼节	(1) 在接待顾客和服务的过程中,恰当使用文明服务用语。 (2) 不能使用服务禁忌语言。 (3) 在服务区域碰到顾客要主动打招呼,向顾客问好。 (4) 对顾客要热情服务,耐心周到,百挑不厌,百问不烦。 (5) 递送物品要用双手,轻拿轻放,不急不躁。 (6) 不能与顾客发生争执、争吵。

续　表

管理方向	管理要求
礼仪礼节	(7) 不能带情绪上岗,不能带着不悦的情绪接待顾客。 (8) 对特殊顾客要了解其禁忌,避免引起顾客的不快或发生冲突。 (9) 尊重顾客的习惯,不得议论、模仿、嘲笑顾客。 (10) 保持愉快的情绪,微笑服务,态度和蔼、亲切。 (11) 进入房间要先敲门,经许可方能入内。 (12) 同事之间要和谐相处,团结互助,以礼相待
劳动纪律	(1) 员工必须按时上班,准时进入工作岗位;如有急事要向经理请假,经批准后方可离开。 (2) 不准在服务现场吃东西、干私活。 (3) 严禁酒后上岗。 (4) 工作期间必须讲普通话,不得使用方言。 (5) 严守工作岗位,不准随便离岗。 (6) 维护茶艺馆的形象,不得在服务现场聊天、打闹、嬉笑、大声交谈。 (7) 不能因点货、收拾台面、结账等原因不理睬顾客。 (8) 不得当面或背后议论顾客,不得对顾客评头论足。 (9) 不得使用破损、有缺口、有污渍的茶具。 (10) 不准坐着接待顾客,对待顾客要礼貌、热情、主动。 (11) 不得随地吐痰、乱扔杂物,要保持工作区域的清洁。 (12) 不得表现出对顾客的冷淡、不耐烦及轻视,对所有顾客要一视同仁。 (13) 保持良好的站立姿势。不可靠墙或服务台,不可袖手或倒背双手。 (14) 与顾客交谈时要掌握技巧,注意分寸,不得打听顾客的隐私。 (15) 全面了解茶艺馆的情况,不得对顾客的问题一问三不知。 (16) 收放物品时要小心,轻拿轻放,不能声音过大。 (17) 不得当着顾客的面打扫卫生。 (18) 严禁向顾客索取小费,顾客付小费时要婉言谢绝

(二) 物品和设施的管理

茶艺馆的各种服务设施、用具、物品的维护、保管十分重要,必须建立相应的管理制度,物品与设施的管理要求具体要求见表10-2-2。

表 10-2-2　　　　　　　　　　　物品与设施的管理要求

管理方向	管理要求
物品管理	(1) 设施和物品要由专人负责,专人专管,做到岗位清楚、权责明确。 (2) 确定设施、用具的检查项目、检查方式,定期定时进行检查,发现问题及时处理。 (3) 建立设施维护保养资料卡和用具账目及损坏情况登记卡,以便积累数据,掌握规律。 (4) 对商品陈列做出明确规定,使陈列安全、有序,显示出美感,并方便顾客选购。 (5) 对物品的人为损坏要有相应的处理方法
环境管理	环境要整洁、美观、舒适、方便、有序、安全、安静。好的服务环境,一方面可以满足顾客的需求,获得顾客的好感和信任,树立企业的良好形象;另一方面会使服务人员的精神焕发,工作更有劲头

续 表

管理方向	管 理 要 求
卫生管理	(1) 地面要求光、亮、净,不得有未清理的垃圾。顾客丢弃的废物要随时清理。 (2) 地面无痰迹、烟头、烟灰、污水、纸片等。 (3) 大厅、房间、卫生间墙面、墙角、窗台等处无积尘、浮土、蜘蛛网等。 (4) 门窗、楼梯扶手无灰尘、污垢,玻璃要清澈透亮,无污点、无污痕。 (5) 柜台、货架、灯架、音响、电视机等凡看得见、摸得着的地方,不得有污物、灰尘、污渍。台面无杂物、灰尘、茶渍等。 (6) 卫生间地面干净,无污水、赃物。纸篓的垃圾及时清理,所存垃圾不得超过纸篓高度的1/2。管道上下水通畅,洗手池外壁、内壁、台面、水管把手无污痕、灰尘,便池干净、洁白、无明显污渍。室内经常通风,无异味。各种物品摆放整齐、有序,墙面无乱涂乱画。 (7) 茶具无水痕、污渍、指纹、茶渍。 (8) 室内无蚊蝇、老鼠及腐烂变质的商品,食品无异味。 (9) 宣传栏、装饰物无灰尘、污垢。 (10) 客用茶具、餐具按规定进行消毒。 (11) 吧台物品摆放整齐,卫生要求与室内的其他要求相同。 (12) 每天上午开门接待顾客前,经理或领班要组织服务人员全面打扫卫生,对所有区域按标准进行清理,并逐项检查,不合格的地方要重新清理。 (13) 营业期间,所有人员要随时注意卫生情况,发现问题要及时处理。 (14) 晚上送客后,对地面、台面、墙面要彻底打扫一遍。 (15) 所有员工不得乱扔杂物,不得随地吐痰。 (16) 及时清理台面上的果皮、茶叶、水迹等,勤换烟缸,保持台面的干净、整洁。 (17) 对出现问题的员工,领班和经理要随时提醒其注意个人行为。问题严重的要进行相应的处罚。 (18) 对员工进行卫生知识和卫生法律制度的培训,帮助员工养成良好的卫生习惯,树立卫生意识,使其注意约束自己的行为,努力创造卫生、清洁、舒适的工作和服务环境。 (19) 经理、领班要经常检查卫生制度的落实情况,对存在的问题要提出改进意见和要求
安全管理	(1) 有目的、有组织地分析服务全过程,尽可能抓住容易发生事故的关键环节,制定预防措施及对策。 (2) 制定应急计划和措施,避免措手不及,以减少事故发生时可能造成的损失。 (3) 抓好安全教育,使所有员工树立牢固的安全防范意识。搞好安全培训,使员工熟悉安全措施和消防设施的使用方法。 (4) 按照安全消防的要求,配置消防器材,并安排专人负责管理。 (5) 经常巡视检查,防患于未然。 (6) 明确每个员工的安全责任,动员全员参与,共同搞好安全工作。 (7) 经理和领班在安全管理中要发挥主动作用,经常检查关键环节,抓好对员工的安全教育和培训工作

（三）营造安静的服务环境

所有服务人员都要注意自己的言谈举止,保持环境的安静。音乐要柔和或适合现场气氛,声音适度,不能太高。对可能影响其他顾客的顾客,要以适当的方式提醒其注意,共同营造安静、舒适的环境。

10

三、特色经营,各领风骚

(一)北京老舍茶馆

北京老舍茶馆(图10-2-1)始建于1988年,是改革开放以后北京第一家民俗文化茶馆。其前身为1979年前门箭楼西侧的大碗茶摊。茶馆以老舍先生及其名剧《茶馆》命名,是集京味文化、茶文化、戏曲文化、食文化于一身的多功能综合性大茶馆。茶馆分为三层,占地面积2 600平方米,其中包括以经典的北京传统建筑四合院为形制的"前门四合茶院"。茶馆自成立以来,接待过190多位外国元首政要和数百万中外宾客,是展示民族文化精品的"窗口"和联结中外人民友谊的"桥梁",被誉为"北京城市金名片""民间外交平台"和"京味儿文化地标"。

图10-2-1　北京老舍茶馆

(二)成都顺兴老茶馆

成都顺兴老茶馆复建于1999年春,坐落在成都国际会议展览中心三楼,面积3 000余平方米。茶馆是参照成都历代著名茶馆、茶楼风范,聘请资深茶文化专家、古建筑专家和著名民间艺人精心策划营造的艺术巨构。它集明清建筑、壁雕、窗饰、木刻、家具、茶具、服饰和茶艺于一体,是弘扬四川美食、宣传四川历史文化的窗口,被誉为四川创意文化的先锋典范。在顺兴老茶馆,游客可以品尝到地道的川菜、成都名小吃和四川盖碗茶,同时还可以欣赏到川剧变脸、吐火、滚灯等民俗表演,零距离感受"天府之国"的神韵。

(三)重庆老街十八梯茶楼

重庆老街十八梯茶楼位于重庆市渝中区十八梯老街区,这是一处具有悠久历史的传统老街区,保存了许多明清时期的古建筑和传统民俗文化。茶楼作为这一区域的文化中心之一,承载着传承和发扬重庆传统茶文化的使命。在茶楼中,游客可以品味到地道的重庆茶叶,同时欣赏到各种传统文化活动,如川剧、评书、民间音乐等。茶楼不仅是游客休闲品茗的好去处,也是了解重庆历史文化和民俗风情的重要窗口。

(四)"无人茶室"

随着人们的消费倾向更加多元化,"无人茶室"(图10-2-2)逐渐进入大众生活。无人

10

茶室通常采用线上预约、自助开门、自助点单、自助结算等运营模式。顾客可以通过手机 APP 或微信小程序进行预约,并提前选择自己喜欢的茶品和座位。到达茶室后,顾客可以通过智能门禁系统自助开门,并在手机端进行点单和支付。在茶室内,顾客可以享受高品质的茶叶和舒适的氛围,同时也可以选择观看电影、听音乐或进行其他娱乐活动。

图 10 - 2 - 2 无人茶室

无人自助茶室的运营模式主要包括:

(1) 无人化服务。通过智能化设备和管理系统实现自助点餐、支付和取餐,无需人工介入,从而减少人力成本。

(2) 技术创新集成。应用物联网、云计算、人工智能等技术,提供无纸化点餐、智能预测分析和服务,提高效率。

(3) 便捷的服务体验。顾客可以通过小程序预约和签到,享受快捷、高效的服务,提升顾客体验。

(4) 降低成本。无须支付服务员的人力成本,减少经营成本,有利于长期稳定发展。

(5) 灵活的营业时间。可以全天 24 小时营业,不受传统营业时间的限制。

(6) 透明的消费模式。顾客可以提前在线上看到价格、包间情况等信息,消费透明。

(7) 环境私密安静。提供安静、私密的环境,适合进行商务洽谈、聚会等。

(8) 多元化的收入来源。通过包厢费、茶点、零食等销售实现多元化盈利。

(9) 智能化管理系统。使用智能门禁和灯控设备,提高管理效率。

(10) 网络营销和会员管理。通过小程序和后台管理系统,实现网络营销和会员管理,提升顾客复购率。

赛 证 直 通

基础知识部分

一、单项选择题

1. 当顾客消费完离开时,茶艺师应注意( )。

A. 没有消费的顾客不必道别

B. 边道别边接待新的顾客

C. 道别不失真诚

D. 由于顾客太多不必道别

2. 历代文人雅士在品茶时讲究环境静雅、茶具之清雅、更讲究饮茶艺境,以( )为目的,更注重同饮之人。

A. 斗茶　　　　B. 赏茶具　　　　C. 怡情养性　　　　D. 社交活动

3. 关于茶艺馆的产品卫生要求,以下描述错误的是(　　　)。

A. 茶品实行仓库专用,并设有防鼠、消毒等设施及措施,同时运转正常

B. 建立仓库进出库专人验收登记制度,及时清理不符合卫生要求的茶品

C. 茶品仓库应经常开窗通风,定期清扫,保持干燥和整洁

D. 茶品不用分类、分架,各类茶品有明显标志,并及时冷藏、冷冻保存

4. 茶艺馆只能根据自己经营地的特点和(　　　)的需要,来确定自己服务的方向、项目、标准,以保证自己的经营性利润与收支平衡。

A. 消费群体　　　　　　　　　　　B. 消费地段

C. 经营成本　　　　　　　　　　　D. 原材料价格

5. 下列现象中,违反了《消费者权益保护法》的是(　　　)。

A. 在泡茶过程中,水壶意外破裂,烫伤顾客,由于是意外,茶馆不用负责

B. 引导顾客点茶

C. 向顾客介绍消费细则

D. 依法成立消费者社团

二、多项选择题

1. 茶艺馆储藏室用于储藏茶叶和茶具为主,一般设在(　　　)的房间内。

A. 干燥　　　　　B. 阴凉　　　　　C. 常温　　　　　D. 常湿

2. 茶艺馆经营管理的重点是:抓货源管理、抓人才管理、(　　　)三个方面。

A. 抓内部管理　　　　　　　　　　B. 抓货源管理

C. 抓人才管理　　　　　　　　　　D. 抓坏账处理

三、判断题

1. 塑料茶具,因质地关系,常带有异味,这是饮茶之大忌,最好不用。 (　　　)

2. 茶艺馆的经营管理者必须学法、知法、守法,并且能有效地运用各项法规,合法经营,约束自己的行为和保护自己的合法权益。 (　　　)

操作技能部分

一、操作技能考核内容

考 核 项 目	考 核 标 准
茶艺馆日常事务细则制定	准确掌握茶艺馆日常事务管理的类目和具体要求

二、任务分析

日常经营管理是茶叶企业成败的关键。请利用所学知识对茶艺馆日常事务进行分类,并梳理工作细则。

三、考核方式

1. 通过小组合作,完成茶艺馆日常事务管理细则。

2. 评分标准:

考 核 内 容	操作分值	实际得分	备　　注
1.日常经营管理分类	5		统计茶艺馆全部日常工作内容,对工作内容进行分类
2.采购管理	15		采购管理要点
3.商品管理	15		商品管理要点
4.物品管理	10		物品管理要点
5.仓库管理	15		仓库管理要点
6.吧台管理	15		吧台管理要点
7.会议管理	5		会议管理要点
8.财务管理	10		财务管理要点
9.现场管理	10		现场管理要点
总　　分	100		

项目小结

　　茶艺馆的经营即利用空间、场地、设备和一定消费性物质资料,通过人的服务活动来满足顾客的需要,从而实现经济效益和社会效益。茶艺馆的经营与管理是一项专业性较强的工作,在经营管理上,一是考虑定位与筹建,根据目标客户群体特点打造不同风格;二是重视选址,不同地点各有优劣,装修设计要契合定位,招聘培训茶艺师需注重其茶艺技巧和服务沟通能力;三是做到精细化运营与管理,涵盖日常事务,还要靠特色经营,如举办讲座表演、提供独特茶品茶点、与艺术结合等吸引顾客。总之,茶艺馆经营管理各环节相互关联,需精准布局和精益求精,才能在竞争中成为茶友的心仪之地。

10

附　录　茶艺英语

一、茶艺服务日常问候语

茶艺服务
日常问候语

（一）Dialogue one 会话一

1. Good evening，sir. How many?

   先生，晚上好！几位？

2. Two

   两位。

3. Follow me，Please.

   请跟我来。

4. Could I have a table next to window?

   我要个靠窗的位子。

5. Yes，could you mind taking seat here?

   请您这边坐，好吗？

6. Very good，thank you.

   很好，谢谢！

7. You're welcome.

   不客气。

（二）Dialogue two 会话二

1. Good afternoon，sir. May I help you?

   先生，下午好！能为您效劳吗？

2. We need a room for four，please.

   我们要一个四人的包间。

3. Do you have a reservation，sir?

   请问先生您有预订吗？

4. I'm afraid，we don't.

   没有。

5. Sorry sir，we don't have vacant rooms at the moment.

   很抱歉先生，现在没有空包间了。

6. How about the seats here. by the window?

这个靠窗的座位怎么样?

7. Ok. Very well!

行!

　　(三) Dialogue three 会话三

1. How much?

多少钱?

2. The total is two hundred yuan.

一共 200 元。

3. Do you accept credit cards?

你们接受信用卡吗?

4. I'm sorry, we only accept cash.

对不起,我们只收现金。

5. Ok, here is the money.

行,给您钱。

6. Thanks, there is your receipt.

谢谢! 给您发票。

7. Thank you.

谢谢!

8. you're welcome, please come again.

谢谢! 欢迎您再次光临。

二、茶艺常用词汇

茶艺常用
词汇

1. 绿茶	Green tea	2. 炒青绿茶	Fried green tea
3. 蒸青绿茶	Steamed green tea	4. 烘青绿茶	Roasted green tea
5. 晒青绿茶	Sun-dried green tea	6. 杀青	Enzyme inactivation
7. 芽型茶	Bud type tea	8. 叶型茶	Leaf type tea
9. 多叶型茶	Multi-leaf tea	10. 小叶种茶	Small-leaf tea
11. 大叶种茶	Large-leaf tea	12. 中叶种茶	Mid-leaf tea
13. 白茶	White tea	14. 萎凋	Withering
15. 白毫银针	White Silver Needle	16. 白牡丹	White Peony
17. 老白茶	Aged white tea	18. 黄茶	Yellow tea
19. 闷黄	Heaping for yellowing	20. 乌龙茶	Oolong tea
21. 摇青	Shaking and tumbling	22. 白毫乌龙	Pekoe Oolong
23. 条型乌龙	Striped Oolong	24. 球型乌龙	Ball type Oolong
25. 红茶	Black tea	26. 发酵	Fermentation
27. 小种红茶	Souchong black tea	28. 工夫红茶	Gongfu black tea
29. 红碎茶	Broken black tea	30. 黑茶	Dark tea
31. 渥堆	Staking	32. 普洱熟茶	Fermented Puer

33. 普洱生茶	Puer-Raw		34. 花茶	Scented tea
35. 窨制	Scenting		36. 茉莉绿茶	Jasmine green tea
37. 桂花红茶	Osmanthus black tea		38. 兰花白茶	Orchid white tea
39. 柚子花绿茶	Grapefruit flower green tea		40. 栗香	Chestnut fragrance
41. 豆香	Bean fragrance		42. 果香	Fruity aroma
43. 清香	Clean fragrance		44. 浓香	Strong fragrance
45. 甜香	Sweet fragrance		46. 蜜香	Honey fragrance
47. 薯香	Red potato fragrance		48. 陈香	Aroma after aging
49. 毫香	Tippy aroma		50. 药香	Herbal aroma
51. 花香	Flowery aroma		52. 泡茶盘	Tea making tray
53. 公道杯	Fair Cup		54. 品茗杯	Sipping cup
55. 闻香杯	Aroma cup		56. 茶匙	Tea spoon
57. 茶夹	Tea clips		58. 茶巾	Tea cloth
59. 盖碗	Cover bowl		60. 玻璃杯	Glass
61. 紫砂壶	Purple clay teapot		62. 奉茶盘	Tea tray

主要参考文献

[1] 单虹丽,唐茜.茶艺基础与技法[M].北京:中国轻工业出版社,2020.

[2] 余悦,叶静.中国茶俗学[M].西安:世界图书出版公司中国出版集团,2014.

[3] 丁以寿.茶艺与茶道[M].北京:中国轻工业出版社,2024.

[4] 李草木.茶席插花:茶席花设计与插制[M].北京:化学工业出版社,2019.

[5] 温燕.茶会活动策划与管理(微课版)[M].北京:清华大学出版社,2023.

[6] 吕有才.茶馆设计与经营[M].西安:世界图书出版西安有限公司,2014.

[7] 马小玲,潘素华.茶艺[M].4版.北京:高等教育出版社,2023.

[8] 黄友谊.茶艺学[M].北京:中国轻工业出版社,2021.

[9] 王岳飞,周继红,陈萍.中国茶文化与茶健康[M].杭州:浙江大学出版社,2023.

仅限教师
索取

高等教育出版社

教学资源服务指南

感谢您使用本书。为方便教学，我社为教师提供资源下载、样书申请等服务，如贵校已选用本书，您只要关注微信公众号"高职财经教学研究"，或加入下列教师交流QQ群即可免费获得相关服务。

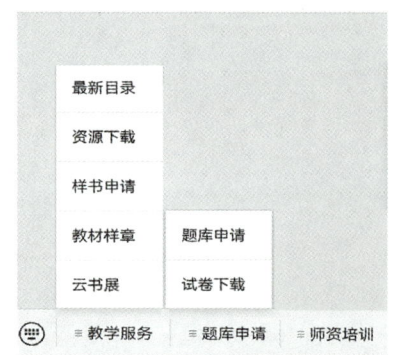

高职财经教学研究

高等教育出版社(上海)教材服务有限... ✔

上海

高等教育出版社旗下产品，提供高职财经专业课程教学交流、配套数字资源及样书申请等服务。 ›

| 最新目录 |
| 资源下载 |
| 样书申请 |
| 教材样章 | 题库申请 |
| 云书展 | 试卷下载 |

≡ 教学服务　　≡ 题库申请　　≡ 师资培训

资源下载： 点击"**教学服务**"—"**资源下载**"，注册登录后可搜索相应的资源并下载。
（建议用电脑浏览器操作）
样书申请： 点击"**教学服务**"—"**样书申请**"，填写相关信息即可申请样书。
样章下载： 点击"**教学服务**"—"**教材样章**"，即可下载在供教材的前言、目录和样章。
题库申请： 点击"**题库申请**"，填写相关信息即可申请题库或下载试卷。
师资培训： 点击"**师资培训**"，获取最新会议信息、直播回放和往期师资培训视频。

 联系方式

旅游大类QQ群：142032733
联系电话：（021）56961310　　电子邮箱：3076198581@qq.com